中国可持续发展路径与对策

王庆松　袁学良　刘呈庆　著

山东大学出版社
SHANDONG UNIVERSITY PRESS
·济南·

图书在版编目(CIP)数据

中国可持续发展路径与对策/王庆松，袁学良，刘呈庆著.—济南：山东大学出版社，2023.10
ISBN 978-7-5607-8041-2

Ⅰ.①中… Ⅱ.①王… ②袁… ③刘… Ⅲ.①可持续性发展—研究—中国 Ⅳ.①X22

中国国家版本馆 CIP 数据核字(2023)第 236757 号

责任编辑 李 港
封面设计 王秋忆

中国可持续发展路径与对策
ZHONGGUO KECHIXU FAZHAN LUJING YU DUICE

出版发行 山东大学出版社
社　　址 山东省济南市山大南路 20 号
邮政编码 250100
发行热线 (0531)88363008
经　　销 新华书店
印　　刷 山东和平商务有限公司
规　　格 720 毫米×1000 毫米 1/16
　　　　 17.5 印张 319 千字
版　　次 2023 年 10 月第 1 版
印　　次 2023 年 10 月第 1 次印刷
定　　价 98.00 元

前　言

自1972年联合国人类环境会议通过《联合国人类环境会议宣言》至1987年世界环境与发展委员会在《我们共同的未来》中正式提出“可持续发展”概念，再到1992年环境与发展大会在《里约热内卢环境与发展宣言》和《21世纪议程》中明确可持续发展内涵至今，实现可持续发展已成为全人类的共同愿景。2022年的可持续发展世界首脑会议更是将可持续发展作为全球行动向前推进了一大步。不同国家在不同层面通过不同政策对可持续发展路径问题进行了不同尝试和探索，中国也不例外。目前，中国实施的生态文明建设、高质量发展、乡村振兴及“双碳”战略等，都是对上述问题最好的诠释。习近平主席也多次在国际场合阐释中国的可持续发展主张，贡献中国智慧，展现中国担当。于是，学者们在全球掀起了可持续发展领域研究热潮，并形成了中国特有的可持续发展研究知识图谱与研究体系。通过研究可以发现，中国可持续发展研究始终围绕社会、经济、生态等主题展开，研究主题主要集中在可持续发展能力评价、环境与资源问题、区域高质量发展、低碳经济和循环经济等方面。为此，在借鉴他人研究成果的基础上，笔者围绕中国在可持续发展实验区建设、资源型城市转型、循环经济模式评价与优化等方面的实践成果，结合近年在该领域形成的学术积累，撰写了本著作，恳请各位学者批评指正。

本著作共十章，以目前可持续发展研究热点为研究对象，采用数学建模、遗传算法、系统动力学、生命周期评价、能值分析、蒙特卡罗、数据包络分析等方法，分别对可持续发展实验区建设、循环经济模式评价与优化、循环经济模式路径推进、循环经济产业评价与结构调控、资源型城市转型路径、城市3E系统协同评价、水资源管理、城市风险调控、企业可持续发展、改进方法模型10个方面进行了系统研究。每个章节所构建的方法学模型可以为该领域研究提供必要的方法学支撑,得出的相关结论也可以为政府决策提供有益的参考和借鉴。在撰写过程中,很多老师和学生参与其中,内容整理和编纂任务分工如下:李建春和袁文华负责第1章,刘明强负责第2章,许源负责第3章,徐召鹏负责第4章和第6章,马海超负责第5章,徐越负责第7章,田姝、汤宇宙负责第8章,刘伟负责第9章,张宇杰负责第10章,盛雪柔负责全书的文字和格式校核工作。以上老师和同学为本著作的顺利出版作出了很大贡献,笔者在此表示感谢!笔者在撰写过程中参考了大量的文献资料,对这些文献的作者表示感谢!本著作还得到了山东省重点研发计划(重大科技创工程)(2021SFGC0904-05)和枣庄市自主创新及成果转化计划项目(2021GH22)的资助支持,在此也一并表示感谢!

可持续发展是一个大系统,本著作涉及的内容远不能覆盖中国在可持续发展领域取得的实践成果。因此,本著作仅是笔者在该领域探索的第一步,后期会结合研究成果陆续推出相应的学术著作。笔者也期望通过本著作的出版,引起相关学者们的关注,对相关研究方法和研究内容进行更进一步的拓展和挖掘,使我国在该领域的研究更完善、更全面,为在国际上讲好中国可持续发展故事作出应有的学术贡献。

作　者

2023年9月

目 录

第1章　可持续发展路径与对策之可持续发展实验区

我国区域发展条件差异大，各地发展水平不一，自上而下的公共政策往往难以适应地区特色，给推进全国层面的可持续发展带来巨大挑战。针对我国地域辽阔及类型多样的特点，先行先试、稳步推广是改革进程中的重要制度创新，而可持续发展实验区（简称实验区）正是探索区域可持续发展的试验田。实验区始建于1986年的社会发展综合示范点，1997年正式更名为可持续发展实验区，目的是探究不同地区经济、社会和环境协调发展的机制与模式，并为其他同类型区域提供示范。2016年12月，国务院印发《中国落实2030年可持续发展议程创新示范区建设方案》，全面启动可持续发展议程，明确提出要形成一批可复制、可借鉴、可推广的现实样板，对国内其他地区可持续发展发挥"示范带动效应"。然而，伴随资源环境约束的增强及改革的纵深推进，先行实验区与周边地区表现出错综复杂的关系，既有团簇式的区域分工协作，也存在发展理念和定位上的竞争，亟须探索具有高级形态的协同发展模式。在区域一体化发展理念下，以实验区为"排头兵"，通过"以点带面"的方式加强实验区与周边地区的联动发展，形成以实验区为调控节点的协同发展网络集群，是推动区域可持续发展的重要手段。鉴于此，我们亟须从示范效应和带动效应两个维度对实验区综合发展情况进行评估，以全面掌握其在示范创建及带动推广方面的作用，合理制定实验区管理政策，为推进区域可持续发展战略提供科学依据。

1.1 研究背景

为落实联合国可持续发展目标(SDGs),加快推进区域可持续发展战略实施,各国积极践行可持续发展试点工作。国外的试点主要以社区项目为基本单元,强调公平性、包容性及资源的高效利用,从低碳节能、能源可再生、居住多样性、土地集约利用等方面,构建生态社区、低碳社区和智慧社区。例如,英国伯丁顿零能源生态社区(BedZED)和美国乡村之家(Village Homes)为城市可持续发展提供了典型样本。我国可持续发展实验区建设是一项针对特定区域实施的区位导向性政策,强调政府参与的过程性管理。从试点的组织管理及其战略目标分析,中国的实验区范围更大、目标更多元,经过 30 多年的改革与发展取得了显著成就,不仅为国内同类地区可持续发展发挥示范带动效应,也为联合国可持续发展目标的实现提供中国经验。

为科学评估区域可持续发展状况和建设成效,学者对指标体系的构建及研究方法进行了系统研究,概括起来主要体现在以下几个方面:第一,从指标体系的构建分析,随着国内外可持续发展理念的变化及实践经验的不断丰富,指标的选取逐渐从传统的经济、社会和环境 3 个维度扩展到囊括生态资源、科技创新和区域协同等多维度,或从过程性角度将其分为"目标—过程—响应"来构建评价体系,还有部分学者从物质流、能量流与价值流的角度来构建认识的框架。第二,从评估方法分析,普遍采用定性与定量相结合的方法。其中,定性评估主要通过实地调研和问卷访谈的形式,对实验区的发展现状、组织管理及科技支撑体系等进行归纳研究;定量评估主要采用层次分析法、综合评价法、数据包络分析(DEA)、人工神经网络法等方法。同时,能值分析、生态足迹等多学科融合方法也逐步受到重视。第三,从评估结果分析,我国实验区建设成效显著,社会经济与环境协调发展状况显著高于全国平均水平,但仍然存在部分问题:一是实验区的建设绩效水平差异较大,区域创新支撑动力不足,难以在空间形成战略支点,制约区域的均衡发展;二是实验区存在行政区分隔、整体协同能力欠缺及社会化参与程度不足等问题;三是区域发展的本底禀赋存在较大异质性,各种因素相互影响造成实验区绩效难以直接比较。

为解决实验区发展中存在的问题，部分学者选取单个实验区进行跟踪研究或选取多个实验区进行比较研究。其中，个案分析着重总结实验区的管理机制、发展经验及运营模式，梳理实验区成功经验并提出相应推广对策；多实验区的研究主要采用地理层面的空间数据统计，分析实验区发展状况及存在的问题，从集成创新、空间协同及科学规划等角度提出策略，对推动实验区健康发展提供了良好思路。

综上所述，现有文献为实验区科学发展及示范推广提供了丰富的研究基础，但仍然存在以下两个方面的局限：其一，实验区评价指标体系不统一，且与高质量发展目标相结合的较少，难以及时动态地评估实验区发展现状；其二，研究边界局限于实验区自身，定性研究多而定量研究少，并且缺乏对实验区与周边及相似地区的互动关系研究，导致对实验区辐射带动效果认识不足。鉴于此，本章在区域协同视角下，从个体绩效和空间关联两个维度构建实验区示范带动效应评估框架，与现有着重于实验区自身发展状况的研究相比，重点考察了实验区在区域协同网络中的标杆作用，完善了实验区综合发展的评估体系。

1.2　实验区示范带动效应评估体系框架与研究方法

1.2.1　实验区示范带动效应评估体系框架

本章通过系统集成的方式引入个体绩效综合评估与社会网络关系分析方法，构建实验区评估体系框架（见图 1-1）。首先，从个体绩效维度对实验区的示范效应进行评估，主要步骤包括：一是通过实地调研深入探究实验区发展存在的问题；二是从科技、经济、社会与环境方面确定评估指标体系；三是通过专家评价系统对指标权重进行设计和打分。其次，从空间关联维度对实验区的带动效应进行评估，主要步骤包括：一是搜集整理区域的宏观经济数据，获取区域间的联系指标；二是采用引力模型，测度实验区和周边地区之间的空间关联强度；

三是利用社会网络分析方法构建区域协同发展网络，评估实验区在该网络中的重要性。上述方法学的构建，不仅在个体绩效层面强调了实验区自身的发展效果，而且通过协同关系层面强调了实验区与周边地区的协同发展能力，二者通过区域间资源的优化配置等作用相互影响、协同促进。最后，综合个体绩效维度和空间关联维度的评价结果，利用组合矩阵进行分类，识别实验区综合发展情况，并在此基础上，从内部优化和外部治理角度提出对策建议，为实验区引领区域可持续发展的政策制定提供参考。

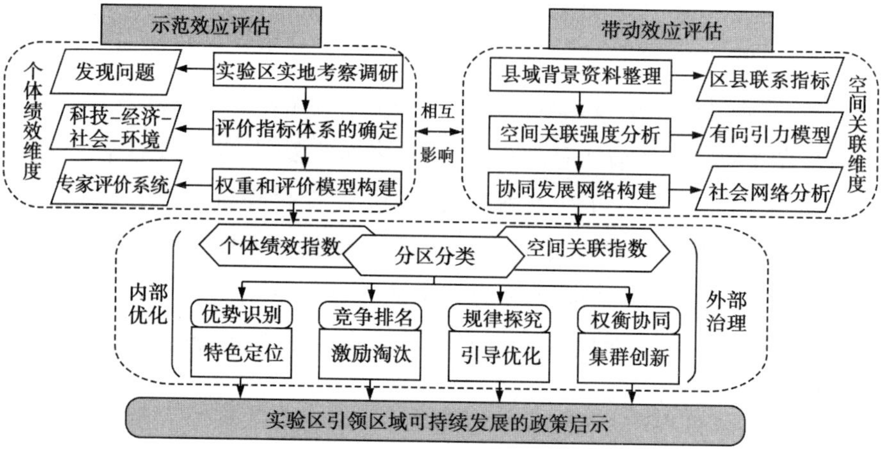

图 1-1　实验区示范带动效应评估体系框架

1.2.2　实验区个体绩效指标体系及示范效应评估方法

基于个体绩效维度对实验区示范效应的研究已较为丰富，结合已有相关研究成果，本章在实地调研的基础上，兼顾数据的可获得性及指标之间的可比性，从科技创新、经济发展、社会进步和资源环境 4 个维度，构建实验区个体绩效指数评估体系。其中，科技创新包括 5 个二级指标，经济发展包括 6 个二级指标，社会进步包括 4 个二级指标，资源环境包括 8 个二级指标。对于指标权重的确定，本章采用德尔菲法，邀请相关领域专家在决策会议中通过多轮投票的方式确定。指标及其权重如表 1-1 所示。

表 1-1　实验区个体绩效评估指标体系

一级指标	序号	二级指标	指标类型	单位	权重
科技创新	1	科学技术支出占本级财政一般预算支出的比重	正向	%	0.0709
	2	每万名就业人员中的研发人员数	正向	人/万人	0.0473
	3	万人有效发明专利拥有量	正向	件/万人	0.0473
	4	省级以上创新平台(实验室、工程中心等)数量	正向	个	0.0236
	5	高新技术产业产值占工业总产值的比重	正向	%	0.0709
经济发展	6	人均 GDP	正向	元	0.0208
	7	近五年工业总产值年均增长率	正向	%	0.0208
	8	地方财政收入总额	正向	亿元	0.0623
	9	近五年财政收入年均增长率	正向	%	0.0623
	10	第三产业产值占 GDP 的比重	正向	%	0.0623
	11	居民人均可支配收入	正向	元	0.0415
社会进步	12	高中阶段教育毛入学率	正向	%	0.0537
	13	每千人口卫生技术人员数	正向	人/千人	0.0805
	14	城镇登记失业率	逆向	%	0.0805
	15	农村地区综合贫困发生率	逆向	%	0.0054
资源环境	16	万元 GDP 能耗	逆向	吨/万元	0.0446
	17	万元 GDP 水耗	逆向	立方米/万元	0.0298
	18	城市建成区绿化覆盖率	正向	%	0.0298
	19	全年空气质量优良的天数	正向	天	0.0446
	20	地表水达到或者好于Ⅲ类水体的比例	正向	%	0.0238
	21	农村生活垃圾无害化处理率	正向	%	0.0030
	22	规模化畜禽养殖场粪便综合利用率	正向	%	0.0298
	23	环境治理投资占 GDP 比重	正向	%	0.0446

在对实验区个体绩效指数进行测度时，首先对指标进行标准化与归一化处理，计算方法如下：

正向指标：

$$y_{ij}=\frac{x_{ij}-x_{\min}}{x_{\max}-x_{\min}} \tag{1-1}$$

逆向指标：

$$y_{ij}=\frac{x_{\max}-x_{ij}}{x_{\max}-x_{\min}} \tag{1-2}$$

其中，y_{ij} 为第 i 个实验区第 j 个指标标准化后的分值；x_{ij} 为该指标的原始分值；$x_{\max}$ 和 $x_{\min}$ 分别为该指标在所有实验区中的最大值和最小值。

对实验区个体绩效指标体系采用综合指数评价法进行测度，计算公式如下：

$$M=\sum_{t=1}^{n} w_t \cdot y_{ij}^{t} \tag{1-3}$$

其中，M 表示实验区的个体绩效指数；w_t 表示指标的权重；y_{ij}^{t} 表示指标在 t 年的标准化数值。

为了更加清晰地描述实验区绩效之间的差异，本章采用百分制形式来呈现实验区的个体绩效指数。

1.2.3 实验区空间关联网络及带动效应评估方法

1.2.3.1 修正后的引力模型

实验区与周边地区所形成的区域协同发展网络，是研究单元综合发展关系的集合。各研究单元（包括实验区和非实验区）是该网络中的“点”，研究单元两两之间的关联强度是网络中的“线”。测度实验区与周边区县的关联强度是构建网络的核心，常用方法有引力模型、向量自回归（VAR）模型和莫兰指数等。考虑到区域间联系在短期内存在明显惯性，本章选取基于总量的引力模型对关联强度进行测度。该方法是物理学上的万有引力定律和距离衰减效应在区域发展方面的典型应用。其优点主要包括：一是该模型通过区县间经济、社会等综合统计数据来计算关联强度，并充分考虑经济地理距离对关联关系的影响，结果比较稳健；二是该模型结果具有较好的纵向可比性，能够比较不同时间点上空间关联关系的变化情况，有助于认知其动态演进规律。

实验区对非实验区的吸引力和辐射力是不对称的，由于本章仅需测度实验区的辐射带动作用，因此，本章采用实验区的“综合发展质量”占实验区与非实验区之间“综合发展质量”总量的比重，来反映实验区对与其有联系的区县的影响，用以修正模型中的经验常数。由此计算出来的空间关联强度，可以反映实验区对周边非实验区的辐射效应。对于综合发展质量的计算，本章借鉴相关研究，从经济发展水平（公共财政预算收入、规模以上工业企业收入、年出口总额）、社会发展状况（行政区面积、年末人口数量、固定资产投资）以及居民生活水平（城乡居民储蓄余额、社会零售品总额）等 3 个方面，共选取 8 个指标构建区域“综合发展质量”评价体系。具体计算方法可参见相关研究，本章不再赘述。修正后的引力模型计算公式如下：

$$F=K\frac{G_a\times G_b}{D_{ab}^2},\ K=\frac{G_a}{G_a+G_b} \tag{1-4}$$

其中，F 为实验区 a 与非实验区 b 的空间关联强度；K 为修正方向后的经验常数，用以表征实验区与非实验区发展联系的非对等性；G_a 和 G_b 分别为实验区 a 与非实验区 b 的“综合发展质量”；D_{ab}为两个城市之间的距离。

1.2.3.2　基于社会网络分析的空间关联指数

社会网络分析（Social Network Analysis, SNA）是探索社会系统各个组成要素之间关系的新兴研究方法，能够清晰地展示“行动者”在网络中所处的位置，定量化研究个体与群体之间的互动关系，由于贴近现实而具有良好的评价效果。本章从关联度、中心性和权力指数 3 个方面选取相关指标对单个节点在网络中的重要性进行综合分析评价，探究实验区在区域发展中的地位。社会网络相关指标体系如表 1-2 所示。

表 1-2　基于社会网络的实验区示范效应评估指标体系

网络层次	一级指标	二级指标	计算方法说明
整体网络特征	规模	节点数(Nodes)	构成网络的点数量,用 n 表示
		联系数(Ties)	构成网络的边数量,用 m 表示
	密度	网络密度(Density)	实际边数除以最大可能边数,有向网络中采用 $m/[n(n-1)]$ 计算
	结构	破碎度(Fragmentation)	网络中不能相互连接的节点所占的比例,用 R_f 表示
个体网络特征	关联度	度数(Nod Degree)	网络中与某点相邻的点数量,用 i 表示
	中心性	度数中心度(Out Degree)	有向网络中为点的出度,计算公式为 $\sum_i r_{ij}$,其中 r_{ij} 为边的权重
		接近中心度(Closeness)	某点与网络中其他点测地线距离之和 $\sum_j d_{ij}$,其中 d_{ij} 为测地线,不直接相连的测地线记为距离的最大值加上 1
	权力指数	集中度(Hubs)	网络中与某点相连的关系总和 $\sum_j r_{ij}(\chi+\lambda c_j)$,其中 c_j 为相邻点的中心度,χ、λ 为修正系数

选取个体网络中的度数、度数中心度、接近中心度和集中度等 4 个指标,构建实验区空间关联指数,计算公式如下:

$$U=\alpha U_{\mathrm{Nod}}+\beta U_{\mathrm{Out}}+\gamma U_{\mathrm{Close}}+\delta U_{\mathrm{Hub}} \tag{1-5}$$

其中,U 表示实验区空间关联指数,取值范围为[0,1],其值越高,说明实验区在社会网络中的地位越重要,带动效应越强;U_{Nod} 表示度数的归一化指数,U_{Out} 表示度数中心度的归一化指数,U_{Close} 表示接近中心度的归一化指数,U_{Hub} 表示集中度的归一化指数,以上 4 个变量分别反映了个体网在关联度、中心性和权力指数方面的属性,且要求 $\alpha=\beta=\gamma=\delta=1/4$。

1.3　研究区概况及数据处理

山东省作为我国重要的农业大省和工业大省，以重工业为主的工业结构、以煤炭为主的能源结构以及相对脆弱的生态环境对区域可持续发展带来严峻挑战，目前处于新旧动能转换的重要阶段。山东省政府始终高度重视可持续发展实验区的建设工作，自 1994 年在烟台牟平建立首个国家社会发展综合实验区以来，截至 2018 年，山东省共批准建立了 28 个可持续发展实验区，数量和规模均位于全国前列。从批准级别分析，国家级实验区 14 个，省级实验区 14 个，各占总数的 50%。从管理权限分析，除黄河三角洲（跨区域）、日照市、东营市和枣庄市 4 个实验区为城市型实验区外，其他区县和开发区实验区均可纳入县域实验区范畴，分布于全省 137 个区县中的 24 个区县。充分考虑到县域在区域构成中的相对基础性、交叉性和独立性地位，本章仅以山东省 24 个县域实验区为评估对象。

为获取山东省可持续发展实验区个体绩效层面的数据，研究团队于 2019 年 5～8 月，在山东省科技部门的协助下，采用实地调研、访谈和问卷调查相结合的方式，展开了第一轮实地调研。结合首次调研反馈的问题，研究团队对评价指标进行优化调整，并于 2019 年 9～11 月进行了第二轮实地调研，发放了实验区基本情况调查表。2019 年 12 月，研究团队对回收的数据结果进行了初步诊断，并与地方政府部门进一步核实部分存疑数据，最终形成实验区 2014～2018 年个体绩效指数评价数据库。实验区空间关联关系评估的相关数据主要取自 2014～2019 年的山东省统计年鉴、中国城市统计年鉴和县域经济统计年鉴等。

1.4　研究结果

1.4.1　山东省可持续发展实验区示范效应

根据公式（1-1）至公式（1-3），对山东省可持续发展实验区的示范效应进行了评估，结果如表1-3所示。总体来看，2014～2018年实验区个体绩效指数呈持续增长态势，平均得分由82.56增长至86.37，增长4.61%。其中，资源环境指标增幅最大，经济发展指标增幅相对较小。由各子指标具体分析，科技创新指标由83.27增长至86.50，增长3.93%；经济发展指标由83.40增长至86.24，增长3.41%；社会进步指标由82.87增长至86.92，增长4.89%；资源环境指标由81.85增长至86.57，增长5.77%。由此表明，山东省可持续发展实验区的整体示范效应正在不断显现。通过对比2014年与2018年的个体绩效指数发现：①实验区个体绩效指数的变异系数（CV）由5.86%下降到5.02%，说明实验区之间的绩效离散程度降低，差异性逐渐减少。②2014年社会进步和经济发展两项指标的标准差较大，分别为6.30与7.48；2018年科技创新和经济发展两项指标的标准差较大，分别为7.40与6.24，说明造成不同时期实验区个体绩效水平差异的因素有所不同。③从绩效排名变化情况分析，排名靠前和靠后的区县较为稳定，排名中间的变化较大。与2014年相比，2018年名次提升的区县有12个，其中上升较快的为沂源县、德城区和胶州市；名次降低的区县有8个，其中下降较多的为长岛县、沂水县和牟平县；名次不变的区县有4个，分别是黄岛区、奎文区、淄川区和山亭区。

表1-3　2014年和2018年山东省可持续发展实验区个体绩效指数

实验区	2014年						2018年						变化
	科技创新	经济发展	社会进步	资源环境	绩效指数	排名	科技创新	经济发展	社会进步	资源环境	绩效指数	排名	
黄岛区	94.09	95.38	89.63	88.19	91.99	1	92.27	97.69	93.29	90.00	93.39	1	0
荣成市	89.55	85.77	89.63	90.69	88.83	3	95.00	96.92	82.93	92.08	92.13	2	1
城阳区	93.18	92.31	84.15	84.51	88.79	4	95.00	93.08	90.24	86.81	91.39	3	1
龙口市	90.45	85.77	98.17	86.11	89.80	2	95.45	86.92	96.34	85.49	90.85	4	−2
东港区	83.64	85.39	83.23	91.25	85.92	6	91.37	87.12	88.54	95.91	90.73	5	1
胶州市	82.27	90.38	74.76	83.61	83.14	11	84.09	96.15	85.98	93.89	90.21	6	5
诸城市	86.82	83.46	90.61	78.54	84.68	10	91.82	87.69	91.46	87.99	89.67	7	3

续表

实验区	2014 年						2018 年						变化
	科技创新	经济发展	社会进步	资源环境	绩效指数	排名	科技创新	经济发展	社会进步	资源环境	绩效指数	排名	
历下区	86.82	97.31	86.59	76.88	87.11	5	85.45	95.38	88.41	88.68	89.59	8	－3
奎文区	92.27	85.00	80.49	81.32	84.98	9	95.91	88.08	82.32	88.13	88.86	9	0
沂源县	85.91	80.38	71.59	78.19	79.34	17	94.55	90.38	84.76	84.44	88.74	10	7
邹城市	80.45	81.92	84.76	79.03	81.44	15	88.64	85.00	88.66	86.60	87.15	11	4
淄川区	77.73	83.46	88.78	79.72	82.21	12	86.36	85.00	90.49	84.10	86.34	12	0
德城区	76.82	81.15	72.80	79.72	77.83	20	85.00	89.23	82.93	86.04	85.95	13	7
沂水县	80.45	87.69	90.85	82.50	85.21	7	83.18	80.38	94.51	87.08	85.89	14	－7
牟平区	87.73	81.92	85.98	85.21	85.15	8	81.36	83.46	89.88	87.92	85.44	15	－7
滕州市	86.36	73.46	80.85	75.83	79.04	18	90.91	83.85	87.80	79.31	85.42	16	2
坊子区	76.82	78.08	84.51	87.22	81.45	14	83.64	78.08	87.44	93.33	85.40	17	－3
河东区	81.36	82.69	82.56	74.86	80.36	16	84.09	85.00	85.00	78.40	83.11	18	－2
薛城区	75.00	75.77	85.73	74.79	77.52	21	82.27	78.85	90.85	78.19	82.22	19	2
宁津县	75.00	77.31	78.05	77.22	76.85	22	83.18	75.77	84.15	83.68	81.52	20	2
长岛县	74.09	73.46	88.66	93.68	82.02	13	67.73	77.69	92.32	90.21	81.45	21	－8
牡丹区	82.27	74.62	73.54	73.68	76.14	23	79.55	82.69	76.83	80.76	80.10	22	1
莱城区	81.82	80.77	69.88	81.46	78.82	19	68.64	82.31	80.49	86.04	79.29	23	－4
山亭区	73.18	77.69	68.66	70.63	72.77	24	82.27	79.62	69.51	79.38	78.02	24	0

为更加清晰地展示实验区个体绩效指数的分布规律，将实验区个体绩效指数分为高、较高、中等、较低和低五个层次，占比分别为 0％～10％、11％～30％、31％～70％、71～90％和 91％～100％。山东省可持续发展实验区的个体绩效在空间上呈现由东部沿海向西部内陆地区逐渐降低的趋势，高和较高等级的实验区基本都聚集在东部沿海地区，如黄岛区、荣成市、龙口市等；低和较低等级

的实验区主要分布在中西部内陆地区，如莱城区、山亭区等。

1.4.2 山东省可持续发展实验区带动效应

1.4.2.1 实验区与周边区县的空间关联强度分析

根据公式(1-4)，计算2014年和2018年山东省每个实验区与省内其他非实验区县两两城市对(共24×113=2712对)的空间关联强度，结果如表1-4所示。由表1-4分析可知，山东省可持续发展实验区与非实验区的空间关联强度在研究期内逐年提升，F值由2014年的333.52增加至2018年的397.80，提升19.27%，表明实验区与非实验区之间的经济关联不断加强，实验区对周边地区的辐射带动作用越来越大。此外，除河东区-兰山区外，空间关联强度排名前10位的关系对均分布在济南都市圈和青岛都市圈内，这反映出济南和青岛作为山东省的增长极，在带动区域可持续发展方面起着至关重要的作用。空间关联强度排名11～20位的关系对，以胶东半岛及济南都市圈的区县为主。同时，区县之间的强联系以市域内部联系为主，跨市域之间的强联系较少，仅有胶州市-高密市和滕州市-微山县两组跨市域的关系对。

表1-4 2014年和2018年山东省可持续发展实验区与周边区县的空间关联强度

排名	2014年			2018年		
	实验区-非实验区	所属地市	F值	实验区-非实验区	所属地市	F值
1	历下区-历城区	济南市	7620.45	历下区-历城区	济南市	8981.67
2	城阳区-李沧区	青岛市	4680.73	城阳区-李沧区	青岛市	5897.68
3	城阳区-市北区	青岛市	4390.64	历下区-市中区	济南市	5021.61
4	历下区-市中区	济南市	4374.44	城阳区-市北区	青岛市	4887.30
5	城阳区-即墨市	青岛市	3857.28	城阳区-即墨市	青岛市	4663.23
6	黄岛区-市南区	青岛市	3837.69	河东区-兰山区	临沂市	4401.84
7	城阳区-市南区	青岛市	3666.44	黄岛区-市南区	青岛市	4291.79
8	黄岛区-市北区	青岛市	3479.07	黄岛区-市北区	青岛市	4205.73

续表

排名	2014 年			2018 年		
	实验区-非实验区	所属地市	F 值	实验区-非实验区	所属地市	F 值
9	胶州市-高密市	青岛市-潍坊市	3297.42	黄岛区-高密市	青岛市-潍坊市	3961.18
10	河东区-兰山区	临沂市	3071.26	胶州市-高密市	青岛市-潍坊市	3905.59
11	黄岛区-高密市	青岛市-潍坊市	2981.26	城阳区-市南区	青岛市	3829.04
12	滕州市-微山县	枣庄市-济宁市	2964.91	黄岛区-即墨市	青岛市	3748.46
13	历下区-天桥区	济南市	2908.25	城阳区-崂山区	青岛市	3572.49
14	城阳区-崂山区	青岛市	2875.92	荣成市-环翠区	威海市	3497.23
15	荣成市-环翠区	威海市	2873.01	历下区-天桥区	济南市	3359.61
16	黄岛区-即墨市	青岛市	2781.93	滕州市-微山县	枣庄市-济宁市	3222.95
17	历下区-槐荫区	济南市	2709.21	黄岛区-平度市	青岛市	3137.25
18	荣成市-文登区	威海市	2517.37	淄川区-张店区	淄博市	3079.16
19	淄川区-张店区	淄博市	2487.65	历下区-槐荫区	济南市	3032.05
20	龙口市-招远市	烟台市	2473.74	黄岛区-李沧区	青岛市	2927.02

1.4.2.2　实验区协同发展网络与空间关联指数分析

根据 F 值的计算结果，结合 2014～2018 年山东省区县之间空间关联强度矩阵，以 5 年内总关联强度值排名的前 10％为基准对关系进行判别：若某关系对的空间关联强度值高于基准值，表示该关系对的联系显著；若低于基准值，表示联系不显著，则不纳入空间网络计量范围。在此基础上，构建实验区与非实验区之间的协同发展网络(见图 1-2)。由图 1-2 分析可知,网络联系数从 2014 年的 210 条增加到 2018 年的 288 条,提升 37.14%;参与网络节点数从 102 个增加到 118 个,增加 15.69%;网络密度从 0.020 上升至 0.022;破碎化率从 0.988 降低到 0.979。以上整体网络特征指数表明,山东省可持续发展实验区与周边区县的关系越来越密切,而且网络凝聚力不断增强,离群孤立的网络节点不断减少,网络结构趋于稳定,实验区与各区县在可持续发展方面的交流和合作更加密切,对促进分工协作、优化区域内资源要素的配置起到积极推动作用。从网络组团具体特征分析,主要形成了东—中—南相对独立的组团发展模式。东部在青岛市形成以黄岛区、诸城市、胶州市及其周边区县构成的跨市域发展组团;中部以济南为中心,形成以历下区、莱城区、淄川区及其周边区县构成的跨市域发展组团;南部形成以邹城市和滕州市及其周边区县构成的跨市域发展组团。

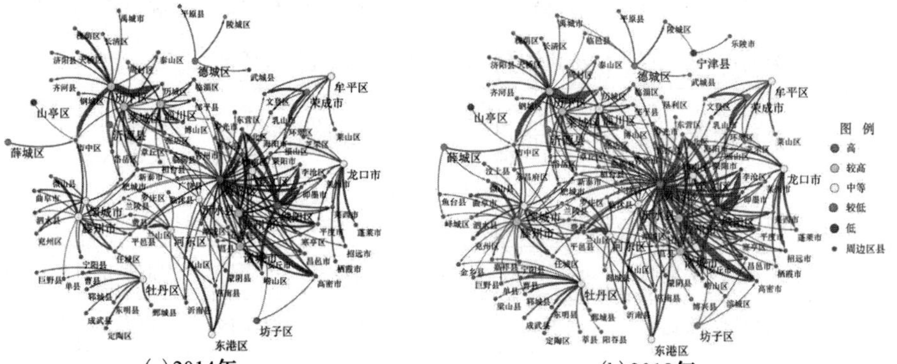

(a) 2014年　　(b) 2018年

图 1-2　2014 年和 2018 年山东省可持续发展实验区网络特征及空间关联指数分级结果

根据公式(1-5),计算实验区空间关联指数,结果如表 1-5 所示。由表 1-5 分析可知,山东省可持续发展实验区空间关联指数的平均值由 2014 年的 0.368 增加至 2018 年的 0.413,提升 12.31%,进一步表明实验区的带动效应不断增加。从个体排序分析,名次波动范围基本保持在 2 名以内,说明实验区的空间发展具有较强的路径依赖性。此外,由图 1-2 分析可知,实验区之间的带动效应呈现较强的两极分化现象。良好的区域协同关系与个体绩效发展相互促进,如黄岛区、城阳区等，实验区的发展优势不断循环累加；而协同关系较弱区域，如宁津县、山亭区和长岛县，网络规模和集中度低，说明这些实验区处于低水平锁定状态，与周边各区县的联系较弱。

表 1-5　2014 年和 2018 年山东省可持续发展实验区网络特征及空间关联指数

实验区	2014 年						2018 年						变化
	度数中心度	接近中心度	度数	集中度	关联指数	排名	度数中心度	接近中心度	度数	集中度	关联指数	排名	
黄岛区	55539	163	39	0.67	0.949	1	89722	176	58	0.71	0.951	1	0
城阳区	25446	192	10	0.56	0.628	2	34007	219	15	0.5	0.657	2	0
胶州市	20649	189	13	0.4	0.56	3	29776	214	20	0.37	0.586	3	0
诸城市	16746	187	15	0.22	0.487	4	22174	214	20	0.23	0.493	4	0
历下区	30483	187	15	0.05	0.483	5	36858	217	17	0.09	0.486	5	0
滕州市	17018	188	14	0.02	0.408	8	25622	212	22	0.04	0.423	6	2
莱城区	16722	188	14	0.04	0.412	6	19040	219	15	0.06	0.407	7	－1
邹城市	12800	191	11	0.02	0.371	10	19438	218	16	0.03	0.398	8	2
淄川区	16770	189	13	0.06	0.413	7	19735	221	13	0.07	0.416	9	－2
龙口市	14053	192	10	0.1	0.401	9	17472	222	12	0.11	0.423	10	－1
牡丹区	11353	193	9	0	0.349	12	20540	219	15	0.01	0.39	11	1
奎文区	11082	193	9	0.09	0.378	11	15644	223	11	0.11	0.417	12	－1
沂水县	8181	194	8	0.05	0.345	13	12871	222	12	0.07	0.392	13	0
河东区	9417	195	7	0.04	0.343	14	15005	225	9	0.06	0.395	14	0
牟平区	7494	196	6	0.02	0.322	15	8552	228	6	0.03	0.355	15	0
东港区	7201	197	5	0.05	0.326	16	7974	229	5	0.05	0.364	16	0
荣成市	7332	198	4	0.02	0.313	17	9664	229	5	0.03	0.362	17	0
德城区	3302	199	3	0	0.281	18	5813	229	5	0	0.334	18	0
坊子区	1624	200	2	0.03	0.278	19	2705	231	3	0.03	0.337	19	0

续表

实验区	2014年						2018年						变化
	度数中心度	接近中心度	度数	集中度	关联指数	排名	度数中心度	接近中心度	度数	集中度	关联指数	排名	
沂源县	807	201	1	0	0.261	21	2600	231	3	0.01	0.327	20	1
薛城区	1221	201	1	0	0.262	20	3114	231	3	0	0.326	21	−1
宁津县	796	201	0	0	0.26	23	1707	232	2	0	0.32	22	1
山亭区	796	201	1	0	0.26	22	958	233	1	0	0.318	23	−1
长岛县	796	201	0	0	0.26	23	958	233	0	0	0.318	24	−1

1.4.3 基于示范带动效应的实验区分类

将个体绩效指数由高到低分为高绩效、中绩效和低绩效，将空间关联指数由高到低分为紧密型、平衡型和松散型。基于评估结果，采用组合矩阵方法进行综合分类，结果如图 1-3 所示。由图 1-3 分析可知，高绩效—紧密型、中绩效—平衡型、低绩效—松散型实验区的数量由 2014 年的 11 个增加至 2018 年的 13 个，表明实验区的示范与带动效应的相互协调性正在逐步提升。高绩效—平衡型、中绩效—松散型实验区的数量由 2014 年的 7 个减少至 2018 年的 6 个，表明示范效应强于带动效应的实验区的数量正在减少。中绩效—紧密型、低绩效—紧密型、低绩效—平衡型实验区的数量由 2014 年的 6 个减少至 2018 年的 5 个，说明部分实验区虽然拥有良好的外部关系网络，但是内部发展绩效却相对较弱，自身水平的差距是制约其带动区域发展的重要因素。此外，由图 1-3 整体分析发现，紧密型实验区绩效提升明显，平衡型实验区绩效呈下降趋势，而松散型实验区绩效基本维持稳定，说明实验区的空间关联关系在一定程度上为个体绩效发展提供了较好的支撑。

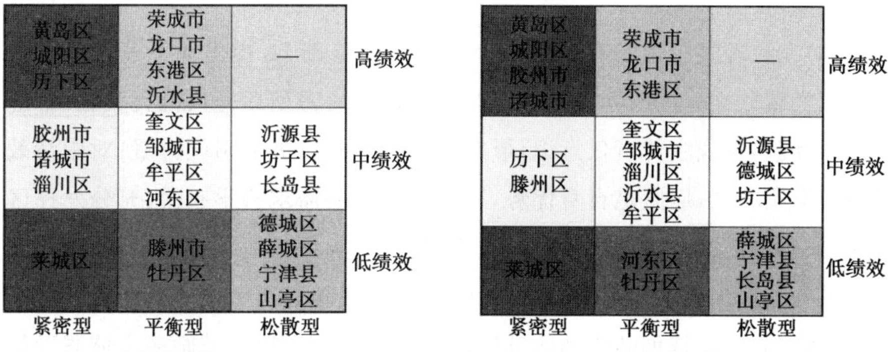

(a)2014年　　　　(b)2018年

图 1-3　2014 年和 2018 年山东省可持续发展实验区分类结果

1.5　结论与建议

本章以 2014～2018 年山东省 24 个可持续发展实验区为研究对象，对构建的示范带动效应评估体系及其方法学进行了有效验证，结果表明该评估框架体系不仅可行，而且为我国在可持续发展实践领域开展类似的研究提供了有益的参考与借鉴。此外，通过对山东省可持续发展实验区的研究，本章得出了以下主要结论并提出了一些对策与建议：

(1)山东省可持续发展实验区的示范带动效应在研究期内稳步提升，说明以实验区为抓手促进区域可持续发展取得了较好的成效。同时，实验区与周边区县的联系不断加强，以实验区为核心的协同发展网络愈发紧密，区县之间组团发展、共同促进区域可持续发展的趋势正逐渐形成。此外，实验区的创新发展模式在资源环境方面的成果较为显著，为山东省全域突破资源环境强约束提供了良好的现实样板。

(2)山东省可持续发展实验区建设整体向好，但仍然存在一定的问题。如实验区科技创新能力有待进一步提高，持续推进科技创新工作依然是提高县域可持续发展水平的重中之重。此外，各实验区在示范带动效应方面依然存在较大的差距，有可能导致各组团之间的发展差距不断增加，加剧区域发展不平衡问题。

(3)在梳理实验区已有成果及存在问题的基础上,提出如下建议:第一,对实验区实施分类分区的管理策略。对高绩效—紧密型标杆典范类实验区,应积极总结经验,重视主体责任意识,形成区域可持续发展的引领力量;对中绩效—平衡型类实验区,应立足自身优势,结合产业发展需求科学布局,充分发挥区域创新网络集群效应;对低绩效—松散型实验区,亟须从组织管理、发展模式和空间关系等方面加强管理,可将其纳入限期改正或拟退出名单进行监督管理。第二,强化实验区科技创新带动区域经济发展的能力支撑。鼓励多主体联动的自主创新,提高政府服务意识,并加强市场的配置作用,积极引进和培育一批具有自主知识产权的高新技术企业,使高新技术产业成为支撑实验区发展的先导力量。第三,以实验区为核心构建区域协同发展网络。构建以实验区为支撑的区域发展新型网络联动结构,从空间关联网络视角确定实验区的发展阶段与目标,促进区域可持续发展由单一竞争转向组团式协同发展。

参考文献

[1]陆大道,樊杰. 区域可持续发展研究的兴起与作用[J]. 中国科学院院刊,2012,27(3): 290-300.

[2]孙新章. 国家可持续发展实验区建设的回顾与展望[J]. 中国人口・资源与环境,2018,28(1): 10-15.

[3]于翔,胡培. 可持续发展先进示范区的技术溢出效应测定及实证研究[J]. 经济体制改革,2014,32(4): 62-66.

[4]CIASULLO V, TROISI O, GRIMALDI M. Multi-level governance for sustainable innovation in smart communities: an ecosystems approach[J]. International entrepreneurship and management journal, 2020, 16(4): 1167-1195.

[5] PICKERILL J. Sustainable communities and green lifestyles: Consumption and environmentalism[J]. Local environment, 2018, 23(12):

1225-1230.

[6]RICHARD A, MICHAEL L, HEIKE S.A conceptual framework of tourism social entrepreneurship for sustainable community development[J]. Journal of hospitality and tourism management, 2018, 37(9): 23-32.

[7]赵传松,任建兰,陈延斌,等. 中国科技创新与可持续发展耦合协调及时空分异研究[J]. 地理科学, 2018, 38(2): 214-222.

[8]武剑,戴潇,严良. 矿产资源密集型区域可持续发展的协同演化[J]. 中国人口·资源与环境,2015,25(11): 136-142.

[9]程钰,王晶晶,王亚平,等. 中国绿色发展时空演变轨迹与影响机理研究[J]. 地理研究,2019,38(11): 2745-2765.

[10]诸大建. 可持续性科学: 基于对象—过程—主体的分析模型[J]. 中国人口·资源与环境,2016,26(7): 1-9.

[11]张晓彤,姚娜,张茜,等. 构建国家可持续发展实验区评估工具的研究[J]. 中国人口·资源与环境,2018,28(9): 40-51.

[12]陈伟,乔治,黄小芬,等. 生态文明建设视角下国家可持续发展实验区资源配置评价[J]. 科技进步与对策,2017,34(9): 77-80.

[13]徐俊. 县域国家可持续发展实验区协调性的实证研究[J]. 中国软科学, 2008, 20(9): 90-93.

[14]王贵辉,史琳,宋微. 中国可持续发展实验区建设展望[J]. 决策与信息,2019,31(12): 73-79.

[15]姚娜,宋敏,刘学敏. 国家可持续发展实验区科技计划实施现状及成效[J]. 中国人口·资源与环境,2015,25(1):158-161.

[16]李俊莉,曹明明. 榆林国家可持续发展实验区发展水平评价[J]. 干旱区资源与环境,2012,26(1): 35-40.

[17]唐明方,卫星,曹慧明,等. 云南省国家可持续发展实验区发展水平综合评价[J]. 西北大学学报(自然科学版),2013,43(1): 127-132.

[18]陈华荣,王晓鸣. 基于聚类分析的可持续发展实验区分类评价研究[J]. 中国人口·资源与环境,2010,20(3): 149-154.

[19]李俊莉,曹明明. 基于能值分析的国家可持续发展实验区可持续性评

估[J]. 水土保持通报,2012,32(6): 172-176.

[20]毕明丽,谢高地,姚翠友. 人类可持续发展指数的改进及国际比较[J]. 自然资源学报,2020,35(5): 1017-1029.

[21]吕永龙,王一超,苑晶晶,等. 关于中国推进实施可持续发展目标的若干思考[J]. 中国人口·资源与环境,2018,28(1):1-9.

[22]周海林. 资源型城市可持续发展评价指标体系研究——以攀枝花为例[J]. 地域研究与开发,2000,19(1):12-16.

[23]王鹏龙,王宝,王勤花,等. 地级市型国家可持续发展实验区的创新能力及空间特征研究[J]. 生态经济,2017,33(11): 53-57.

[24]刘照胜,徐庚. 新常态下山东省国家可持续发展实验区建设研究[J]. 山东社会科学,2015,29(9): 182-186.

[25]刘守珍,李俊莉. 区域科技创新与可持续发展空间差异研究——以山东省国家可持续发展实验区为例[J]. 水土保持通报,2018,38(4): 259-265.

[26]王化琴. 突出高效生态经济主题建设黄河三角洲国家可持续发展实验区[J]. 中国人口·资源与环境,2012,22(S1): 227-229.

[27]黄昕,张娟,张衡. 广东省S区可持续发展能力建设综合评价[J]. 科技管理研究,2019,39(9): 76-81.

[28]彭乾,邵超峰,鞠美庭. 天津市可持续发展实验区建设模式研究[J]. 中国人口·资源与环境,2016,26(S1): 355-360.

[29]刘守珍,李俊莉. 区域科技创新与可持续发展空间差异研究——以山东省国家可持续发展实验区为例[J]. 水土保持通报,2018,38(4): 259-265.

[30]黄钰乔,丛建辉,王灿. 国家可持续发展实验区政策实施效果评价研究[J]. 中国环境管理,2020,12(1): 102-112.

[31]刘巧巧,李俊莉. 山东省可持续发展实验区发展成效的测评与比较研究——以东营和日照为例[J]. 环境科学与管理,2019,44(6): 164-168.

[32]李善峰. 我国可持续发展实验区的评估理论与指标体系[J]. 东岳论丛,2003,24(2): 22-27.

[33]王贵辉,史琳,宋微. 中国可持续发展实验区建设展望[J]. 决策与信息,2019,516(12): 75-81.

[34]SHAHRIAR S, KEA S, QIAN L.Determinants of China's outward foreign direct investment in the belt and road economies: A gravity model approach[J]. International journal of emerging markets, 2020, 15(3): 427-445.

[35]陈梦筱. 国家级城市群经济空间联系及演化趋向——以哈长城市群为例[J]. 经济地理,2020,40(5): 99-105.

[36]李山,王铮,钟章奇. 旅游空间相互作用的引力模型及其应用[J]. 地理学报,2012,67(4): 526-544.

[37]李久林,储金龙,陈晓华,等. 安徽省县际经济联系强度及其效应研究[J]. 华东经济管理,2018,32(9): 22-28.

[38]EVERETT M, BORGATTI, P.Ego network betweenness[J]. Social networks, 2005, 27(1): 31-38.

第 2 章　可持续发展路径与对策之循环经济模式

2.1　研究背景

随着人民生活水平的逐步提高和城镇化进程的不断加快，世界各国在农业种植面积及畜禽养殖规模等方面得到了迅速发展。而随着农业系统的迅速崛起，世界各国却面临土地资源持续减少、农业污染日益加剧等一系列严峻问题。因此，农业发展亟须进行转型升级，以实现农业的可持续发展和资源的集约化利用。世界各国因不同的资源禀赋采用的农业转型升级路径不同，如西欧各国采用“生物农业”、美国采用“精准农业”和日本采用“有机农业”。中国在这方面也进行了大量研究，实践重心逐步转移到种养一体化循环经济模式中来。种养一体化模式是通过将种、养进行科学、高效、有机的结合，实现农业生产过程的清洁化与农产品的绿色化、有机化。该模式能够实现种养废弃物的循环利用，以及满足农业活动对环境的有害影响零(最小)排放，最终达到解决种养废弃物不合理处置所带来的环境污染问题的目标。中国政府为了推进这种循环经济模式的发展，出台了一系列政策措施，其中上升为国家战略的是乡村振兴战略。该战略明确指出，发展种养一体化循环经济模式是农业供给侧结构性改革的重要环节。但是在现阶段，该模式依然存在依靠政府补贴拉动、产业体系与理论体系不够完善、沼气工程难以达到预期效果而造成二次污染等问题，致使在实际推进过程中存在一定的困难。为此，如何有效利用当地资源属性，在确保资源配置最优化的前提下大范围推广实施种养一体化模式，是当前政府亟须解决的难题。要解决这一难题，就需从模式评价及规划层面进行深度解析，构建适合中国的种养一体化循环经济发展模式评价与推进的方法学体系。

目前，针对农业循环经济发展模式的评价研究开展得相对较多，采用的评价方法也很多样。吴(Wu)利用指标评价法对巢湖流域 1990～2004 年农业循环经济发展进行了评价。卡罗琳(Carolinne)和莱拉(Leila)构建了一种综合环境、经济和社会的模型，并对养猪链循环经济进行分析评价。薛(Xue)等采用生命周期评价方法，比较了传统和基于沼气的养猪场循环经济模型的差异，并进一步估算了碳交易下的环境和经济效益。王(Wang)等利用能值指标评价体系评估了农业资源循环利用对农业产业系统可持续发展的影响。在上述研究涉及的众多评价方法中，能值理论加入了对本地自然资源的考虑，提供了一种生态学领域和经济学领域兼顾的科学方法，成为评估自然资源价值和社会经济的重要手段。该理论一经提出，便很快在循环经济评价领域得到迅速发展。如帕特里齐(Patrizi)等对意大利某农场的循环农业系统(鹅—有机葡萄)进行能值评价后，得出了该循环农业系统比原始分离系统节省 33% 能值投入的结论。吴(Wu)等使用能值方法来评估西北地区由多个子系统(核桃和谷物、猪和家禽以及沼气)组成的综合农业模型，得出该模型比传统模型环境负荷、经济效益和可持续性都有所改进的结论。瓦萨洛(Vassallo)等以循环农业系统中废弃物循环再利用的反馈流为对象，建立了较全面地反映循环经济发展系统结构、功能及效益的能值指标。苏(Su)等将“稻—鱼、稻—鸭”综合农业模式与单一种植及非粮食生产系统进行能值与经济绩效评估，证明了综合农业是可持续农业的一种有前途的模式。杨(Yang)和陈(Chen)使用能值分析评估了复合农业系统背景下的沼气工程性能，并提供了有关当地农业可持续性的建议。EMA 作为一个成熟的理论体系和方法学体系，在农业循环经济模式评价方面已被国内外学者们高度认同，为选择研究方法提供了较好的研究基础。

在农业发展模式规划方面，涉及的方法主要有层次分析法(AHP)、多目标线性规划、地理信息系统(GIS)分析方法、系统动力学模型等。如张(Zhang)等开发了一个基于Nerlove模型和区间模糊可信度约束双层规划模型的框架，用于规划干旱与半干旱地区的农业生产。孙(Sun)和胡(Hu)等基于层次分析法和灰色关联分析(GRA)建立了多目标评估模型，并由此提出了既能满足新疆灌溉用水需求又能减少农业面源污染的农业规划方案。弗朗西斯科(Francesco)等开发了一个包含5个数学规划模型的多模型集成框架，并通过对意大利西北部皮埃蒙特地区的实验研究，得出水稻价格与农业用水定价的关系。德罗布尼可(Drobnik)等提出了一个基于代理的农业经济优化模型和基于自动机的沉降增长模型耦合框架模型，为生态系统权衡决策提供服务。安吉儿(Angel)等提出了一种可根据最新《共同农业政策》确定最佳种植计划决策的多阶段线性规划模型，促进了更可持续农业实践的广泛采用。上述研究表明，在有限资源条件下，多目标规划通过对环境、经济、社会及政策等多维因素的综合设计，以实现系统的可持续发展。因此，从农业资源优化配置的角度分析，该方法很适宜对农业循环经济模式系统进行规划分析。

基于以上研究分析，能值评价作为评估系统环境、经济效益及可持续水平的有效方法，能够综合净能值产出率(EYR)、区域环境负载率(ELR)及可持续发展指数(ESI)等各项指标作为评估种养一体化循环经济模式的依据。而多目标线性规划在当地有限资源条件下，将环境、经济、社会及政策等多维因素进行综合考虑，对系统资源进行最优化配置。两者耦合对种养一体化循环经济模式进行评价规划，既体现了多目标线性规划最优化配置的优势，同时又将各项能值指标作为可持续性评估的有效参数，具有理论方法上的创新性。因此，构建基于能值评价与多目标线性规划耦合的新模型将更加合理地对研究区域的可持续发展水平进行评价，为决策者提供一个更加合理的规划方案，进一步推进种养一体化循环经济模式。

2.2 研究方法

首先，构建指标体系。将输入和输出系统的物质流、能量流转化为太阳能值，在此基础上构建一套综合性能值评价指标体系。其次，评价与规划。一是基于指标评价体系的计算结果对经济性、环境负载和可持续发展能力进行综合评价；二是通过能值参数与多目标线性规划的耦合，对研究系统进行规划分析，得出能够实现资源优化配置的最佳方案；三是通过敏感性分析，诊断和识别制约系统可持续发展水平的关键物质。最后，优化建议。通过关键物质在系统中的位置，提出源头减量化、过程再利用和末端资源化（“3R”）的优化设计方案。研究技术路线图如图 2-1 所示。

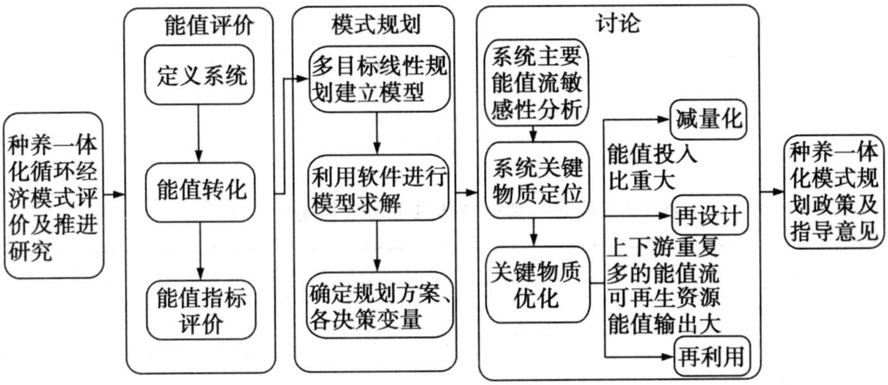

图 2-1　研究技术路线图

2.2.1　能值模型构建

本章采用的种养一体化循环经济模式主要包含 3 个相互作用的子系统：畜禽养殖子系统、沼气发电子系统、农业种植子系统。在确定整体系统边界的基础上，明确输入和输出系统的物质流、能量流，绘制能值流动图（见图 2-2）。参考对于能值转换率的相关研究成果，确定研究系统内各物质的能值转换率（*UEV*）。将12×10^{24} sej/a作为基准能值，确定不同基准条件下各物质的能值转换率，将各类能值流转化为太阳能值（见表 2-1）。在此基础上，构建一套综合性能值评价指标体系（见表 2-2）。

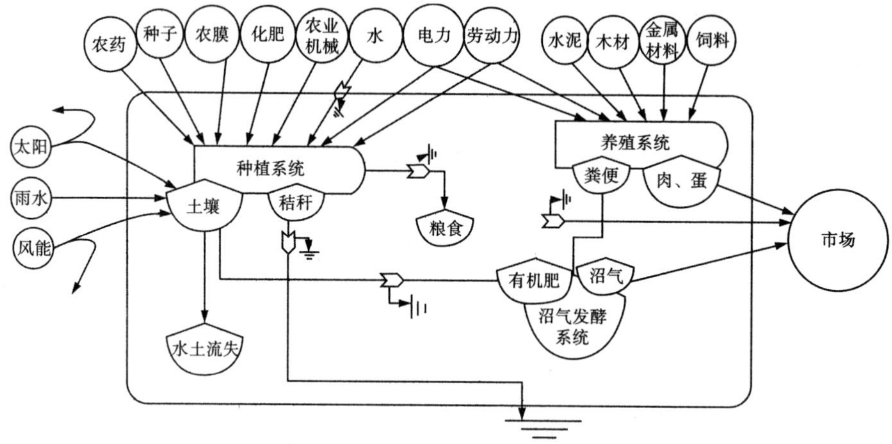

图 2-2　能值流动图

表 2-1　种养一体化循环经济模式能值流清单

项目	数据	单位	能值转换率(*UEV*)	太阳能值
可更新资源投入(*R*)				
太阳能	7.54×10^{18}	J	1	7.54×10^{18}
风能	6.23×10^{14}	J	1.91×10^{3}	1.19×10^{18}
雨水化学能	6.55×10^{14}	J	2.31×10^{4}	1.28×10^{19}
雨水势能	8.26×10^{15}	J	1.27×10^{4}	1.05×10^{20}
地球旋转能	1.02×10^{15}	J	4.32×10^{4}	4.41×10^{19}
小计	2.86×10^{16}	J		1.71×10^{20}
不可更新资源环境投入(*N*)				
表土层净损失	3.25×10^{15}	J	9.41×10^{4}	3.06×10^{20}
小计	3.25×10^{15}	J		3.06×10^{20}
不可更新工业辅助投入(*F*)				
电力	5.74×10^{14}	J	5.07×10^{4}	1.25×10^{19}
机械设备	1.07×10^{12}	J	7.50×10^{7}	8.05×10^{19}
农药	4.88×10^{9}	g	1.10×10^{10}	5.37×10^{19}

续表

项目	数据	单位	能值转换率(*UEV*)	太阳能值
氮肥	8.21×10^{10}	g	4.83×10^{9}	3.97×10^{20}
磷肥	1.90×10^{10}	g	4.96×10^{9}	9.42×10^{19}
钾肥	1.80×10^{10}	g	1.40×10^{9}	2.52×10^{19}
复合肥	2.51×10^{10}	g	3.56×10^{9}	8.92×10^{19}
农膜	1.01×10^{10}	g	2.88×10^{8}	2.90×10^{18}
沼气池建造与维修	814.6965	美元	1.75×10^{12}	1.43×10^{15}
猪圈建设	1.83×10^{6}	美元	1.75×10^{12}	3.21×10^{18}
药剂	4.90×10^{8}	g	1.27×10^{9}	6.23×10^{17}
化石燃料	1.62×10^{14}	J	2.24×10^{4}	3.63×10^{18}
小计	7.37×10^{14}			7.79×10^{20}
有机能投入(*T*)				
种子	1.51×10^{15}	J	8.39×10^{4}	1.26×10^{20}
人力	3.13×10^{14}	J	4.83×10^{5}	1.51×10^{20}
饲料	4.29×10^{15}	J	8.04×10^{4}	3.45×10^{20}
仔猪	9.37×10^{13}	J	7.41×10^{5}	6.94×10^{19}
家禽幼种	3.46×10^{12}	J	2.60×10^{6}	8.99×10^{18}
小计	6.20×10^{15}	J		7.01×10^{20}
资源产出(Y)				
稻谷	5.93×10^{15}	J	1.91×10^{5}	1.13×10^{21}
小麦	7.79×10^{14}	J	6.80×10^{4}	5.30×10^{19}
玉米	2.10×10^{14}	J	2.70×10^{4}	5.67×10^{18}
油料	7.43×10^{14}	J	8.60×10^{4}	6.39×10^{19}
蔬菜	7.10×10^{14}	J	2.70×10^{4}	1.92×10^{19}
猪肉	2.76×10^{15}	J	1.70×10^{6}	4.69×10^{21}

续表

项目	数据	单位	能值转换率(*UEV*)	太阳能值
家禽肉	1.04×10^{14}	J	3.00×10^{6}	3.11×10^{20}
家禽蛋	1.76×10^{14}	J	2.57×10^{6}	4.51×10^{20}
沼气	7.35×10^{14}	J	4.17×10^{5}	3.07×10^{20}
秸秆	1.65×10^{16}	J	4.96×10^{4}	8.16×10^{20}
小计	2.86×10^{16}	J		7.85×10^{21}

注:因为研究模式为“猪(家禽)—沼—稻(菜、果)”模式,所以粮食部分考虑了稻谷、小麦、玉米等。

表 2-2　种养一体化循环经济模式能值评价指标体系

指标	指标表达式	数据	单位
可更新自然资源能值	R	1.71×10^{20}	sej/a
不可更新自然资源能值	N	3.06×10^{20}	sej/a
不可更新工业辅助能值	F	7.79×10^{20}	sej/a
可更新有机能	T	7.01×10^{20}	sej/a
能值投入总量	U	1.96×10^{21}	sej/a
经济产出能值	E	7.03×10^{21}	sej/a
废弃物能值	W	8.16×10^{20}	sej/a
总产出能值	Y	7.85×10^{21}	—
不可更新资源占比	$(N+F)/U$	55.5	%
系统外部能值输入比率	$(N+F+T)/U$	75.6	%
人均能值产出量	Y/总人口	3.90×10^{16}	sej/人
能值土地密度	Y/总面积	7.69×10^{12}	sej/m^2
能值废弃率	W/Y	41.63	%
废弃物与产出比(*EWR*)	W/E	0.104	—
净能值产出率(*EYR*)	$(F+T)/Y$	3.59	—
能值自给率(*ESR*)	$(R+N)/Y$	0.244	—

续表

指标	指标表达式	数据	单位
区域环境负载率(*ELR*)	*N*/*R*	1.25	—
可持续发展指数(*ESI*)	*EYR*/*ELR*	2.89	—

2.2.2　多目标线性规划模型构建

对农业循环经济模式规划的目的在于通过对有限资源的最优化配置，实现农业产业结构的有效调整，减少外部工业辅助能值输入，提高该系统的可持续发展能力。本章以舒城县“猪(家禽)—沼—稻(菜、果)”农业种养一体化模式为例进行多目标线性规划研究。

2.2.2.1　数学模型建立

约束方程确定：

$$\sum_{j=1}^{n} a_i x_j > b_j (b \gg 0, i = 1,2,3,\cdots,n, x \gg 0, j = 1,2,3,\cdots,m)$$

目标函数：

$$(\text{Max}/\text{Min}) f(x) = \sum_{j=1}^{n} c_j x_j \tag{2-1}$$

其中，x_j 为决策变量；a_i 为决策变量系数；b_i 为资源限制量；c_j 为目标函数中的变量系数；$f(x)$为决策目标。

决策变量确定：x_j 表示第 j 个决策变量，具体的决策变量如表 2-3 所示。

表 2-3　决策变量

作物/畜禽种类	播种面积/养殖数量	作物/畜禽种类	播种面积/养殖数量
稻谷	x_1	蔬菜	x_5
小麦	x_2	猪	x_6
玉米	x_3	家禽	x_7
油料	x_4		

2.2.2.2 目标函数确定

目标函数包含经济、社会和环境三个方面，具体表现为总收益指数、粮食总产量、总作物施肥量、总作物需水量。

经济目标函数：经济目标函数选取总收益指数，是种植业与养殖业的收益之和。种植业收益是单位面积农作物净收益（元/hm^2）与农作物播种面积（hm^2）的乘积。养殖业收益是单位畜禽净收益（元/头）与养殖总数的乘积，具体表达式见公式(2-2)。

总收益目标函数表达式：

$$\mathrm{Max} f_1(x_i) = \sum_{i=1}^{7} a_i x_i \tag{2-2}$$

其中，$f_1(x_i)$为总收益；a_i 为单位面积农作物或畜禽净收益系数。

目标函数参数：通过实地调研并结合当地统计年鉴相关数据，确定经济目标函数参数，具体如表 2-4 和表 2-5 所示。

表 2-4 单位种植面积各农作物投入产出效益

类型	项目	稻谷	小麦	玉米	油料	蔬菜
产出	单产/kg/hm^2	6343.18	4622	6365.5	2147.92	26641.62
	总产值/元/hm^2	17488.15	10777.58	10459.79	10945.70	53906.25
投入	种子/元/hm^2	918	1059.9	831.6	307.2	3035.1
	化肥/元/hm^2	1848.75	2106.45	1935.15	1288.95	6314.55
	农药/元/hm^2	795.6	334.65	250.35	246	2541
	机械作业费/元/hm^2	3161.1	2494.65	2085.75	1280.1	2984.85
	人工成本/元/hm^2	1077.45	207.75	353.1	221.85	17284.05
	土地成本/元/hm^2	892.05	438.3	397.65	193.65	2082.9
	田间运输/元/hm^2	74.4	12.3	7.35	18.9	2152.35
	总投入/元/hm^2	8701.35	6654	5860.95	3556.65	36394.8
效益	年收入/元/hm^2	8786.8	4123.58	4598.84	7389.05	17511.45

注：数据均取自实地调研及六安市统计年鉴。

表 2-5　单位畜禽投入产出效益

类型	项目	猪	家禽
产出	单产	120.72	298.87
	总产值	1826.77	7735.68
投入	种畜	588.9	1426.36
	饲料	831.81	5312.42
	防疫费用	28.17	124.35
	劳动力成本	0.34	—
	其他投入	8.33	61.25
	总投入	1457.55	6924.38
效益	单位纯收入	369.22	811.3

注：表中除单产单位为 kg/头(猪)、kg/百只(家禽)外，其余单位均为元/头(猪)、元/百只(家禽)。数据均取自六安市统计年鉴及全国农产品成本收益资料汇编。由于家禽体积较小，故以每百只为单位。

社会目标函数：社会目标函数选取粮食总产量，由种植业中的各粮食作物单位面积产量与粮食作物播种面积的乘积之和表示。

粮食产量表达式：

$$\mathrm{Max} f_2(x_i) = \sum_{i=1}^{3} b_i x_i \tag{2-3}$$

其中，$f_2(x_i)$表示粮食总产量；b_i 为单位面积粮食作物单产量。

目标函数参数：舒城县主要粮食作物为稻谷、小麦、玉米，故选此 3 种粮食作物作为参数来进行计算。

环境目标函数：环境目标函数由总作物施肥量和总作物需水量构成。总作物施肥量为种植的所有农作物在种植阶段所施用的化肥总量，总作物需水量为农作物在种植阶段所需的灌溉水总量。

总作物施肥量：

$$\mathrm{Min} f_3(x_i) = \sum_{i=1}^{5} c_i x_i \tag{2-4}$$

其中，$f_3(x_i)$为总作物施肥量；c_i 为单位种植面积农作物的施肥量。

总作物需水量：

$$\mathrm{Min} f_4(x_i) = \sum_{i=1}^{5} d_i x_i \tag{2-5}$$

其中，$f_4(x_i)$为总作物需水量；d_i 为单位种植面积农作物全生育期需水量。

目标函数参数：通过对舒城县农业循环经济模式的调研，确定了各农作物环境效益各目标函数的相关参数。总作物施肥量及总作物需水量的参数分别如表 2-6 和表 2-7 所示。

表 2-6 单位种植面积各农作物化肥施用量

项目	水稻	小麦	玉米	油料	蔬菜
化肥施用量/kg/hm^2	340.2	415.05	373.2	242.25	860.85

注：数据均取自全国农产品成本收益资料汇编。

表 2-7 单位种植面积农作物生育期需水量

项目	水稻	小麦	玉米	油料	蔬菜
作物需水量/m^3/hm^2	7249.5	3800.02	4880.02	4050	4000.02

注：数据取自实地调研。

由公式(2-2)至公式(2-5)得到总目标函数。

$$\begin{cases} \mathrm{Max} f_1(x_i) = 8904.83x_1 + 7134.75x_2 + 6551.785x_3 + 15585.86x_4 \\ \qquad + 7468.35x_5 + 523.18x_6 + 1290x_7 \\ \mathrm{Max} f_2(x_i) = x_1 + x_2 + x_3 \\ \mathrm{Min} f_3(x_i) = 975x_1 + 337.5x_2 + 375x_3 + 46.041x_4 + 187.5x_5 \\ \mathrm{Min} f_4(x_i) = 7249.5x_1 + 3800.02x_2 + 4880.02x_3 + 4050x_4 + 4000.02x_5 \end{cases} \tag{2-6}$$

2.2.2.3 约束条件设置

本章选取种植总面积、当地劳动力和不可更新工业辅助能值投入作为约束条件。

面积约束：通过查阅当地统计年鉴可知，舒城县农业种植面积为 94413 hm^2，因此，农业播种面积不得超过 94413 hm^2。

$$\sum_{i=1}^{5} x_i \leqslant 94413 \tag{2-7}$$

劳动力约束：由现场调研及查阅统计年鉴可得，2017 年舒城县农业从业人员为 201459 人，农民每年的农业劳作时间大概为 8 个月，即为 240 天，可得当地每年农业可使用劳动力约束为 48350160 天。各农产品及畜禽用工数如表 2-8所示。

表 2-8　单位面积农作物或畜禽数量用工数

作物/畜禽种类	用工数/天	作物/畜禽种类	用工数/天
稻谷	82.65	蔬菜	525
小麦	83.7	猪	5.98
玉米	78.9	家禽	12.72
油料	100.65		

注：数据均取自全国农产品成本收益资料汇编。

不可更新工业辅助能值投入约束：

$$\sum_{i=1}^{7} h_i x_i \leqslant 7.79 \times 10^{20} \tag{2-8}$$

其中，h_i 为单位面积农作物或畜禽数量不可更新工业辅助能值投入。

根据规划前的能值流动清单计算得到单位面积农作物以及单位养殖畜禽的不可更新工业辅助能值投入，具体如表 2-9 所示。

表 2-9　单位面积农作物或畜禽数量不可更新工业辅助能值

作物/畜禽种类	不可更新工业辅助能值投入/sej
稻谷	1.02×10^{16}
小麦	2.50×10^{15}

续表

作物/畜禽种类	不可更新工业辅助能值投入/sej
玉米	3.55×10^{14}
油料	2.71×10^{15}
蔬菜	7.36×10^{16}
猪	8.88×10^{12}
家禽(百只)	1.63×10^{12}

由面积约束、劳动力约束、不可更新辅助能值投入约束得到总限制条件。

$$\begin{cases} x_1+x_2+x_3+x_4+x_5\leqslant 94413 \\ 82.65x_1+83.7x_2+78.9x_3+100.65x_4+525x_5 \\ \quad +5.98x_6+12.72x_7\leqslant 48350160 \\ 1.02\times10^{16}x_1+2.50\times10^{15}x_2+3.55\times10^{14}x_3+2.71\times10^{15}x_4 \\ \quad +7.36\times10^{16}x_5+8.88\times10^{12}x_6+1.63\times10^{12}x_7\leqslant 7.79\times10^{20} \end{cases} \tag{2-9}$$

2.2.2.4 总目标函数构建

目标函数包含经济、社会、环境三个方面,每个方面的重要性差异都会对结果产生较大的不确定性。因此,为减少主观因素对研究结果的不确定性影响,本章采用模糊层次分析法对其进行权重的确定。基于篇幅的限制,本章省略分析计算的过程,计算得到的权重结果为:总收益占比为35.1%、总产量占比为19.8%、总化肥占比为30.2%、总作物用水量占比为14.9%。

依据公式(2-10)确定可行域内各目标函数的最优值 $f_i^*=\mathrm{Max}[\mathrm{Min}]f_i$。

$$\mathrm{Max}F(x_i)=w_1\times\frac{f_1}{f_1^*}+w_2\times\frac{f_2}{f_2^*}+w_3\times\frac{f_3}{f_3^*}+w_4\times\frac{f_4}{f_4^*} \tag{2-10}$$

各目标函数极值结果为:

$$\begin{cases} f_1^*=3.42\times10^9 \\ f_2^*=94413 \\ f_3^*=8.05\times10^7 \\ f_4^*=6.84\times10^8 \end{cases} \tag{2-11}$$

依据公式(2-10)及公式(2-11)，得到最终的总目标函数。

$$f=5.88\times10^{-6}x_1+4.98\times10^{-6}x_2+5.05\times10^{-6}x_3+2.55\times10^{-6}x_4+5.88\times10^{-6}x_5+3.78\times10^{-8}x_6+8.31\times10^{-8}x_7$$

2.3 研究结果

2.3.1 研究区域

据中国统计年鉴分析，安徽省 2019 年粮食产量为 4054 万吨，居全国第四位，是国内重要的农产品生产基地。舒城县隶属安徽省六安市，是良好的茶叶、油料、水稻等农产品种植区。近年来，舒城县围绕粮食增产和农民增收目标，积极发展农村清洁能源，以“猪(家禽)—沼—稻(菜、果)”形式建立农业生态模式示范点，大力发展现代农业，着力提升农业产业化，加快推进美丽乡村建设。2019 年，舒城县已拥有户用沼气 1.5 万口、沼气池 60 处，养殖小区已建有大型沼气工程 5 座，有 66 个沼气村级服务网点，沼气工程已深入全县千家万户，解决了大部分养殖废弃物再次利用的问题。舒城县的“猪(家禽)—沼—稻(菜、果)”种养一体化模式已成为安徽省及国家典型的农业循环经济模式，具有很好的示范作用。

2.3.2 能值评价

由表 2-2 分析可知，该农业循环经济模式 *EYR* 为 3.59，远高于 2015～2017 年华北平原地区大、小型农场的农作物种植系统(1.35、1.37)，具有较高的能值输出。*ESR* 为 0.244，低于 2015 年全国牧业系统(0.56)，表明农业循环经济模式所需资源主要依靠工业辅助输入。*ELR* 为 1.25，低于 2015 年全国农业系统最低水平，表明系统对周围环境造成的压力较小，具有良好的环境效益。此外，*ESI* 为 2.89，高于 2013～2016 年安徽省农业生态经济系统，具有较好的可持续发展潜力。由此分析可知，该农业循环经济模式具有较高的能值输出，经济效益较好。与其他农业生态系统的可持续发展相比,该农业循环经济模式具有一定的优势。

虽然当前农业循环经济模式可持续发展水平较农业生态系统具有一定的优势,但是能值自给率仍处于一个较低的水平,说明系统主要依靠外部能值输入。究其原因,主要是农业种植过程中对化肥需求量大以及机械设备使用过多。由此分析可知,该农业循环经济模式依然存在一定的优化潜力,而优化重点就在于如何通过对有限资源的合理配置,实现减少不可更新工业辅助能值投入的目的。

2.3.3 多目标线性规划模型

利用 Matlab 软件对总目标函数进行编程求解,最终得出舒城县农业循环经济模式资源配置的优化方案,结果如表 2-10 所示。

表 2-10 多目标线性规划决策方案

作物/畜禽种类	规划方案	作物/畜禽种类	规划方案
稻谷/hm^2	11500	蔬菜/hm^2	55482
小麦/hm^2	9875	猪/头	229286
玉米/hm^2	6523	家禽/百只	1140000
油料/hm^2	11036		

由表 2-11 分析可知,通过合理的规划设计(资源的优化配置),*ESI* 由以前的 2.89 上升到 3.99,较规划前提高了 38.06%。究其原因,一方面是因为规划过后的资源总投入为 1.69×10^{21} sej,较规划前减少了 13.78%,且减少的资源投入均属于外部购买能值投入,大部分属于不可更新辅助能值投入,在一定程度上降低了环境负荷,使得 *ELR* 由规划前的 1.25 下降为 1.12,较规划前降低了 10.4%。另一方面则是因为规划后的资源利用率达到最佳,系统经济效益得到了较高的提升,使得规划后系统净能值产出达到 7.55×10^{21} sej,较规划前上升了 7.40%。*EYR* 为 4.46,较规划前上升了 24.23%。此外,*ESR* 为 0.282,较规划前提高了 15.57%。由此分析可知,通过合理的资源优化配置,在不改变自然

资源投入总量的前提下，就能较大幅度地提升系统的经济与环境效益，推动该地区的可持续发展。因此，合理的规划设计对于循环经济模型的有效推进具有重要的实践意义。

表 2-11 模型优化前后能值指标比较

指标	规划前	规划后	情景优化后	单位
资源总投入	1.96×10^{21}	1.69×10^{21}	1.62×10^{21}	sej
可更新资源投入占比	44.5	47.2	50.2	%
不可更新资源投入占比	55.5	52.8	49.8	%
系统外部能值输入比例	75.6	71.8	70.6	%
净能值产出	7.03×10^{21}	7.55×10^{21}	7.06×10^{21}	sej
净能值产出率(*EYR*)	3.59	4.46	4.36	—
能值自给率(*ESR*)	0.244	0.282	0.294	—
区域环境负载率(*ELR*)	1.25	1.12	0.992	—
可持续发展指数(*ESI*)	2.89	3.99	4.40	—

2.4 结果讨论

2.4.1 敏感性分析

由表 2-11 分析可知，在所有资源投入中，规划前后的不可更新资源投入占比分别为 55.50%、52.80%，均超过 50%。这表明种养一体化模式无论是在农业种植子系统还是畜禽养殖子系统都存在大量的不可更新资源的投入，对不可更新资源的依赖程度很大。因此，从资源投入方面分析可知，该种养一体化模式依然存在一定的优化潜力，优化的重点在于识别和辨析对系统各项指标影响较大的不可更新资源，这些不可更新资源就是系统需要优化的关键物质。

参考 ISO 14040 和 ISO 14044，采用敏感性分析法诊断并识别系统的关键物质。敏感性计算如下：

$$SC=\left|\frac{\frac{EE_2-EE_1}{EE_1}}{\frac{C_2-C_1}{C_1}}\right| \tag{2-12}$$

其中，SC 为主要指标输入对指标影响的敏感性系数；EE_2 和 EE_1 分别为主要参数变更前后对应的指标影响；C_2 和 C_1 分别为变更前后对应的参数变更量。公式(2-12)的计算结果如图 2-3 和图 2-4 所示。

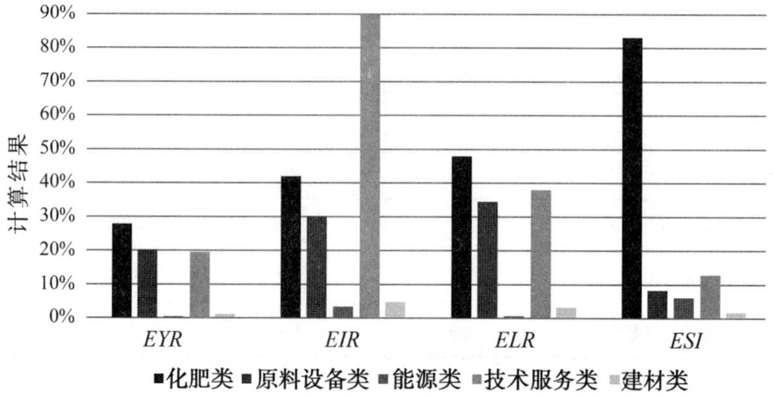

图 2-3　各资源参数上浮 10％对各关键指标的敏感性影响

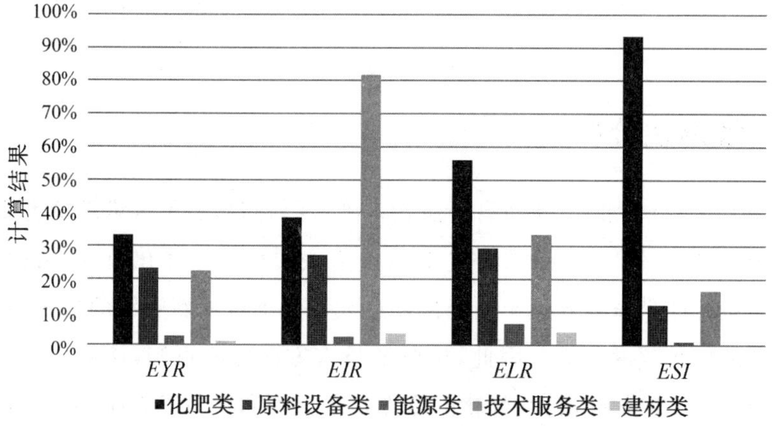

图 2-4　各资源参数下降 10％对各关键指标的敏感性影响

由图 2-3 和图 2-4 分析可知，种养一体化模式主要指标对五类购买能值存在不同程度的敏感性。其中，化肥类敏感性影响最大，当其上浮 10%时，*EYR* 下降 2.79%，*EIR* 上升 4.19%，*ELR* 上升 4.81%，*ESI* 下降 8.3%。基于以上分析可知，增加种养一体化模式中化肥类能值输入量会降低系统经济效益，并提高系统区域环境负荷，不利于该系统的可持续发展。当化肥类能值输入下降 10%时，*EYR* 上升 3.33%，*EIR* 下降 3.87%，*ELR* 下降 5.6%，*ESI* 上升 9.34%。因此，降低化肥类能值输入量可以明显提升种养一体化模式的可持续发展水平。根据主要能值指标对五类购买能值流输入变动的敏感性情况，各参数对种养一体化模式可持续水平影响程度依次为：化肥类＞技术服务类＞原料设备类＞能源类＞建材类。

由图 2-5 分析可知，化肥类能值流输入中氮肥占比最高，在种养一体化模式中占比达 26.82%，其敏感性也最高。当氮肥能值流输入上浮 10%后，*EYR* 降低 1.88%，*EIR* 升高 2.82%，*ELR* 升高 3.27%，*ESI* 降低 5.57%。因此，氮肥是影响系统可持续发展水平最高的关键物质。以此类推，技术服务类的关键物质是人力。原始设备类的关键物质是饲料、种子及机械设备。基于以上研究，如何有效提高有机肥的使用并提高科技种植生产能力，从源头减少上述关键物质和降低其对系统的影响是下一步优化设计的重点。

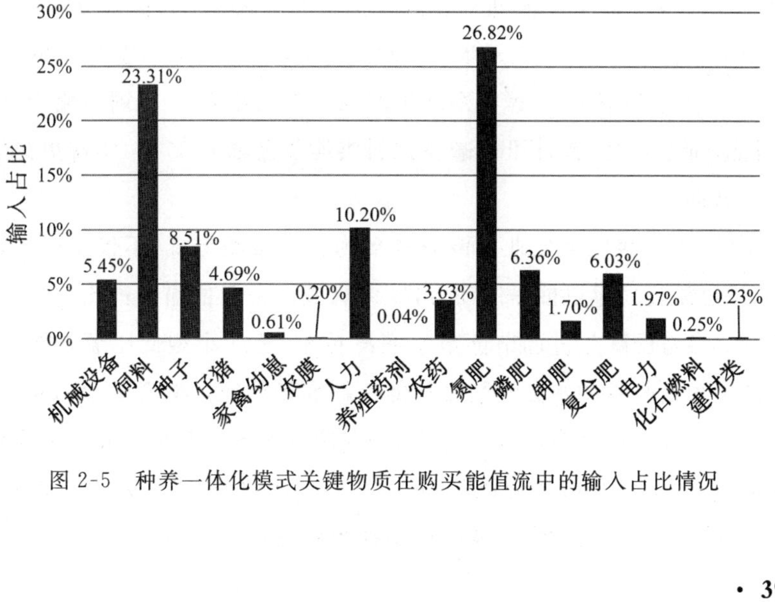

图 2-5　种养一体化模式关键物质在购买能值流中的输入占比情况

2.4.2 优化情景设计

基于以上分析可知，针对关键物质在系统中的位置，结合“3R”优化设计原则，本书构造以下优化情景，以进一步讨论优化情景实施前后系统的可持续发展水平变化情况。

情景一：尽管当地实施种养一体化模式，但是现阶段的种养一体化只针对养殖业的废弃物，养殖废弃物沼气化后产生可替代化肥的沼液、沼渣数量较少。因此，根据王（Wang）等对沼气能值的研究成果，考虑将种植业中各种农作物的秸秆投入沼气化产业。以 2017 年数据为标准，年产玉米秸秆为 6.93×10^{14} J。参考杨（Yang）等的研究成果，假设投入 60％的玉米秸秆与养殖废弃物混合进行沼气化，且综合利用沼液和沼渣 90％，其中 30％用于简单还田，70％用于生产有机肥，增加有机肥的量预计可替代传统氮肥 60％、复合肥 20％，较大程度地减少了农用化肥的使用量及其对土地肥力、周边环境的损害，系统的环境负荷也得到了较大的降低。

情景二：通过增加农作物产量从而减少饲料能值流输入，可以有效减少系统的不可更新工业辅助能值投入及提高其可持续性。参考洪（Hong）和王（Wang）等的研究成果，适当采用玉米油料间作、玉米小麦间作代替玉米单作模式，可以提高小麦、油料产量，进一步减少饲料能值流输入。假设分别对 30％的玉米种植地进行玉米—小麦、玉米—油料间作，预计可增加小麦产量 60％、油料产量 21％。在此基础上，考虑将系统生产的玉米与小麦 50％饲料化，与外部购买饲料混合饲喂家禽，预计可以减少饲料类能值流输入 17％，实现更深层次的农业经济循环。

情景三：由于该区域农业灌溉方式多为独户漫灌方式，不仅造成水资源的浪费，同样也需要大量机械提供动力，导致机械设备能值输入占比较大，也消耗大量能源。参考国际先进的节能节水灌溉技术，建立小型低压灌溉网络，将农业灌溉改造为更高效的水分配网络和低功耗灌溉系统。参考王（Wang）和加西亚（García）等的研究成果并结合当地实际情况，假设对灌溉区域实行区域低压节能灌溉技术，预计可降低灌溉设备功率 22％，节约区域灌溉用电量 18％，研究模式的经济性与可持续发展能力可得到明显提升。

若以上优化情景全部实现，依据多目标规划模型，情景优化后的资源总投入为 1.62×10^{21} sej，较多目标规划后的资源总投入降低 4.14%；*EYR*、*ELR* 分别为 4.36、0.992，较规划后分别降低 2.24%、11.43%；*ESI* 为 4.40，较规划后提高 10.28%。系统可持续发展水平得到了进一步的提高，主要是优化情景设计从源头上减少了关键物质的使用，致使投入的不可更新资源减少。例如，情景一通过采用秸秆沼气化手段，将产生的沼液与沼渣用来代替化肥；情景二和情景三通过提高科技种植生产能力，减少了饲料的投入和机械动力的使用。

2.5　结论

在对安徽省舒城县农业循环经济模式能值分析评价的基础上，本章创新性地构建了与能值指标耦合的多目标线性规划模型，并对该模式的当地资源属性进行最优化配置设计，确定了种植业中稻谷 11500 hm^2、小麦 9875 hm^2、玉米 6523 hm^2、油料 11036 hm^2、蔬菜 55482 hm^2，养殖业中猪 229286 头、家禽 1.14×10^8 只的规划方案。

规划后农业循环经济模式的 *EYR*、*ESR*、*ESI* 分别较规划前上升 24.23%、15.57%和 38.06%。规划方案在没有改变自然资源投入总量的前提下，通过合理的资源配置实现了系统经济效益与环境效益的较大提升。因此，规划设计是实现系统可持续发展水平提升的有效途径。在此基础上，为进一步提升系统的可持续性，通过敏感性分析对关键物质进行了诊断和识别，并采用追踪溯源和“3R”原则的研究思路，本章提出了农作物秸秆沼气化、提升农作物科学种植能力的若干优化情景设计方案。

本章主要从理论方面探讨种养一体化模式的可持续发展水平、资源规划配置方案及优化情景设计，但在规划推进中仍然存在诸多的不确定因素，诸如农户的自主意愿对种植作物更换的影响，市场价格的波动会对系统的经济效益产生负面影响等。本章主要的贡献是构建了种养一体化循环经济模式推进的方法学体系，重点是基于能值评价与多目标线性规划模型耦合的构建和应用，其可为该类似领域的研究提供一个崭新的研究视角。

参考文献

[1]LU Y, SONG S, WANG R, et al. Impacts of soil and water pollution on food safety and health risks in China[J]. Environment international, 2015, 77(1): 5-15.

[2]HU T, WU Y, SHEN X, et al. China's foreign trade deficit in term of resources and environment [J]. China population resources and environment, 2008, 18(2): 204-207.

[3]韩志尧. 国外循环农业经验借鉴与本土化发展[J]. 农村经济与科技, 2019,303(14): 1+3.

[4]谯薇,王葭露. 我国现有生态循环农业发展模式及国际经验借鉴[J].当代经济,2019(3): 108-111.

[5] KAPOOR R, GHOSH P, KUMAR M, et al. Valorization of agricultural waste for biogas based circular economy in India: A research outlook[J]. Bioresource technology, 2020, 304: 123036.

[6] ZHANG C, XU Y. Economic analysis of large-scale farm biogas power generation system considering environmental benefits based on lca: A case study in China[J]. Journal of cleaner production, 2020, 258: 120985.

[7] LIU Y, MABEE W, ZHANG H. Upgrading the development of Hubei biogas with ets in China[J]. Journal of cleaner production, 2019, 213: 745-752.

[8] WUK. Comprehensive evaluation on development of agricultural recycling economy in Chaohu Basin [J]. China population, resources and environment, 2008, 18(1): 94-98.

[9]SECCO C, LUZ L, PINHEIRO E, et al. Circular economy in the pig farming chain: Proposing a model for measurement [J]. Journal of cleaner

production, 2020, 260: 121003.

[10]XUE Y, LUAN W, WANG H, et al. Environmental and economic benefits of carbon emission reduction in animal husbandry via the circular economy: Case study of pig farming in Liaoning, China[J]. Journal of cleaner production, 2019, 238: 117968.

[11] WANG X, LI Z, LONG P, et al. Sustainability evaluation of recycling in agricultural systems by emergy accounting [J]. Resources, Conservation and recycling, 2017, 117: 114-124.

[12] PATRIZI N, NICCOLUCCI V, CASTELLINI C, et al. Sustainability of agro-livestock integration: Implications and results of emergy evaluation[J]. Science of the total environment, 2018: 1543-1552.

[13] WU X, WU F, TONG X, et al. Emergy and greenhouse gas assessment of a sustainable, integrated agricultural model (siam) for plant, animal and biogas production: Analysis of the ecological recycle of wastes[J]. Resources conservation and recycling, 2015: 40-50.

[14]VASSALLO P, BASTIANONI S, BEISO I, et al. Emergy analysis for the environmental sustainability of an inshore fish farming system[J]. Ecological indicators, 2007, 7(2): 290-298.

[15]SU Y, HE S, WANG K, et al. Quantifying the sustainability of three types of agricultural production in China: An emergy analysis with the integration of environmental pollution[J]. Journal of cleaner production, 2020, 252: 119650.

[16]YANG J, CHEN B. Emergy analysis of a biogas-linked agricultural system in rural China: A case study in Gongcheng Yao autonomous county [J]. Applied energy, 2014, 118: 173-182.

[17]GIRI S, NEJADHASHEMI A P. Application of analytical hierarchy process for effective selection of agricultural best management practices[J]. Journal of environmental management, 2014: 165-177.

[18]LIU Y, GUO T, WANG R, et al. A swat-based optimization tool for obtaining cost-effective strategies for agricultural conservation practice implementation at watershed scales[J]. Science of the total environment, 2019, 691: 685-696.

[19]FEIZIZADEH B, BLASCHKE T.Land suitability analysis for Tabriz county, Iran: A multi-criteria evaluation approach using gis[J]. Journal of environmental planning and management, 2013, 56(1): 1-23.

[20]PARLATO M C M, VALENTI F, PORTO S M C. Covering plastic films in greenhouses system: A gis-based model to improve post use suistainable management[J]. Journal of environmental management, 2020, 263: 110389.

[21]RICH K M, RICH M, DIZYEE K, et al. Participatory systems approaches for urban and peri-urban agriculture planning: The role of system dynamics and spatial group model building[J]. Agricultural systems, 2018: 110-123.

[22]ZHANG F, ENGEL B A, ZHANG C, et al. Agricultural production planning approach based on interval fuzzy credibility-constrained bi-level programming and nerlove supply response theory[J]. Journal of cleaner production, 2019, 233: 1158-1169.

[23]SUN X, HU Z, LI M, et al. Optimization of pollutant reduction system for controlling agricultural non-point-source pollution based on grey relational analysis combined with analytic hierarchy process[J]. Journal of environment management, 2019, 243: 370-380.

[24]SAPINOF, PÉREZ-BLANCO C D, GUTIÉRREZ-MARTÍN C, et al. An ensemble experiment of mathematical programming models to assess socio-economic effects of agricultural water pricing reform in the Piedmont region, Italy[J]. Journal of environment management, 2020, 267: 110645.

[25]DROBNIK T, HUBER R, GRETREGAMEY A, et al. Coupling a

settlement growth model with an agro-economic land allocation model for securing ecosystem services provision[J]. Journal of environmental planning and management, 2017, 60(7): 1127-1152.

[26]MARTIN A G, POZO C, GUILLÉN-GOSÁLBEZ G, et al. Multi-stage linear programming model for optimizing cropping plan decisions under the new common agricultural policy[J]. Land use policy, 2015, 48: 515-524.

[27]WANG Q, MA Z, MA Q, et al. Comprehensive evaluation and optimization of agricultural system: An emergy approach[J]. Ecological indicators, 2019, 107: 105650.

[28]六安市统计局. 六安市统计年鉴[EB/OL]. [2020-02-13]. http://hgk.luan.gov.cn/pages/macrosearch/ahla/yearbook/2018/2018.html.

[29]WANG Q, GAO Z, YUAN X, et al, Comprehensive emergy evaluation and optimization of corn straw power generation system: A case study[J]. Chinese journal of population resources and environment, 2019, 17(2): 135-144.

[30]ASGHARIPOUR M R, AMIRI Z, CAMPBELL D E. Evaluation of the sustainability of four greenhouse vegetable production ecosystems based on an analysis of emergy and social characteristics[J]. Ecological modelling, 2020, 424: 109021.

[31]XU Q, WANG X, XIAO B, et al. Rice-crab coculture to sustain cleaner food production in Liaohe River Basin, China: An economic and environmental assessment[J]. Journal of cleaner production, 2019, 208: 188-198.

[32]WU X, WU X, LI J, et al.Ecological accounting for an integrated "pig-biogas-fish" system based on emergetic indicators[J]. Ecological indicators, 2014, 189-197.

[33]国家发改委物价司. 2017年全国农产品成本效益信息汇编[M]. 北京:中国统计出版社,2018.

[34]YANG X, SUI P, ZHANG X, et al. Environmental and economic consequences analysis of cropping systems from fragmented to concentrated farmland in the north China plain based on a joint use of life cycle assessment, emergy and economic analysis [J]. Journal of environmental management, 2019.

[35]ZHAI X, HUANG D, TANG S, et al. The emergy of metabolism in different ecosystems under the same environmental conditions in the agro-pastoral ecotone of northern China [J]. Ecological indicators, 2017, 74: 198-204.

[36] LIU Z, WANG Y, GENG Y, et al. Toward sustainable crop production in China: An emergy-based evaluation [J]. Journal of cleaner production, 2018, 206(2019): 11-26.

[37]马世昌,吴晓磊. 安徽省农业生态经济系统能值分析[J]. 中国农业资源与区划,2019,40(12): 101-107.

[38] HOUSHYAR E, WU X, CHEN G. Sustainability of wheat and maize production in the warm climate of southwestern Iran: An emergy analysis[J]. Journal of cleaner production, 2017, 172(2): 2246-2255.

[39]HONG Y, HEERINK N, MA M, et al. Intercropping contributes to a higher technical efficiency in smallholder farming: Evidence from a case study in Gaotai county, China[J]. Agricultural systems, 2019, 173: 317-324.

[40]WANG X, FENG Y, YU L, et al. Sugarcane/soybean intercropping with reduced nitrogen input improves crop productivity and reduces carbon footprint in China[J]. Science of the total environment, 2020.

[41] WANG R, SUN Z, ZHANG L, et al. Border-row proportion determines strength of interspecific interactions and crop yields in maize/peanut strip intercropping[J]. Field crops research, 2020, 253: 107819.

[42] ABADIA R, ROCAMORA C, VERA J. Energy efficiency in irrigation distribution networks ⅱ: Applications[J]. Biosystems engineering,

2012, 111(4):398-411.

[43] WANG X, CHEN Y, SUI P, et al. Emergy analysis of grain production systems on large-scale farms in the north China plain based on LCA[J]. Agricultural systems, 2014, 128(6): 66-78.

[44]GARCÍA I F, PEREA R G, MORENO M A, et al. Semi-arranged demand as an energy saving measure for pressurized irrigation networks[J]. Agricultural water management, 2017, 193: 22-29.

第 3 章　可持续发展路径与对策之循环经济模式路径推进

3.1　研究背景

面对日益严峻的人口增长、能源危机、气候变化等问题，全球农业发展面临着巨大挑战。从总量上看，农田覆盖了地球上约 1/3 的陆地，全球温室气体排放总量的 26%来自农业生产活动。从模式上看，现代农业发展提高生产力的同时也导致了生态环境的恶化，农业发展方式的不当使得全球生态环境更加脆弱。因此，全球农业将可持续发展视为未来发展的主要趋势，循环农业模式也成为各国减少污染、实现农业可持续发展的有效模式。"循环经济"的概念自美国经济学家博尔丁(Boulding)在 1966 年提出以来，逐渐被越来越多的国家接受并应用于农业生产。欧洲农业机构促进各国建设"循环园艺"：西班牙、法国等国家利用农业废弃物循环性特征，遵循"小型家庭农场"模式，控制温室气体排放；美国早在 1990 年就颁布了《污染防治法》，对促进可持续农业发展作出明确规定，加大对循环农业的科技经济投入；德国在 2001 年出台了绿色生态农业计划，实施生物农业资源再利用模式。

近年来，中国政府推行生态文明理念，提倡和谐共生、良性循环、全面发展。中国作为农业人口大国，现代农业转型过程中的诸多困境阻碍了农业可持续发展，解决该问题的关键是转向中国典型循环农业模式，推广实施种养相结合的农业发展模式。循环农业模式的重点是种养一体化模式。种养一体化是指在一定的土地管理区，利用农作物秸秆喂养畜禽，或将牲畜粪便与农作物秸秆混合产生可发电的沼气或用于施肥。采用上述两种或多种方法，将种植和养殖紧密结合在一起，以实现清洁农业流程、绿色农产品和废弃物资源化利用。2015年，中国因地制宜地推进"稻鱼共生""猪与沼气"和森林经济等种养一体化模式，鼓励推进农业资源循环利用。在中国农业粮食总产量有持续增长，远超全球粮食安全标准线的同时，现阶段该农业模式也存在着产业体系与理论体系不够完善，沼气工程难以达到预期效果且容易造成二次污染等难题。综上所述，推进中国种养一体化模式的前提是要做到因地制宜，有针对性地对当地典型农业模式展开调研，构建一套适合该地区的科学的方法学体系。数据中反映的现象可为政府决策提供合理依据，促进中国农业的可持续发展。

目前，国内外关于种养一体化模式的推进研究，主要是针对制约该模式发展的影响因素及相关对策，涉及的研究方法主要有线性回归模型、统计学模型、解释结构模型(ISM)、层次分析法等。赵(Zhao)等构建了典型的种养一体化农业多目标线性规划模型，由此发现积极利用该模式中的农业废弃物能够带来巨大的农业生态经济效益。黄(Huang)等利用 PSM 模型模拟种养一体化模式下家庭用户使用沼气的积极因素与障碍因素，发现技术培训的缺乏和补贴额度是家庭使用沼气池的主要障碍因素。库马尔(Kumar)等运用集成的ISM ANP方法建模，研究印度循环农业供应链发展的障碍及其关键因素，结果发现缺乏政府支持和激励措施、政策和协议是当地该模式下农业发展的重大障碍。牛(Niu)等运用层次分析法，选取湖北省宜昌市某农场建立生态系统服务评价体系，结果建议发展现代种养一体化模式是提高农场生态系统服务功能的有效途径。综上所述，现有研究提供了丰富的研究基础，但仍存在两个方面的局限性：一是种养一体化模式中的相关数据收集难度高、来源不完备，导致数据分析准确性不足；二是传统模型指标较为单一，未能覆盖全面。为解决上述问题，本章拟采用实地和问卷调研的方式解决数据收集难题。因为影响种养一体化模式推进的诸多因素会因区域而异，因此采用一刀切的统计数据对其进行表征不科学，况且地方政府也很难提供上述统计数据。在此前提条件下，问卷调查就是解决上述问题最有效的一种办法，它不仅解决了数据统计难的问题，同时也体现了数据因地制宜的特点。此外，本章拟利用 SEM 构建指标体系。SEM 可用于假设两个变量之间具有相关或因果关系，表达变量间的定量化关系。该方法通常用一个复杂指标去测量多个因子，能够解决传统分析方法中主观性、歧义性和随机性的问题，具有因子分析和路径分析两类方法的优点。鉴于此，本章利用实地调研与调查问卷获取的数据，采用 SEM 来分析种养一体化模式的影响机制，该方法学体系可为其他行业开展类似领域的研究提供思路与借鉴。

3.2 研究方法

首先，借鉴相关文献研究成果并结合专家咨询确定影响该区域循环农业的关键因素，并将这些关键因素内化成研究区域农户及相关农业工作人员的调查问卷。其次，通过实地调研、线上与线下问卷调研的方式获取数据。同时，将关键因素引入结构方程模型，构建种养一体化模式影响机制的 SEM 假设模型。再次，选用 SPSS 软件对调研数据进行信度检验，利用 AMOS 软件对假设模型进行数据分析及验证。最后，结合研究区域特征属性深度解析数据，得到各关键因素推进的路径系数，并由此提出相关的对策与建议。种养一体化模式推广路径研究技术路线图如图 3-1 所示。

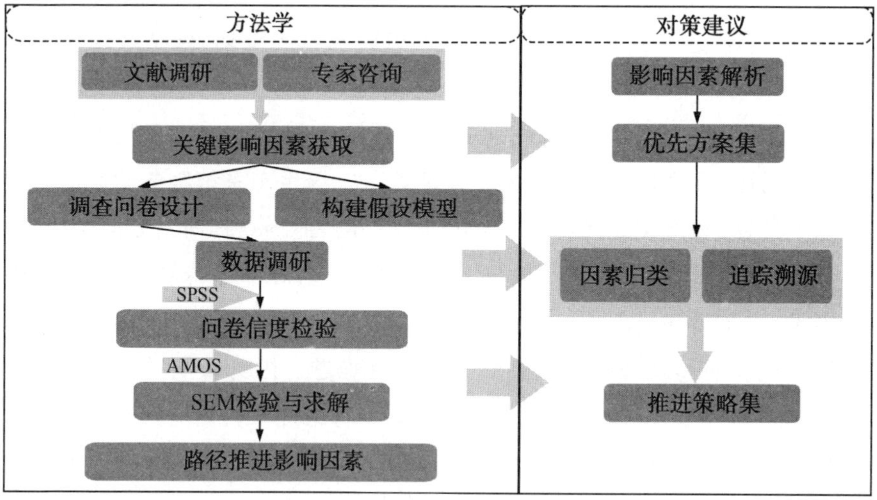

图 3-1　种养一体化模式推广路径研究技术路线图

3.2.1 案例选择

山东省是中国重要的农业生产基地。据中国统计年鉴统计,2021年山东省粮食产量5500.5万吨,位居全国第三。其中,山东省鲁西地区包括德州、聊城、菏泽部分县区,畜禽养殖业较为发达,家养畜禽以猪、羊、牛、鸡为主。近年来,该地区积极响应中国发展乡村振兴、循环农业政策,以粮食增产和农民增收为发展目标,积极发展农村清洁能源,以“猪(家禽)—沼—蔬(稻、果)”形式建立农业循环经济模式示范点,大力发展现代农业,着力提升农业产业化。其“猪(家禽)—沼—蔬(稻、果)”模式也成为山东省及国家典型的农业循环经济模式,并起到了一定的示范作用。因此,以山东省鲁西地区为案例地区开展研究,具有较好的典型性和代表性。

3.2.2 确定评价指标

农户作为参与农业活动的主体之一,其行为在很大程度上直接或者间接影响着种养一体化模式的稳步推进和健康运行。影响因素按影响效果分类主要可以分为障碍力因素和驱动力因素两类。结合鲁西地区区域特征分析,障碍力因素较少,包括农业模式投入成本、技术风险性、技术复杂性;而驱动力因素则较多,主要有农户教育程度、政府政策鼓励、当地农业贷款以及预期收益等。对于投入成本、技术风险性以及技术复杂性较高的农业模式,考虑到经济效益和风险评估,农户选择积极性较低。受教育程度越高的农户,越容易接受相对新颖的农业模式。同时,本地区高程度的政府政策鼓励、利好的农业贷款等因素能促进农户选择种养一体化模式。因此,推进种养一体化模式的关键点在于如何降低障碍力,提高驱动力,促使鲁西农户主动选择该农业模式。具体的影响因素关系如图3-2所示。

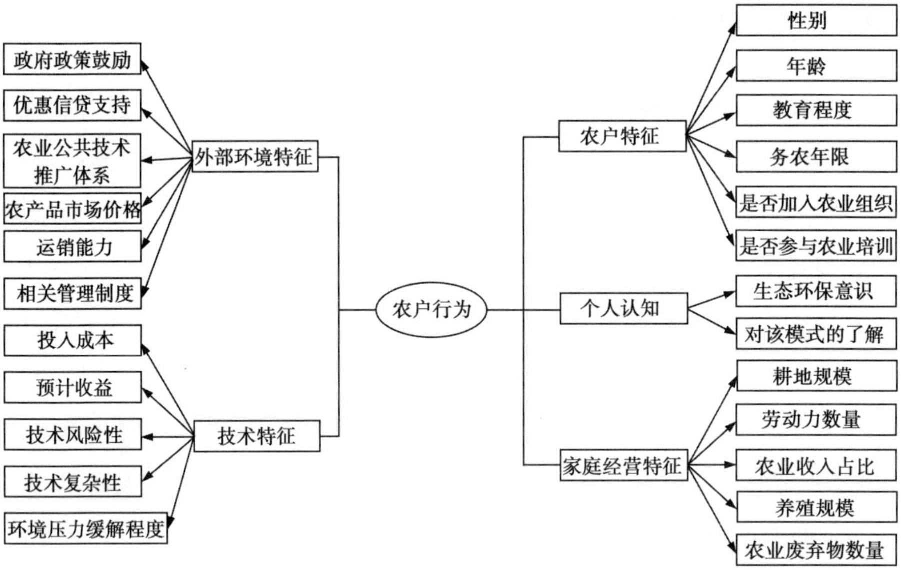

图 3-2　种养一体化模式影响因素分析

3.2.3　问卷设计

本章采用李克特五级量表法进行问卷设计。问卷通过线上发布与线下调研相结合的方式进行数据收集。具体的调查对象为山东省鲁西地区部分区县的农户,线上共计发布 150 份调查问卷,有效回收问卷 132 份;线下调研发布问卷 100 份,并对当地农业部门工作人员、种养大户以及部分散养农户进行了深入调查,有效回收问卷 96 份。问卷有效回收率分别为 88%、96%。

3.2.4　结构方程模型的构建

测量模型和结构模型是 SEM 的核心,这两个模型均由线性回归的函数表示。其构建结构方程模型一般包括 5 个步骤,即模型设定、模型识别、模型求解、模型评估及模型修正。

针对模型识别,通常要求观测值的数量不得少于模型中自由估计参数数量。其中,观测值数量(DP)的计算如下:

$$DP=\frac{(p+q)(p+q+1)}{2} \tag{3-1}$$

其中，$p+q$ 为观测变量的总数。只有 DP 大于等于需要估计的自由参数数量时，结构方程模型才能被识别。

模型待估系数的求解是指计算出各系数之间的因子载荷数和路径系数。结构方程模型的求解方法一般有极大似然估计法和广义最小二乘法两种。AMOS 软件默认使用极大似然估计法，但该方法对样本量具有一定的要求，通常需要样本数量不低于 200。广义最小二乘法是将随机误差项用于消除自相关，再用普通最小二乘法估计回归参数。本章认为使用极大似然估计法对数据进行处理为最优。

模型评估需采用 AMOS 软件结合相关适配度指标来判断模型拟合的优劣。一般首先要求模型相对卡方值（$CMIN/DF$）越小越好，越接近于 0，表示模型与数据的拟合度越好，一般要求小于 3，并且要求其概率 $p>0.05$。模型具体的拟合度指标分类及标准如表 3-1 所示。

表 3-1　结构方程模型拟合指标及相关标准

指标	判断标准
$CMIN/DF$	$CMIN/DF$ 越小越好，一般要求小于 3，并且要求其概率 $p>0.05$
拟合优度指数（GFI）	越接近于 1 越好，一般要求 $GFI>0.9$
残差均方和平方根（RMR）	越接近于 0 越好，一般要求小于 0.05
近似误差均方根（$RMSEA$）	越接近于 0 越好，一般要求小于 0.08
调整拟合优度指数（$AGFI$）	越接近于 1 越好，一般要求 $GFI>0.9$
正态拟合指数（NFI）	越接近于 1 越好，一般要求 $GFI>0.9$
比较拟合指数（CFI）	越接近于 1 越好，一般要求 $GFI>0.9$
递增拟合指数（IFI）	越接近于 1 越好，一般要求 $GFI>0.9$

在研究分析模型的拟合程度以及相关判断要求时，若模型符合相关拟合指标要求，则证明预设的模型相对合理，与各参数相对契合；反之则证明预设的模型不够合理，需要进行下一步的模型修正。

通常利用 AMOS 软件进行模型的修正。修正方法有两种：一是根据研究系统的实地调研和 AMOS 软件的相关提示，删除或者增加相关路径；二是根据 AMOS 软件的分析，通过专家咨询和文献调研进行修正。

结构方程模型求解流程如图 3-3 所示。

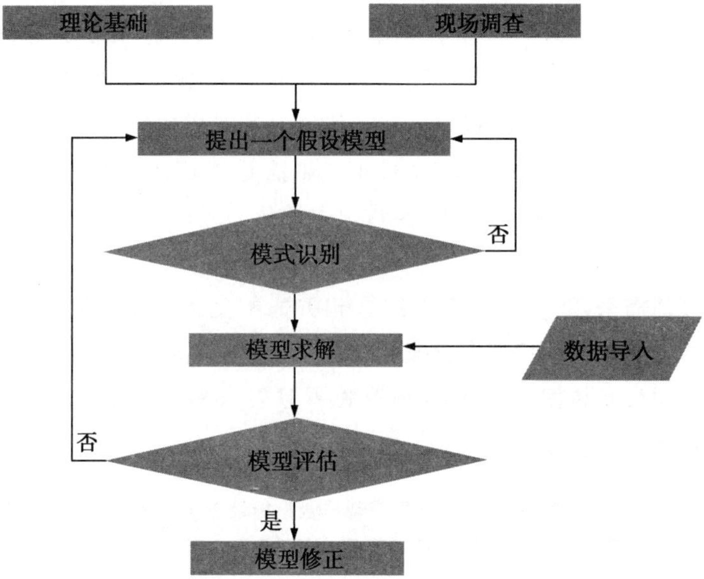

图 3-3　结构方程模型求解流程图

依据鲁西地区循环农业评价指标的分析，确定结构方程模型中的潜变量和显变量。具体的变量设计如表 3-2 所示。

表 3-2　结构方程模型的变量设计

潜变量	显变量	模型中变量名称	预期作用
农户特征	性别	X_1	/
	年龄	X_2	−
	教育程度	X_3	+
	务农年限	X_4	+
	是否加入农业组织	X_5	+
	是否参与农业培训	X_6	+

续表

潜变量	显变量	模型中变量名称	预期作用
个人认知	生态环保意识	X_7	+
	对该模式的了解	X_8	+
家庭经营特征	耕地规模	X_9	+
	劳动力数量	X_{10}	+
	农业收入占比	X_{11}	+
	养殖规模	X_{12}	+
	农业废弃物数量	X_{13}	+
外部环境特征	政府政策鼓励	X_{14}	+
	优惠信贷支持	X_{15}	+
	农业公共技术推广体系	X_{16}	+
	农产品市场价格	X_{17}	+
	运销能力	X_{18}	+
	相关管理制度	X_{19}	+
技术特征	投入成本	X_{20}	−
	预计收益	X_{21}	+
	技术风险性	X_{22}	−
	技术复杂性	X_{23}	−
	环境压力缓解程度	X_{24}	+
农户行为	是否已参与该模式	Y_1	/
	是否有意愿参与该模式	Y_2	/

注:“+”表明该变量对因变量的作用效果是正向的;“−”表明该变量对因变量的作用效果是负向的;“/”表明该变量对因变量的作用效果不明确。

3.3 结果与讨论

3.3.1 信度检验

对设计量表的信度检验能够有效协助分析结果对分析模型进行合理解释。本章采用SPSS软件检验量表信度，并且依据克朗巴哈系数(Cronbach's α)来衡量量表的可靠性。Cronbach's α 系数的值通常为 0～1。如果 Cronbach's α 系数小于 0.6，通常表示量表可靠性低；当其为 0.7～0.8 时，表示量表可靠性较高；当其为 0.8～0.9 时，表示量表可靠性极高。经过数据处理与分析，总体量表和各相关因子变量的信度检验结果如表 3-3 所示。

表 3-3 量表和各相关因子变量的信度

研究变量	Cronbach's α 系数
农户特征	0.301
个人认知	0.755
家庭经营特征	0.821
外部环境特征	0.887
技术特征	0.856
量表总体信度	0.921

由表 3-3 分析可知，量表的总体信度为 0.921，各因子变量的 Cronbach's α 系数都超过 0.6，并且除了农户特征外，其他因子的 Cronbach's α 系数都大于 0.75，与统计学相关研究结论相吻合，意味着该调查问卷及其数据可信度较高，也符合了量表内部一致性原则，尤其是量表的总体信度达到了 0.921，表明该量表可信度极高。

3.3.2　假设模型检验与求解

通过线上发放调查问卷和现场调研得到的数据作为基础研究数据，将数据通过 SPSS 软件处理后，导入 AMOS 软件构建的路径关系图，并利用极大似然估计法求解模型。

在求解路径系数的同时，需要利用拟合指标对模型进行检验。具体指标检验情况如表 3-4 所示。

表 3-4　模型拟合指标检验

拟合指标	具体数值
GFI	0.985
RMR	0.023
RMSEA	0.0789
AGFI	0.951
NFI	0.901
CFI	0.922
IFI	0.899

由表 3-4 分析可知，拟合指标基本符合相关要求，仅递增拟合指数为0.899，未达到 0.9 的标准要求。但该指数已十分接近标准，对于模型的检验并无影响。之后标准化具体的载荷因子，以达到提高路径相关系数准确性的目的，具体的影响机理及路径系数如图 3-4、表 3-5 和表 3-6 所示。

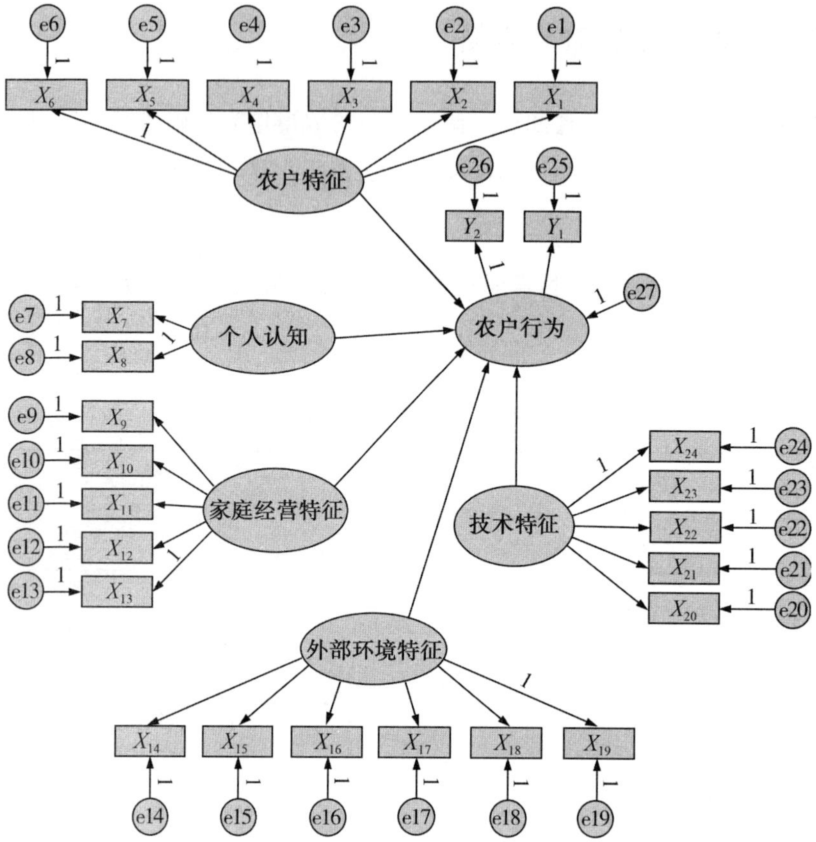

图 3-4 模型影响机理图

表 3-5 潜变量间路径系数标准化及归一化权重

路径	路径系数	归一化权重/%
农户特征	0.68	22.37
个人认知	0.57	20.39
家庭经营特征	0.36	11.84
外部环境特征	0.74	24.34
技术特征	0.64	21.05

表 3-6　模型标准化系数及总权重

路径	显变量路径系数	潜变量内权重/%	总路径权重/%
X_1	0.56	12.47	3.13
X_2	0.65	14.48	3.63
X_3	0.77	17.15	4.30
X_4	0.71	15.81	3.97
X_5	1.00	22.27	5.59
X_6	0.80	17.82	4.47
X_7	1.00	54.95	5.09
X_8	0.82	45.05	4.19
X_9	0.72	17.18	2.13
X_{10}	0.75	17.90	2.22
X_{11}	1.00	23.87	2.96
X_{12}	0.88	21.00	2.60
X_{13}	0.84	20.05	2.49
X_{14}	1.00	20.92	6.08
X_{15}	0.92	19.25	5.60
X_{16}	0.82	17.15	4.99
X_{17}	0.80	16.74	4.86
X_{18}	0.78	16.32	4.75
X_{19}	0.46	9.62	2.79
X_{20}	0.92	20.04	4.84
X_{21}	1.00	21.79	5.26
X_{22}	0.89	19.39	4.68
X_{23}	0.88	19.17	4.64
X_{24}	0.90	19.61	4.73

3.3.3 调研结果分析

通过对研究区域种养一体化模式具体实施情况的问卷调查与现场调研，得到了农户参与种养一体化模式行为的统计分析结果，具体如表 3-7 所示。

表 3-7 鲁西地区农户参与种养一体化模式行为

类型	数量	占有效样本百分比/%
已参与该模式农户数	122	53.51
未参与该模式农户数	106	46.49

本章对研究区域设置了农户特征、个人认知、家庭经营特征、外部环境特征以及技术特征五类影响因素，具体细分为 24 个影响因素。根据调研所得数据对模型进行分析，在表 3-6 中得到了所有变量对农户行为的路径系数和总权重。潜变量中外部环境特征的路径系数为 0.74，占总权重的 24.34%，是潜变量中占比最高的因素；为进一步区分显变量对整个模型影响的大小，结合潜变量路径系数得到关键显变量，其中总权重最高的 5 个影响因素为：政府政策鼓励、农业优惠贷款、专业化农业组织、预计收益、环境保护意识，分别占模型总路径的 6.08%、5.60%、5.59%、5.26%、5.09%。本章选取最大化影响种养一体化模式的五个关键因素进行路径分析。

3.3.3.1 政府政策鼓励

政府政策鼓励属于外部环境特征影响因素，是模型中总权重最高的影响因素，即表明在鲁西地区种养一体化模式的推进实施中该因素占据主导地位。调研数据显示，依旧存在着 4.39%的农户对于政府出台的相关农业鼓励政策全然不知，以及 13.60%的农户认为政府出台的农业鼓励政策力度很小，这表明在农业相关鼓励性政策的宣传方面当地政府并未实行到位。问卷调研结果分析如表 3-8 所示。

表 3-8　政府政策鼓励问卷调研结果分析

项目	无	很小	一般	较大	很大
参与模式农户数	2	13	38	43	26
比例/%	1.64	10.66	31.15	35.25	21.31
未参与模式农户数	8	18	40	5	15
比例/%	7.55	16.98	37.74	23.58	14.15
总农户数	10	31	78	68	41
总比例/%	4.39	13.60	34.21	29.82	17.98

由表 3-8 分析可知，已经参与种养一体化模式的农户对于政府政策鼓励措施的了解程度普遍高于未参与该模式的农户，尤其是在认为政府政策鼓励措施力度较大和很大这两类中，已参与该模式的农户比重达 35.25%和 21.31%，而未参与的农户仅为 23.58%和 14.15%。黄(Huang)等认为，种养一体化模式的推广实施不仅需要技术上的可靠支持，更需要强有力的资金支撑，需要建立农业、市政一些利益相关者之间的良好关系。薛(Xue)等认为，政府的政策措施在当前循环农业的发展中起着主导作用，政府的政策鼓励可以促进农户从被动接受种养一体化模式转变为主动参与该模式。戈文丹(Govindan)等认为，政府可以通过制定政策和严格治理来促进循环农业经济发展。以上研究成果与本章的研究结论基本一致，政府在资金、技术、政策等方面的鼓励支撑，都会对种养一体化循环经济模式起到很好的推动作用。因此，地方政府应进一步摸清当地农民的实际需求，有针对性地提出一些用于提高农民开展种养一体化循环农业积极性的政策，才能将政策鼓励措施进一步落到实处。

3.3.3.2　农业优惠贷款

农业贷款同样属于外部环境特征影响因素，位于总权重的第二位，这表明在政府政策鼓励的基础上，农业贷款的难易已然成为推进种养一体化模式的第二大重要因素。经实地调研，该研究区域的农业贷款机制较为完善，调研的农户都对当地的农业贷款流程较为了解。调研数据表明，35.09%的农户认为当地的农业贷款较为困难，仅 27.63%的农户认为当地的农业贷款相对容易。问卷调研结果分析如表 3-9 所示。

表 3-9　农业贷款问卷调研结果分析

项目	无农业贷款	无法贷款	较难贷款	较烦琐	容易贷款
参与模式农户数	0	0	21	61	40
比例/%	0	0	17.21	50.00	32.79
未参与模式农户数	0	0	59	24	23
比例/%	0	0	55.66	22.64	21.70
总农户数	0	0	80	85	63
总比例/%	0	0	35.09	37.28	27.63

由表 3-9 分析可知，认为当地银行部门农业贷款比较容易的农户，大部分已参与种养一体化模式，占该类型农户的 32.79%。而认为较难贷款的农户中，未参与种养一体化模式农户的数量远超过参与该模式的农户数量，占该类型农户的 55.66%。这与杜(Du)等的研究结论略有偏颇：大部分农户在面临资金问题时，由于办理手续的复杂及缺乏大额抵押物件等往往选择向亲朋好友求助。这与李(Li)等的研究结论相似：应鼓励农村家庭增加对信贷的需求，信贷机构(如农村信用社)应改进其贷款产品，以更好地适应农村多样化需求。因此，当地有关部门应当进一步深化农村金融体制改革，通过农业小额贷款、贴息补助、提供保险服务等形式改变农业贷款现状，同时对于手续较为烦琐的贷款形式，应进行手续简化以增加农业贷款的便利性，以提高农户参与种养一体化模式的积极性。

3.3.3.3　专业化农业组织

是否参加专业化农业组织属于自身内部特征因素，位于该模型总权重的第三位，即农户是否参加专业化农业组织是影响种养一体化模式推进最重要的内部因素。在与鲁西部分地区农业部门的工作人员交流过程中得知，地方政府已积极开设各乡县级专业化农业组织，但数据显示了解专业化农业组织存在的农户仅占

85%，仍然存在15%的农户对于专业化农业组织一无所知，参加专业化农业组织的农户也只占调研样本的71.49%。问卷调研结果分析情况如表3-10所示。

表3-10　参加专业化农业组织问卷调研分析

项目	已参加专业化农业组织	未参加专业化农业组织
参与模式农户数	101	21
比例/%	82.79	17.21
未参与模式农户数	62	44
比例/%	58.49	41.51
总农户数	163	65
总比例/%	71.49	28.51

由表3-10分析可知，已参与种养一体化模式中有82.79%的农户参与了专业化农业组织，而在未参与种养一体化模式中仅有58.49%的农户参与了该组织。究其原因，一是专业化农业组织的宣传力度不足，导致部分偏远山区的农户对于专业化农业组织不了解；二是部分农户对专业化农业组织的认知不全面，认为参与专业化农业组织属于浪费时间，并无实际效果，因此拒绝参加专业化农业组织。计算得到的权重数据表明，专业化农业组织是农户最重要的自身内部特征因素，正如卡姆佩里斯(Karmperis)等的研究，非营利农业组织的存在能够有力地推动区域循环农业模式的发展。因此，地方政府应加强对专业化农业组织的理论宣传和教育，充分利用各类信息网络如乡镇广播、电视等，提高全体农民对专业组织的认知。与此同时，专业的农业技术水平决定了种养一体化模式的推广程度，技术上的壁垒让许多适合采用种养一体化模式的地区并未成功实施。基于此，应聘请农业技术研究员、农业院校师生等专业化技术人员，为农户进行农业指导与技术培训，培养农户参与种养一体化模式的兴趣。除此之外，奥康纳(O'Connor)等发现，对于大规模种养殖的农户，他们往往更倾向于采用种养一体化模式来合理处置农业废弃物以节约农业成本，因此若想通过该路径加大对种养一体化模式的推广力度，可由当地农业组织带领农户以规模养殖代替散养，以提高种养一体化模式参与率。

3.3.3.4 预计收益

种养一体化模式的预计评估收益作为技术特征的影响因素，位于总权重的第四位，属于农户们较为看重的外部经济影响因素，同时也与农户的收入水平有一定相关性。结合当地农业模式的技术手段以及农户意愿，问卷得到的调研数据表明有40.35%的农户认为该模式的预计收益不乐观、较低或者一般。问卷调研结果分析如表3-11所示。

表3-11 预计收益问卷调研结果分析

项目	非常低	较低	一般	较高	非常高
参与模式农户数	0	5	28	63	26
比例/%	0	4.10	22.95	51.64	21.31
未参与模式农户数	5	22	32	37	10
比例/%	4.72	20.75	30.19	34.91	9.43
总农户数	5	27	60	100	36
总比例/%	2.19	11.84	26.32	43.86	15.79

由表3-11分析可知，未参与种养一体化模式的农户中有4.72%的人认为该模式的预计收益非常低，还有20.75%的农户认为该模式的预计收益较低。相比于未参与种养一体化模式的农户，已经参与该模式的农户中没有人认为该模式的预计收益非常低，仅有4.10%的农户认为该模式的收益较低。而认为该模式收益较高和非常高的农户有51.64%和21.31%，远高于未参与该模式的农户数量。约翰松(Johansson)和福斯格伦(Forsgren)认为，农业模式及农业产品的经济效益是循环农业模式成功的重要因素，政府若想积极推广种养一体化模式，需要让更多的农户了解该模式中存在的经济效益。同时，谭(Tan)等提出农业技术的进步对农民收入水平有积极影响；塞尔夫(Self)等通过实证分析认为农业技术现代化在农业中起到关键作用，并带动农业经济效益的提高，表明循环农业的预计收益与模式技术水平有较强的关联性。因此，地方政府有关部门应注重提高种养一体化模式的关键技术水平以及农业机械化质量，优化农业劳

动生产资源配置，以进一步增加预计收益，带动农民致富，调动农户参加农业循环模式的积极性；同时加大对种养一体化模式经济效益的宣传，通过各类数字量化比较（如进城务工收益与参与种养一体化农业收益的比较），让当地农户从内心增强参与推广种养一体化种植的积极性。

3.3.3.5　环境保护意识

农户环境保护意识水平位于总权重的第五位，属于个人认知的影响因素，是影响种养一体化模式推进的重要内部因素。调研数据表明，15.79％的当地农户认为农业生态环境相对来说并不重要，而认为农业生态环境非常重要的农户占总样本数量的 28.07％。问卷调研结果分析如表 3-12 所示。

表 3-12　环境保护意识问卷调研结果分析

项目	非常不重要	不太重要	一般重要	挺重要	非常重要
参与模式农户数	6	10	21	43	42
比例/％	4.92	8.20	17.21	35.25	34.42
未参与模式农户数	14	6	36	28	22
比例/％	13.21	5.66	33.96	26.42	20.75
总农户数	20	16	57	71	64
总比例/％	8.77	7.02	25.00	31.14	28.07

由表 3-12 分析可知，农户认为农业生态环境比较重要和非常重要的分别占参与种养一体化模式农户数的 35.25％和 34.42％，远超过未参与该模式的农户数。通过现场调研发现，对于被动参与种养一体化模式的农户，从主观性方面分析，有相当数量农户的生态环保意识较弱。德弗朗西斯科（Defrancesco）等认为设计和宣传农业环境措施在意大利农村地区起到重要作用，其中农户的农业环境保护意识对推进实施循环农业模式具有较大的影响力。莫罗内（Morone）等通过对种养一体化模式合理处置种养废弃物、缓解当地农业环境负荷的研究发现，农业环保意识越强的农户，越倾向于参与种养一体化模式。结合调研结果和相关研究结论，地方政府相关部门应重视农业生态环保方面的

宣传力度，加快提高农户的农业生态环境保护意识，让农户对该模式带来的经济、生态及社会效益更加了解，引导农户对种养一体化模式的选择由被动变为主动。

3.3.4 中国种养一体化模式推进路径差异分析

中国经纬度跨越范围较广，季风气候显著，该生态环境条件使得全球多种农作物和动植物都适宜在中国生长。由于地理环境复杂多样，中国种养一体化模式在不同省份呈现差别化发展，影响其推进路径的主要影响因素也各异，具体结果如表 3-13 所示。

表 3-13 各省份畜牧业种养一体化模式推进路径

地区	路径
福建	①政府加大对农机自动化设备研发的投入；②加强产学研合作
安徽	①政府鼓励建立“企业＋基地＋农户/贫困户”的模式；②提升养殖的高效循环利用技术
浙江	①政府在生态规划方面平衡畜牧—种植业发展；②采用有效技术和机制改善作物种植粪污利用基础设施
北京	①政府建立养殖小区和合作社；②借助京津冀协同一体化的政策，使得技术与自然资源有效结合；③提高系统养分利用效率
江苏	①政府出台鼓励政策，在资金和土地方面给予支持；②相关机构提供技术保障；③企业和农民认识到资源和环境保护的重要性以及循环农业的经济效益
吉林	①政府积极推动合作社循环农业发展模式；②增加技术人才补贴；③提高粪肥再利用技术
内蒙古	①政府实施政策补贴畜牧业策略；②从饲料和养分的供求关系入手，优化粮草种植结构
西藏	①政府加大财政投资；②有关部门设立农牧合作社；③注重培训和引进各学科专业技术人员

续表

地区	路径
云南	①当地有关部门构建以沼气为中心的农牧循环网络;②推进核心生态技术;③利用具有农业肥料高效技术的厂家
重庆	①政府加强政策激励;②提高农田利用效率;③重视人才培养、科学技术

由表 3-13 分析可知,影响中国不同省份种养一体化模式推进的关键路径,从整体上分析存在一定的规律,即基本上所有模式都将政府政策作为首要关键推进路径。由此表明,在中国推行种养一体化模式必须依靠政府强有力的政策支持才能顺利开展,主要包括在人才引进、技术保障、土地开发利用等方面给予政策补贴,出台在优化农业结构、推动农业合作社发展、鼓励建立农企模式等方面的政策支持,以激励农民参与种养一体化模式。提高技术水平也是所有模式有效推进的一条关键路径,这说明中国的种养一体化技术水平与其他先进国家相比尚存在一定的差距。考虑到中国南北地区在环境、经济、资源禀赋方面存在的差异,对于农业技术水平提升的要求侧重也应高低不一。如中国东南地区的浙江、福建、山东,其推进路径更加注重废弃物资源利用以及对农业设施的研发,这与其省域经济发达较好密切相关,因此对农业高阶技术水平的要求也很高。北部地区高纬度的省份如内蒙古,丰富的农牧资源是开展种养一体化循环化模式的重要基础条件,但因其经济不发达,致使人才引进难度很大,因此要想提高该区域的农业技术水平以确保畜牧业循环发展,首要问题是通过政府实施财政补贴等多种有效手段加大对各类专业技术人员的引进。西南部地区的云南、重庆两地生态环境优越,需注重发展生态技术优先的种养一体化发展模式,因此更应需要发展与这些区域农田、耕地等环境相匹配的农业生产技术。此外,各省份的自然资源和经济发展水平存在差异,种养一体化模式推进的关键路径也各不同,如北京借助京津冀协同一体化政策结合技术与自然资源、内蒙古注重优化粮草种植结构、吉林注重合作社循环农业的发展等。因此,中国政府对于种养一体化模式的科学决策应在政策引导上下功夫,具体应对措施要体现因地制宜思想,把主动权下放到各省级人民政府。

3.4 结论

本章以山东鲁西地区典型的种养一体化模式作为研究对象，构建了一套对种养一体化模式推进路径科学识别的方法学体系。其核心是通过调研（实地调研和问卷调研）分析的方式获取各种影响当地区域种养一体化模式推进的关键因素数据，将这些数据采用 SEM 进行分析，最后通过各影响因素系数大小的比较得到种养一体化模式的推进路径。基于该方法学模型具有很好的因地制宜的特点，因此研究结论具有很强的针对性和可操作性，可为地方政府制定相关决策提供实践支撑，同时也为类似领域的研究提供了较好的方法学借鉴。

对山东种养一体化模式推广实施影响较大的因素主要有政府政策鼓励、农业优惠贷款、专业化农业组织、预计收益以及环境保护意识。其中，政府政策鼓励是首要决定性因素，其主要包括技术保障、经济支持、模式改革等多个方面。种养一体化模式若想在山东得到进一步的推广需统筹兼顾内外因素，不仅注重在政策支撑、人才引进、农业关键技术水平提升等方面下功夫，而且也要充分调动起农民在农业经济运行中的积极性。通过对比中国不同省份种养一体化模式的关键路径可知，中国政府若想在种养一体化模式方面取得进一步突破，首要工作是做好政策在宏观调控方面的激励作用。

本章仍存在一些不足之处，如在结构模型构建、指标计算以及数据调研方面仍存在因主观因素造成的不确定性，评价指标未能考虑到极端情景（植物传染病、疫情）等的影响等。

参考文献

[1]IPCC. Climate change and land: An IPCC special report on climate change, desertification, land degradation, sustainable land management, food security, and greenhouse gas fluxes interrestrial ecosystems[EB/OL]. [2022-

03-06]. https://www.ipcc.ch/srccl/.

[2]POORE J, NEMECEK T. Reducing food's environmental impacts through producers and consumers[J]. Science, 2018, 360: 987-92.

[3] JUN H, XIANG H. Development of circular economy is a fundamental way to achieve agriculture sustainable development in China[J]. Energy procedia, 2011, 5: 1530-1534.

[4]FAN W, DONG X, WEI H, et al. Is it true that the longer the extended industrial chain, the better the circular agriculture? A case study of circular agriculture industry company in Fuqing, Fujian[J]. Journal of cleaner production, 2018, 189: 718-728.

[5] DUQUE-ACEVEDO M, BELMONTE-UREÑA L J, PLAZA-ÚBEDA J A, et al. The management of agricultural waste biomass in the framework of circular economy and bioeconomy: An opportunity for greenhouse agriculture in Southeast Spain[J]. Agronomy, 2020, 10(4): 489.

[6] RAMETSTEINER E, PÜLZL H, ALKAN-OLSSON J, et al. Sustainability indicator development: Science or political negotiation? [J]. Ecological indicators, 2011, 11(1): 61-70.

[7]LEIPOLD S, PETIT-BOIX A. The circular economy and the bio-based sector-Perspectives of European and German stakeholders[J]. Journal of cleaner production, 2018, 201: 1125-1137.

[8] YUE Q, GUO P, WU H, et al. Towards sustainable circular agriculture: An integrated optimization framework for crop-livestock-biogas-crop recycling system management under uncertainty [J]. Agricultural Systems, 2022, 196: 103347.

[9]ZHANG C, Xu Y. Economic analysis of large-scale farm biogas power generation system considering environmental benefits based on LCA: A case study in China[J]. Journal of cleaner production, 2020, 258: 120985.

[10]LIU Y, MABEE W, ZHANG H. Upgrading the development of Hubei biogas with ETS in China[J]. Journal of cleaner production, 2019, 213:

745-752.

[11]XIONG Y. Economic ecology benefits research of combined circular agriculture[J]. International journal bioautomation, 2014, 18(2): 131-140.

[12]SAED-MOUCHESHI A, FASIHFAR E, HASHEMINASAB H, et al. A review on applied multivariate statistical techniques in agriculture and plant science[J]. International journal of agronomy and plant production, 2013, 4(1): 127-141.

[13] LIU Y, YAO C, WANG G, et al. An integrated sustainable development approach to modeling the eco-environmental effects from urbanization[J]. Ecological indicators, 2011, 11(6): 1599-1608.

[14]GOLDEN B L, WASIL E A, HARKER P T. The analytic hierarchy process: Applications and studies[J]. 1989, 10(7): 1431-1446.

[15]ZHAO Y, ZHANG D, TANG Y, et al. An optimal model of a agriculture circular system for paddy and edible fungus and dry land[J]. International journal of management science and engineering management, 2009, 4(4): 302-310.

[16]HUANG X, WANG S, SHI Z, et al. Challenges and strategies for biogas production in the circular agricultural waste utilization model: A case study in rural China[J]. Energy, 2022, 241: 122889.

[17]KUMAR S, RAUT R D, NAYAL K, et al. To identify industry 4.0 and circular economy adoption barriers in the agriculture supply chain by using ISM-ANP[J]. Journal of cleaner production, 2021, 293: 126023.

[18]NIU D, YU W, GAO L, et al. Evaluation of the service function value of farmland ecosystems: A case study of Jiafu farm[J]. Journal of Hubei university(Natural Science), 2021, 43(5): 529-537.

[19]BYRNE B M. Structural equation modeling with AMOS, EQS, and LISREL: Comparative approaches to testing for the factorial validity of a measuring instrument[J]. International journal of testing, 2001, 1(1): 55-86.

[20]CARLSSON M, HAMRIN E. Evaluation of the life satisfaction

questionnaire (LSQ) using structural equation modelling (SEM)[J]. Quality of life research, 2002, 11(5): 415-426.

[21]国家统计局. 中国统计年鉴(2021 版)[EB/OL]. [2022-03-06]. http://www.stats.gov.cn/tjsj/ndsj/2021/indexch.htm.

[22]CAO J, LI M, LI S. Development strategy research of modern eco-agriculture on the basis of constructing the rural circular economy-for the example of Shandong province[J]. Energy procedia, 2011, 5: 2504-2508.

[23] BELAÏD F, JOUMNI H. Behavioral attitudes towards energy saving: Empirical evidence from France [J]. Energy policy, 2020, 140: 111406.

[24] SMITH L E D, SICILIANO G. A comprehensive review of constraints to improved management of fertilizers in China and mitigation of diffuse water pollution from agriculture[J]. Agriculture, ecosystems and environment, 2015, 209: 15-25.

[25]WESTERMANN O, FÖRCH W, THORNTON P, et al. Scaling up agricultural interventions: Case studies of climate-smart agriculture [J]. Agricultural systems, 2018, 165: 283-293.

[26]吴青蔓,王芳,余平,等. 农村养殖户畜禽粪便无害化处理意愿及其影响因素研究:以成都市为例[J]. 农村经济与科技,2017,28(19): 58-62.

[27]TAHERDOOST, H. What is the best response scale for survey and questionnaire design; review of different lengths of rating scale/attitude scale/Likert scale[J]. Hamed taherdoost, 2019, 8(1): 1-10.

[28]LEI P, WU Q. Introduction to structural equation modeling: Issues and practical considerations [J]. Educational measurement: issues and practice, 2007, 26(3): 33-43.

[29]SHAH R, GOLDSTEIN S M. Use of structural equation modeling in operations management research: Looking back and forward[J]. Journal of operations management, 2006, 24(2): 148-169.

[30]KLINE R B. Principles and practice of structural equation modeling

[M]. New York : Guilford Press, 2015.

[31]MACCALLUM R C, BROWNE M W, AND SUGAWARA H M. Power analysis and determination of sample size for covariance structure modeling[J]. Psychological methods, 1996, 1, 130-149.

[32]HU L, BENTLER P M. Cutoff criteria for fit indexes in covariance structure analysis: Conventional criteria versus new alternatives[J]. Structural equation modeling: A multidisciplinary journal, 1999, 6(1): 1-55.

[33]LI X, ZHANG Y, GUO F, et al. Predicting the effect of land use and climate change on stream macroinvertebrates based on the linkage between structural equation modeling and bayesian network[J]. Ecological indicators, 2018, 85: 820-831.

[34] SIJTSMA K. On the use, the misuse, and the very limited usefulness of Cronbach's alpha[J]. Psychometrika, 2009, 74(1): 107-120.

[35]HUANG B, SHI X, YU D, et al. Environmental assessment of small-scale vegetable farming systems in peri-urban areas of the Yangtze River Delta Region, China[J]. Agriculture, ecosystems and environment, 2006, 112 (4): 391-402.

[36]XUE Y, LUAN W, WANG H, et al. Environmental and economic benefits of carbon emission reduction in animal husbandry via the circular economy: Case study of pig farming in Liaoning, China[J]. Journal of cleaner production, 2019, 238: 117968.

[37]GOVINDAN K, HASANAGIC M. A systematic review on drivers, barriers, and practices towards circular economy: A supply chain perspective[J]. International journal of production research, 2018, 56(1-2): 278-311.

[38]DU L, FENG Y, LU W, et al. Evolutionary game analysis of stakeholders' decision-making behaviours in construction and demolition waste management[J]. Environmental impact assessment review, 2020, 84: 106408.

[39]LI X, GAN C, HU B. Accessibility to microcredit by Chinese rural

households[J]. Journal of asian economics, 2011, 22(3): 235-246.

[40]KARMPERIS A C, ARAVOSSIS K, TATSIOPOULOS I P, et al. Decision support models for solid waste management: Review and game-theoretic approaches[J]. Waste management, 2013, 33(5): 1290-1301.

[41]PAN S, DU M, HUANG I, et al. Strategies on implementation of waste-to-energy (WTE) supply chain for circular economy system: A review[J]. Journal of cleaner production, 2015, 108: 409-421.

[42]O'CONNOR S, EHIMEN E, PILLAI S C, et al. Biogas production from small-scale anaerobic digestion plants on European farms[J]. Renewable and sustainable energy reviews, 2021, 139: 110580.

[43]JOHANSSON N, FORSGREN C. Is this the end of end-of-waste? Uncovering the space between waste and products [J]. Resources, conservation and recycling, 2020, 155: 104656.

[44] TAN C, TAO J, YI L, et al. Dynamic relationship between agricultural technology progress, agricultural insurance and farmers' income [J]. Agriculture, 2022, 12(9): 1331.

[45]SELF S, GRABOWSKI R. Economic development and the role of agricultural technology[J]. Agricultural economics, 2007, 36(3): 395-404.

[46]DEFRANCESCO E, GATTO P, RUNGE F, et al. Factors affecting farmers' participation in agri-environmental measures: A Northern Italian perspective[J]. Journal of agricultural economics, 2008, 59(1): 114-131.

[47] MORONE P, FALCONE P M, TARTIU V E. Food waste valorisation: Assessing the effectiveness of collaborative research networks through the lenses of a cost action[J]. Journal of cleaner production, 2019, 238: 117868.

[48]WANG Q, ZHANG Y, TIAN S, et al. Evaluation and optimization of a circular economy model integrating planting and breeding based on the coupling of emergy analysis and life cycle assessment [J]. Environmental science and pollution research, 2021, 28(44): 62407-62420.

[49]MENG L, AN Y, SHEN Z, et al. Research progress of integrated ecological cycle models of forage planting and livestock breeding[J]. Research progress on forage production, processing and utilization in China, 2022: 231-254.

[50]LI J, AKDENIZ N, KIM H H M, et al. Optimal manure utilization chain for distributed animal farms: Model development and a case study from Hangzhou, China[J]. Agricultural systems, 2021, 187: 102996.

[51]WEI S, BAI Z, WU D, et al. Nutrient flow and environmental effects of 'soil-feed-livestock' system in metropolis: A case study in Beijing[J]. Scientia agricultura sinica, 2018, 51(3): 430-441.

[52]WANG Z, LIU M, FENG Z, et al. A new model of recycling agricultural production [J]. Agricultural science and technology, 2013, 14(3): 466.

[53]XU Y, LI P, GAO Y, et al. Sustainability evaluation for a circular maize-pig system driven by indigenous microbes: A case study in Northeast China[J]. Ecosystem health and sustainability, 2022, 8(1): 2080591.

[54]HAN C, WANG G, YANG H. Study on the coupling system of grain-grass-livestock of herbivorous animal husbandry in agricultural areas: A case study of najitun farm of hulunbuir agricultural reclamation in China[J]. Land, 2022, 11(5): 691.

[55]XUAN L, BAOTONG D, HUA Y. The research based on the 3-R principle of agro-circular economy model: The Erhai Lake basin as an example[J]. Energy procedia, 2011, 5: 1399-1404.

[56]YANG T, BAI S, SUNS. Countermeasures for circular agricultural development of Chongqing based on ahp approach [J]. Asian agricultural research, 2014, 6(5): 36.

第4章　可持续发展路径与对策之循环经济产业评价与结构调控

4.1　研究背景

秸秆焚烧曾是全球范围内处理农作物秸秆的普遍方式。在当今世界，不同地区仍有不同程度的秸秆焚烧现象，但这种处理方式会产生较为严重的环境污染问题。马哈茂德（Mehmood）等的研究发现，2016年中国华北和东北地区的农作物露天焚烧对 $PM_{2.5}$ 的贡献度达到56.4%～66.4%。纯彭（Junpen）等对泰国2010～2017年的空气质量变化趋势研究表明，秸秆燃烧月份的 PM_{10} 浓度为平时的1.9～2.1倍。一些研究还发现，秸秆露天燃烧排放的CO、NO和黑炭等污染物会造成不可忽视的温室效应。因此，为有效解决秸秆焚烧带来的环境污染问题，合理利用秸秆资源成为世界各国积极发展的重要产业化方向。如丹麦探索秸秆供热与发电的历史已有30余年，是世界上公认的秸秆发电成功案例之一。秸秆还田也是世界大多数国家推行的利用方式之一，如美国和日本的秸秆还田比例已超过50%。一些国家积极探索秸秆生产乙醇技术。生物乙醇的全球领导者美国与巴西开发秸秆生产乙醇技术历史悠久，有很好的大规模生产基础。中国的秸秆资源化利用也有了长足发展。2015年，中国秸秆综合利用率为 80.1%，其中，秸秆肥料化占 43.2%、饲料化占 18.8%、燃料化占 11.4%、基料化占 4.0%、原料化占 2.7%。随着秸秆资源化产业的快速发展，多产业联动消纳秸秆资源将是秸秆资源化产业发展的必然趋势。即在同一区域为了更好地消纳当地所有的秸秆资源，会出现多种秸秆资源化产业。因此，当地政府会面临如何作出引导秸秆产业发展科学决策的艰难选择。如何通过有效配置秸秆资源化产业结构，既保证秸秆生物质资源最大效能的发挥，同时又产出较好的环境与经济效益。解决这个问题的首要前提是学者们构建一套科学的方法学体系，通过量化的结论为政府决策提供合理依据。从此角度出发，本章的研究具有很好的理论价值和实践价值。

学术界对于秸秆资源化产业的评价研究较为丰富，研究方法主要为生命周期评价(LCA)与能值分析。研究内容主要分为两类：一是针对单一秸秆资源化技术的经济性及环境性评价，并提出改善工艺的途径。刘(Liu)等使用能值分析评估了中国三个主要玉米生产地区的秸秆燃料的可持续性，认为改善水管理、化肥管理和制氢技术是提高该技术可持续性水平的主要途径。辛格(Singh)等研究了秸秆生产生物乙醇的生命周期各个阶段的温室气体排放，以此评估该产业的环境可持续性问题。卢(Lu)等对秸秆栽培食用菌的经济性与环境性进行了全面评估，认为通过改进培养基等技术可以获得更好的环境效益与经济效益。本斯坦(Bentsen)等对丹麦的秸秆热力生产和电力生产进行了全面的可持续性评估，评估结果显示该秸秆资源化利用方式不仅能减少温室气体排放，还有增加国家能源供应渠道多样性等诸多积极的社会效益。二是秸秆资源化产业间的横向对比。张(Zhang)和马(Ma)使用能值分析法对我国东北地区的秸秆再利用技术进行了评估，结果表明秸秆压块制煤和秸秆制沼气是最适合该地区的秸秆再利用技术。帕尔米耶里(Palmieri)等以意大利南部一个农场为样本，采用 LCA 方法对不同的秸秆处理方式进行环境评价，认为在当地市场出售秸秆用于能源生产是更好的方案。孙(Sun)等使用 LCA 方法对包括露天焚烧在内的六种秸秆处理方式的环境影响进行了评价，结果表明新型秸秆制浆的环保性最好，秸秆还田对全球变暖有最小的环境影响。索姆(Soam)等使用 LCA 方法考察了四种秸秆处理方式对全球变暖、富营养化等环境影响类型的收益，发现秸秆发电和秸秆产沼气在多项环境影响类型中均有收益。张(Zhang)等以黑龙江为例，对秸秆还田和秸秆压块燃料的能源与环境影响进行了评估，发现这两种方式均对环境和能源有着积极影响，而且秸秆压块燃料更容易被农户接受。

综上所述，从研究方法上分析，能值作为一种成熟的评价方法已被大多数研究者接受。从研究内容上分析，目前缺乏对秸秆多种主要利用方式的系统评价研究，不能很好地反映出现有的主要秸秆资源化利用方式的各自优缺点。因此，本章从秸秆利用的“五料化”——肥料化、饲料化、能源化、原料化、基料化出发，选择了 9 种利用方式作为研究对象，采用能值分析方法评价各种利用方式的经济性与环境性。在此基础上，以能值指标作为参数，结合多目标规划，构建了秸秆资源化综合利用方案优化模型的方法学体系，以期通过多目标优化模型求解的量化结果，为区域秸秆综合利用方案优化提供对策建议，也为开展类似领域的研究提供一种新的视角。

4.2　研究方法

本章选取 9 种秸秆资源化利用方式以代表秸秆肥料化、饲料化、能源化、原料化、基料化这 5 种主要的利用方向，每种方式的秸秆种植、收集、运输、储存、处理 5 个阶段均以 1 吨秸秆作为基本功能单位以便比较。首先，对 9 种秸秆资源化利用方式作能值分析，得出它们的能值评价结果。其次，选用主要能值指标作为目标优化参数，建立区域秸秆综合利用方案的多目标线性规划模型。再次，使用二代非支配排序遗传算法求解优化模型，得到区域秸秆综合利用的优化方案。最后，根据能值评价结果和综合利用方案的优化结果，提出区域秸秆资源化利用方案的优化建议与对策。秸秆资源化利用产业评价与综合利用方案优化研究的技术路线图如图 4-1 所示。

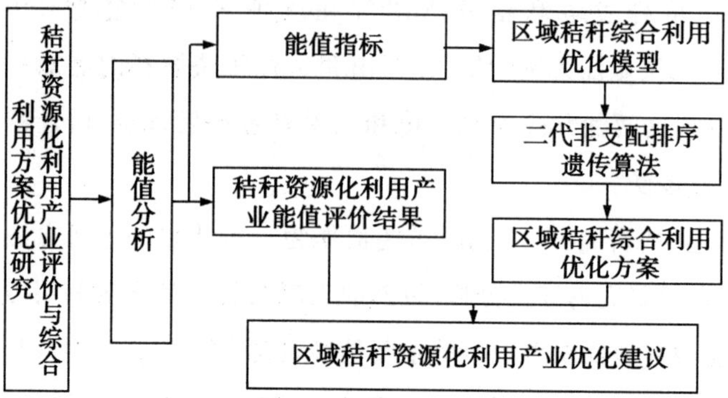

图 4-1 秸秆资源化利用产业评价与综合利用方案优化研究的技术路线图

4.2.1 能值分析

能值理论是由以著名生态学家奥德姆(Odum)为首的学者于 20 世纪 80 年代创立的生态经济系统研究理论,应用能值这一新的度量标准,可将生态经济系统内流动和储存的各种不同类别的能量和物质转换为同一标准的能值,进行定量分析。能值被定义为一种流动或储存的能量所包含另一种类别能量的数量。在实际应用中,常以太阳能值衡量某一能量的能值。单个流量(U_i)的能值计算公式为:

$$U_i = UEV_i \times f_i$$

其中,f_i 代表该流量的数量,单位为 g(质量)、J(能量)、美元(货币);UEV_i 代表生产一单位该产品或服务所需的能值数量,单位为 sej/unit(如 sej/g、sej/J、sej/美元)。

在文献研究的基础上,本章构建了如表 4-1 所示的能值指标体系。主要能值指标解释如下:净能值产出率(EYR)为系统产出能值和购买资源能值之比,是衡量系统产出对经济贡献大小的指标。EYR 越高,代表系统的生产效率越高。环境负载率(ELR)为系统不可更新资源投入能值与可更新资源投入能值之比。该指标可衡量系统生产活动造成的生态系统压力。参考相关研究成果,当 $ELR<2$ 时,系统运行产生较低的环境影响;当 $2<ELR<10$ 时,系统运行产

生中度的环境影响；当 $ELR>10$ 时，系统存在高强度的能值利用，可能导致环境系统功能出现不可逆转的退化或丧失。能值可持续指标（ESI）为系统净能值产出率与环境负载率的比值。在一定的环境压力下，该指标越高，可实现的社会与经济效益就越高，即系统的可持续发展能力就越大。当 $ESI<1$ 时，系统为消费型系统；当 $ESI>1$ 时，系统的生产过程被认为是可持续的。

表 4-1　能值指标体系

类别	表达式	单位
当地可更新资源	RR	sej
当地不可更新资源	NR	sej
购买的可更新资源	RP	sej
购买的不可更新资源	NP	sej
购买资源	P	sej
产出	Y	sej
可更新资源占比	$R\%=\frac{R}{P}$	%
不可更新资源占比	$N\%=\frac{N}{P}$	%
能值投资率	$EIR=\frac{F}{RR+NR}$	—
净能值产出率	$EYR=\frac{Y}{P}$	—
区域环境负载率	$ELR=\frac{NP+NR}{RP+RR}$	—
可持续发展指标	$ESI=\frac{EYR}{ELR}$	—

4.2.2 秸秆综合利用方案优化模型

4.2.2.1 多目标线性规划

选用能值指标 EYR 和 ELR 作为优化目标，设置决策变量 $x_1, x_2, \cdots, x_9$ 代表秸秆还田、秸秆燃烧发电、秸秆产沼气、秸秆热解气化、秸秆制固体燃料、秸秆栽培食用菌、秸秆制刨花板、秸秆制动物饲料、秸秆产乙醇的秸秆消耗量在区域玉米秸秆年产量中的占比。由于山东 2015 年的秸秆资源利用情况相关数据容易获取，且较为丰富，所以本章选择 2015 年作为基准年。假定秸秆资源化技术条件在一定时期内保持不变，且研究区域的玉米秸秆总量在一定时期内保持不变，以基准年的指标等数据作为对比基准，设置优化目标函数：

$$\max EYR = a_1 \times x_1 + a_2 \times x_2 + \cdots + a_9 \times x_9 \tag{4-1}$$

$$\min ELR = b_1 \times x_1 + b_2 \times x_2 + \cdots + b_9 \times x_9 \tag{4-2}$$

其中，$a_1, a_2, \cdots, a_9$ 分别为每种方式处理一吨秸秆，从种植、收集、运输、储存到工业处理阶段整个系统的能值产出率；$b_1, b_2, \cdots, b_9$ 分别为每种方式处理一吨秸秆时整个系统的环境负载率。

目标优化的实现总是会受到一些条件的制约，首先是秸秆总量的约束。

$$x_1 + x_2 + \cdots + x_9 = \theta_1 \tag{4-3}$$

$$0.95 \leqslant \theta_1 \leqslant 1 \tag{4-4}$$

$$x_1, x_2, \cdots, x_9 > 0 \tag{4-5}$$

等式约束的出现往往会带来求解的困难，因此引入松弛变量 θ_1。θ_1 代表秸秆资源化利用规模。根据 2016 年的规划，到 2020 年，山东省秸秆综合利用率达到 92%。实际上，2019 年山东省整体秸秆综合利用率已经在 91%以上。因此，为使研究结论与实际发展情况相符，且能为山东省未来五年秸秆利用规划的制订提供有价值的参考意见，经咨询政府相关职能部门，建议将 θ_1 的取值范围界定为[0.95,1]。此外，设置决策变量不小于 0，即要求 9 种方式在优化方案中均有涉及。

劳动力是每个地区的重要资源，因此对劳动力资源加以合理限制是必要的。

$$c_1 \times x_1 + c_2 \times x_2 + \cdots + c_9 \times x_9 \leqslant C_0 \tag{4-6}$$

其中，$c_1, c_2, \cdots, c_9$ 分别为每种方式处理一吨秸秆时整个系统所需的劳动力；C_0 为区域农村地区每年可以为该秸秆资源化利用产业提供的劳动力能值总量。

4.2.2.2　求解算法

一般地，多目标优化并不能使所有目标都达到全局最优解，而是求解最优帕累托(Pareto)解集。所谓 Pareto 解，指的是若减少解的一个目标值，必然增大另一个目标值。所有 Pareto 解组成的集合称为 Pareto 解集。有许多进化算法可用于求解多目标优化模型，包括多目标遗传算法、多目标粒子群算法、多目标蚁群算法等。改进的非支配排序遗传算法(NSGA-Ⅱ)通过最小化多维函数以逼近 Pareto 前沿和 Pareto 解集。因此，它通常生成最佳的 Pareto 解集，而不是单个解。这使 NSGA-Ⅱ成为使用最广泛且最稳定的方法之一。所以，我们选择 NSGA-Ⅱ来解决所提出的多目标优化问题。

4.3　结果与讨论

4.3.1　能值评价

首先，通过实地调研以及参考相关研究，获取各种秸秆资源化利用方式的原始数据。其次，依据布朗(Brown)和吉塞利尼(Ghisellini)等关于能值转换率的研究成果，确定各个物质和服务的 *UEV*。参照布朗(Brown)等对 *UEV* 基准线的研究，将不同基准线下的各物质 *UEV* 转换为以 12×10^{24} sej/a 为基准线的 *UEV*。最后，计算 9 种秸秆资源化利用方式的能值流动清单，如表4-2至表4-12所示。假设不同秸秆资源化利用方式的秸秆种植、收集、运输、储存阶段的条件一致，则 9 种秸秆利用资源化方式的能值评价指标汇总如表 4-13 所示。

表 4-2　玉米种植系统能值流动清单

种类	项目	原始数据	单位	转换率	能值/sej
当地可更新环境资源(*RR*)	太阳能	1.96×10^{12}	J	1.00×10^{0}	1.96×10^{12}
	风能	1.03×10^{9}	J	1.90×10^{3}	1.95×10^{12}
	雨水化学能	4.09×10^{9}	J	2.31×10^{4}	9.45×10^{13}
	雨水势能	4.25×10^{8}	J	3.54×10^{4}	1.51×10^{13}
	灌溉水	1.45×10^{8}	g	5.77×10^{5}	8.36×10^{13}
当地不可更新环境资源(*NR*)	表层土损耗能	8.57×10^{7}	J	9.40×10^{4}	8.06×10^{12}
购买的不可更新资源(*NP*)	柴油	2.84×10^{8}	J	1.43×10^{5}	4.06×10^{13}
	氮肥(N)	3.62×10^{4}	g	4.83×10^{9}	1.75×10^{14}
	磷肥(P_2O_5)	1.45×10^{4}	g	4.96×10^{9}	7.18×10^{13}
	钾肥(K_2O)	1.21×10^{4}	g	1.39×10^{9}	1.68×10^{13}
	农药	6.34×10^{1}	g	6.25×10^{9}	3.96×10^{11}
	机械	1.51×10^{0}	kg	5.22×10^{12}	7.88×10^{12}
	电力	1.65×10^{8}	J	2.57×10^{5}	4.23×10^{13}
购买的可更新资源(*RP*)	劳动力	9.89×10^{7}	J	4.83×10^{5}	4.78×10^{13}
	种子	8.69×10^{7}	J	2.55×10^{5}	2.21×10^{13}
产出(*Y*)	玉米	1.30×10^{10}	J	7.41×10^{4}	9.66×10^{14}

表 4-3　秸秆收集、运输和储存过程能值流动清单

阶段	种类	项目	原始数据	单位	转换率	能值/sej
收集	购买的可更新资源(*RR*)	劳动力	1.00×10^{1}	h	3.09×10^{12}	3.09×10^{13}
	购买的不可更新资源(*NR*)	机械	9.62×10^{-1}	元	6.53×10^{11}	6.28×10^{11}
		电力	1.88×10^{8}	J	2.57×10^{5}	4.84×10^{13}

续表

阶段	种类	项目	原始数据	单位	转换率	能值/sej
运输	购买的可更新资源(*RP*)	劳动力	3.00×10^{-1}	h	3.09×10^{12}	9.26×10^{11}
	购买的不可更新资源(*NP*)	机械	6.59×10^{-1}	元	6.53×10^{11}	4.30×10^{11}
		柴油	5.54×10^{5}	J	1.43×10^{5}	7.93×10^{10}
储存	购买的不可更新资源(NP)	储存	2.12×10^{0}	元	6.53×10^{11}	1.38×10^{12}

注：根据研究区域的实际情况，收集阶段采用人工收集和固定式打包机打包的形式收集秸秆。

表 4-4　秸秆还田系统的能值流动清单

种类	项目	原始数据	单位	转换率	能值/sej
购买的可更新资源(*RP*)	劳动力	4.57×10^{0}	h	3.09×10^{12}	1.41×10^{13}
购买的不可更新资源(*NP*)	柴油	2.90×10^{8}	J	1.43×10^{5}	4.15×10^{13}
	机械	1.54×10^{0}	kg	5.22×10^{12}	8.07×10^{12}
产出(*Y*)	秸秆(还田)	9.24×10^{9}	J	2.96×10^{4}	2.73×10^{14}
	秸秆(出售)	4.57×10^{1}	元	6.53×10^{11}	2.98×10^{13}

表 4-5　秸秆燃烧发电系统的能值流动清单

种类	项目	原始数据	单位	转换率	能值/sej
购买的不可更新资源(*NP*)	设备及建设投资	4.80×10^{1}	美元	4.23×10^{12}	2.03×10^{14}
购买的可更新资源(*RP*)	冷却水	4.97×10^{9}	J	1.44×10^{4}	7.16×10^{13}
	氧气	1.29×10^{6}	g	3.91×10^{7}	5.03×10^{13}
	劳动力	3.10×10^{1}	h	3.09×10^{12}	9.57×10^{13}

续表

种类	项目	原始数据	单位	转换率	能值/sej
产出(*Y*)	电力	3.34×10^{9}	J	2.57×10^{5}	8.60×10^{14}

表 4-6　秸秆产沼气系统的能值流动清单

种类	项目	原始数据	单位	转换率	能值/sej
购买的可更新资源(*RP*)	劳动力	1.19×10^{0}	h	3.09×10^{12}	3.69×10^{12}
	水	1.00×10^{0}	t	5.03×10^{11}	5.03×10^{11}
购买的不可更新资源(*NP*)	设备及建设投资	1.95×10^{2}	元	6.53×10^{11}	1.27×10^{14}
	煤	5.83×10^{8}	J	7.67×10^{4}	4.47×10^{13}
	电	1.45×10^{8}	J	2.57×10^{5}	3.72×10^{13}
产出(*Y*)	沼气	8.77×10^{9}	J	2.48×10^{5}	2.17×10^{15}
	沼液和沼渣（氮肥）	1.06×10^{4}	g	4.83×10^{9}	5.12×10^{13}
	沼液和沼渣（钾肥）	6.03×10^{3}	g	1.39×10^{9}	8.41×10^{12}
	沼液和沼渣（磷肥）	7.67×10^{3}	g	4.96×10^{9}	3.80×10^{13}

表 4-7　秸秆热解气化系统的能值流动清单

种类	项目	原始数据	单位	转换率	能值/sej
购买的可更新资源(*RP*)	劳动力	6.40×10^{1}	元	8.61×10^{11}	5.51×10^{13}

续表

种类	项目	原始数据	单位	转换率	能值/sej
购买的不可更新资源(*NP*)	电力	2.70×10^{8}	J	3.39×10^{5}	9.15×10^{13}
	设备及建设投资	1.33×10^{2}	元	8.61×10^{11}	1.15×10^{14}
	维护	6.67×10^{0}	元	8.61×10^{11}	5.74×10^{12}
产出(*Y*)	热解气	5.32×10^{9}	J	2.48×10^{5}	1.32×10^{15}

表 4-8　秸秆制固体燃料系统的能值流动清单

种类	项目	原始数据	单位	转换率	能值/sej
购买的不可更新资源(*NP*)	电力	2.37×10^{8}	J	2.57×10^{5}	6.10×10^{13}
	包装	4.85×10^{1}	元	6.53×10^{11}	3.17×10^{13}
	设备及建设投资	1.44×10^{1}	元	6.53×10^{11}	9.39×10^{12}
购买的可更新资源(*RP*)	劳动力	3.71×10^{0}	元	3.09×10^{12}	1.15×10^{13}
产出(*Y*)	固体燃料	1.68×10^{10}	J	5.00×10^{4}	8.41×10^{14}

表 4-9　秸秆栽培食用菌系统的能值流动清单

种类	项目	原始数据	单位	转换率	能值/sej
购买的可更新资源(*RP*)	劳动力	4.45×10^{1}	h	3.09×10^{12}	1.37×10^{14}
	菌种	2.94×10^{7}	J	4.31×10^{4}	1.27×10^{12}
	谷子	6.71×10^{9}	J	2.72×10^{4}	1.82×10^{14}
	高粱	2.51×10^{9}	J	6.29×10^{4}	1.58×10^{14}
	麦麸	4.14×10^{-2}	t	2.39×10^{15}	9.88×10^{13}
	木屑	3.26×10^{-1}	t	6.97×10^{14}	2.27×10^{14}
	谷壳	1.01×10^{10}	J	2.96×10^{4}	2.97×10^{14}

续表

种类	项目	原始数据	单位	转换率	能值/sej
购买的不可更新资源(*NP*)	石灰	5.17×10^{-3}	t	4.84×10^{15}	2.50×10^{13}
	杀虫剂	1.74×10^{-3}	t	3.65×10^{15}	6.35×10^{12}
	工业用水	2.78×10^{-1}	t	5.03×10^{11}	1.40×10^{11}
	电	1.25×10^{8}	J	2.57×10^{5}	3.22×10^{13}
	设备及建设投资	4.18×10^{2}	元	6.53×10^{11}	2.73×10^{14}
产出(*Y*)	菌菇	1.32×10^{10}	J	4.31×10^{4}	5.70×10^{14}

表 4-10　秸秆制刨花板系统的能值流动清单

种类	项目	原始数据	单位	转换率	能值/sej
购买的可更新资源(*RP*)	劳动力	5.18×10^{0}	h	3.09×10^{12}	1.60×10^{13}
购买的不可更新资源(*NP*)	树脂胶	3.95×10^{-2}	t	4.84×10^{15}	1.91×10^{14}
	脱模剂	1.09×10^{-2}	t	4.84×10^{15}	5.28×10^{13}
	活性炭	1.30×10^{-1}	元	6.53×10^{11}	8.48×10^{10}
	电力	7.01×10^{8}	J	2.57×10^{5}	1.80×10^{14}
	设备及建设投资	5.31×10^{1}	元	6.53×10^{11}	3.47×10^{13}
产出(*Y*)	秸秆刨花板	2.30×10^{10}	J	5.59×10^{4}	1.29×10^{15}

表 4-11　秸秆制动物饲料系统的能值流动清单

种类	项目	原始数据	单位	转换率	能值/sej
购买的可更新资源(*RP*)	劳动力	2.93×10^{0}	h	3.09×10^{12}	9.04×10^{12}
	水	3.80×10^{-2}	t	5.03×10^{11}	1.92×10^{10}

续表

种类	项目	原始数据	单位	转换率	能值/sej
购买的不可更新资源(*NP*)	发酵菌剂	6.10×10^{1}	元	6.53×10^{11}	3.98×10^{13}
	酸化剂	3.66×10^{1}	元	6.53×10^{11}	2.39×10^{13}
	设备及建设投资	4.88×10^{1}	元	6.53×10^{11}	3.18×10^{13}
	电	8.78×10^{6}	J	2.57×10^{5}	2.26×10^{12}
产出(*Y*)	饲料收益	1.79×10^{10}	J	7.55×10^{4}	1.35×10^{15}

表 4-12　秸秆产乙醇系统的能值流动清单

种类	项目	原始数据	单位	转换率	能值/sej
购买的可更新资源(*RP*)	劳动力	1.87×10^{0}	h	3.09×10^{12}	5.77×10^{12}
	工业用水	2.00×10^{0}	t	5.03×10^{11}	1.01×10^{12}
购买的不可更新资源(*NP*)	酶	1.67×10^{2}	元	6.53×10^{11}	1.09×10^{14}
	液碱	6.63×10^{1}	元	6.53×10^{11}	4.33×10^{13}
	石灰	6.17×10^{-2}	t	7.67×10^{14}	4.73×10^{13}
	硫酸	1.67×10^{-2}	t	4.84×10^{15}	8.06×10^{13}
	电	2.14×10^{8}	J	2.57×10^{5}	5.50×10^{13}
	设备及建设费用	1.02×10^{2}	元	6.53×10^{11}	6.62×10^{13}
产出(*Y*)	乙醇	1.67×10^{-1}	t	4.98×10^{15}	8.30×10^{14}

表 4-13　9 种资源化方式的能值评价指标体系

指标/种类	秸秆还田	秸秆燃烧发电	秸秆产沼气	秸秆热解气化	秸秆制固体燃料	秸秆栽培食用菌	秸秆制刨花板	秸秆制动物饲料	秸秆产乙醇
可更新自然资源(RR)	1.15×10^{14}	1.15×10^{14}	1.15×10^{14}	1.15×10^{14}	1.15×10^{14}	1.15×10^{14}	1.15×10^{14}	1.15×10^{14}	1.15×10^{14}
不可更新自然资源(NR)	2.21×10^{12}	2.21×10^{12}	2.21×10^{12}	2.21×10^{12}	2.21×10^{12}	2.21×10^{12}	2.21×10^{12}	2.21×10^{12}	2.21×10^{12}
可更新资源购买(RP)	8.40×10^{13}	3.19×10^{14}	1.06×10^{14}	1.44×10^{14}	1.13×10^{14}	1.20×10^{15}	1.27×10^{14}	1.11×10^{14}	1.09×10^{14}
不可更新资源购买(NP)	4.04×10^{14}	6.09×10^{14}	6.15×10^{14}	5.66×10^{14}	5.08×10^{14}	7.42×10^{14}	8.80×10^{14}	5.03×10^{14}	8.07×10^{14}
购买资源(P)	4.88×10^{14}	9.28×10^{14}	7.21×10^{14}	7.10×10^{14}	6.21×10^{14}	1.95×10^{15}	1.01×10^{15}	6.14×10^{14}	9.15×10^{14}
产出(Y)	1.27×10^{15}	1.83×10^{15}	3.24×10^{15}	2.28×10^{15}	1.81×10^{15}	1.54×10^{15}	2.25×10^{15}	2.05×10^{15}	1.80×10^{15}
可更新资源占比(R%)	32.83%	41.53%	26.34%	31.23%	30.89%	63.92%	21.52%	30.84%	21.62%

续表

指标/种类	秸秆还田	秸秆燃烧发电	秸秆产沼气	秸秆热解气化	秸秆制固体燃料	秸秆栽培食用菌	秸秆制刨花板	秸秆制动物饲料	秸秆产乙醇
不可更新资源占比（N%）	67.17%	58.47%	73.66%	68.77%	69.11%	36.08%	78.48%	69.16%	78.38%
净能值产出率（*EYR*）	2.60	1.97	4.49	3.22	2.91	0.79	2.24	3.34	1.96
区域环境负载率（*ELR*）	2.05	1.41	2.80	2.20	2.24	0.56	3.65	2.24	3.63
可持续发展指标（*ESI*）	1.27	1.40	1.61	1.46	1.30	1.40	0.61	1.49	0.54

4.3.1.1 净能值产出率

由表 4-13 分析可知，9 种秸秆资源化利用方式的经济性存在较大的差异。除秸秆栽培食用菌之外，其他 8 种秸秆资源化利用方式的 *EYR* 均高于 1，这表明现有的绝大部分秸秆资源化利用方式对秸秆均有增值作用，排序依次为：秸秆产沼气＞秸秆制动物饲料＞秸秆热解气化＞秸秆制固体燃料＞秸秆还田＞秸秆制刨花板＞秸秆燃烧发电＞秸秆产乙醇＞秸秆栽培食用菌。其中，秸秆产沼气的 *EYR* 最高，主要原因是其有较丰富的产出物和较高的产出量。秸秆栽培食用菌的 *EYR* 排名最低，主要原因是大量谷壳、木屑等购买资源的能值投入是 9 种方式中最高的。秸秆燃烧发电的净能值产出率小于 2，因为直接燃烧的能源利用效率较低。秸秆热解气化、秸秆制固体燃料、秸秆制动物饲料的 *EYR* 在 3 左右，具有较高的能值产出效率。而秸秆产乙醇、秸秆制刨花板和秸秆还田的 *EYR* 较低，显示出较低的经济竞争力。

4.3.1.2 环境负载率

9 种秸秆资源化利用方式的 *ELR* 排序依次为：秸秆栽培食用菌＜秸秆燃烧发电＜秸秆还田＜秸秆热解气化＜秸秆制固体燃料＜秸秆制动物饲料＜秸秆产沼气＜秸秆产乙醇＜秸秆制刨花板。秸秆栽培食用菌的主要投入为木屑、谷子等可更新资源，其可更新资源投入占比高达 63.92%，因此该种方式的环境负载率仅为 0.56，在 9 种方式中具有最好的环境效益。秸秆制刨花板和秸秆产乙醇的 *ELR* 是 9 种方式中最大的 2 种。酶的能值投入在购买能值中占比为 11.9%，是秸秆产乙醇的主要制约因素。导致秸秆制刨花板环境性较差的主要原因是该方式对电力及树脂胶使用的严重依赖，这两项的能值投入之和在购买资源能值投入中占比接近 40%。其余几种秸秆资源化方式的 *ELR* 都在 3 以下，说明目前的大多数秸秆资源化技术在系统运行中会产生相对较低的环境影响。

4.3.1.3 可持续发展指标

9 种秸秆资源化利用方式的 *ESI* 排序依次为：秸秆产沼气＞秸秆制动物饲

料＞秸秆热解气＞秸秆栽培食用菌＞秸秆燃烧发电＞秸秆制固体燃料＞秸秆还田＞秸秆制刨花板＞秸秆产乙醇。9 种方式中，除秸秆产乙醇、秸秆制刨花板之外，其余 7 种方式的 *ESI* 均高于 1。其中，秸秆产沼气由于高效的能值产出，其可持续发展能力最好，与刘(Liu)等认为秸秆产沼气系统具有很好的可持续性的研究结论一致。秸秆饲料化的可持续发展能力仅次于秸秆产沼气，其具有良好的经济产出和适度的环境负荷，具有大规模发展的潜力。

ESI 最低的是秸秆制刨花板和秸秆产乙醇，尽管两种利用方式在某种程度上促进了社会体系的大循环，如秸秆制刨花板符合“绿色建材”的导向，对保护木材具有一定的积极意义，秸秆产乙醇可产生经济性较高的燃料，有助于缓解能源紧缺问题。但这两种方式目前的能值产出效率低，且严重依赖不可更新资源购买的投入，不宜在中国国内大面积推广，仍需进一步提升他们的技术水平，使其 *ESI* 达到 1 左右才适合规模化发展。其余几种方式的 *ESI* 均大于1.2，说明这些方式均具有不错的可持续发展能力，具备较高的活力和发展潜力。值得注意的是，玉米种植阶段是大部分秸秆资源化方式的能值输入阶段，尤其是化学肥料的能值投入较高，这在刘(Liu)等、李(Li)等的研究中都得到了印证。这意味着改进玉米种植阶段的能值投入模式，尤其是加强肥料管理，对秸秆资源化利用方式的可持续水平的提高有着重要意义。

4.3.2　秸秆综合利用方案优化结果与分析

4.3.2.1　优化结果

使用 Matlab 编写 NSGA-Ⅱ解法程序，对多目标优化模型进行求解。优化目标 *EYR* 在 170 代左右收敛，优化目标 *ELR* 在 70 代左右实现收敛(见图 4-2)。由图 4-2 分析可知，优化结果稳定，可以作为优化方案。解决方案的 Pareto 前沿如图 4-3 所示。求解收敛后，获得了 524 个解。这些解均可满足目标和约束条件，即这些解决方案中的每一个都是山东省秸秆资源化综合利用的优化方案，将其中部分解及其与 2015 年山东省秸秆综合利用方案的比较，按能

值指标 *ESI* 降序排列，得到表 4-14。其中，绝大部分解的 *EYR* 指标优于 2015 年秸秆综合利用方案，*ELR* 指标比原秸秆综合利用方案略差，*ESI* 指标均比原秸秆综合利用方案性能更好。以 Pareto 解集的平均值为例，*EYR* 指标相比原秸秆综合利用方案提高 22%，*ELR* 降低 6%，*ESI* 提高 12%。这说明使用 NSGA-Ⅱ算法对本章的多目标优化模型的求解是有效的。

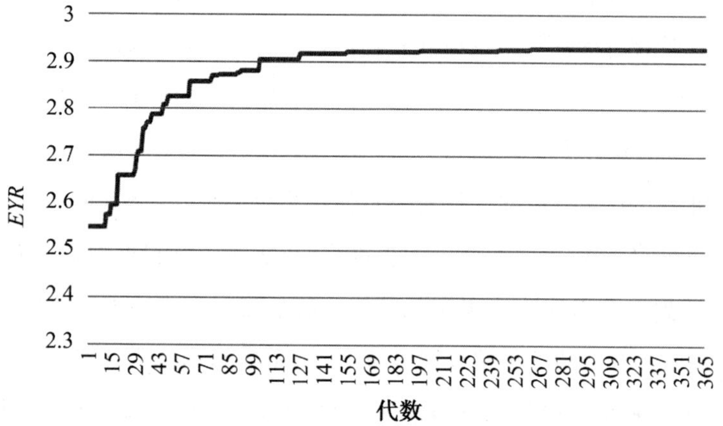

(a) *EYR*的收敛过程

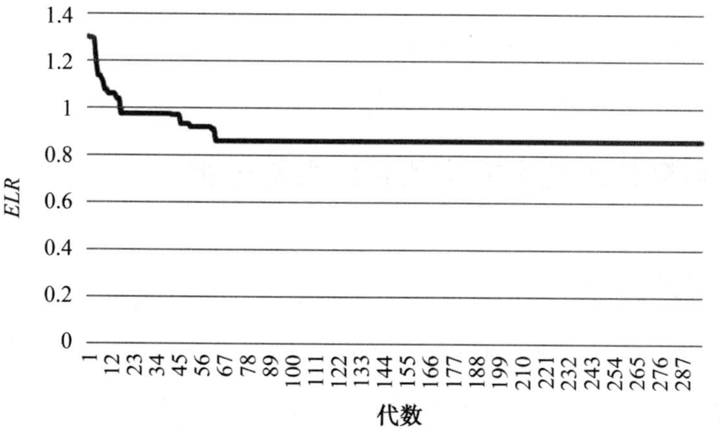

(b) *ELR*的收敛过程

图 4-2 每个优化目标的收敛过程

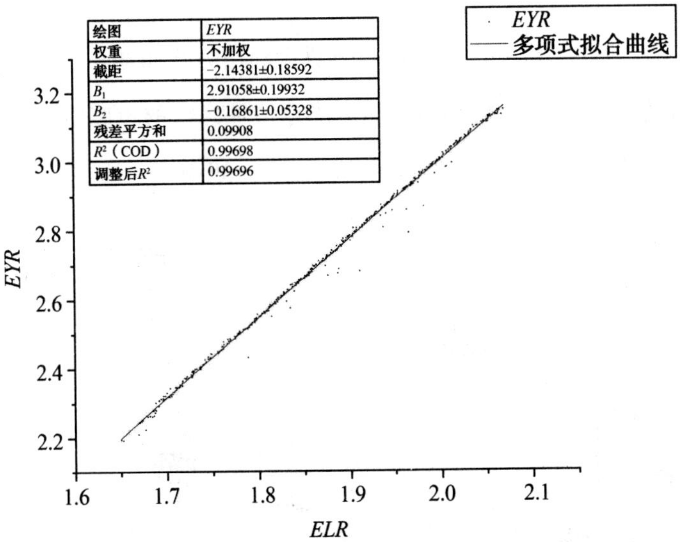

图 4-3　优化结果的 Pareto 前沿

表 4-14　部分 Pareto 解展示

解序号	x_1	x_2	x_3	x_4	x_5	x_6	x_7	x_8	x_9	*EYR*	*ELR*	*ESI*
1	9.78	0.36	41.12	1.55	0.81	17.14	0.05	24.79	0.02	3.15	2.06	1.52
126	18.00	2.95	32.41	3.11	0.74	17.21	0.10	20.44	0.07	2.93	1.96	1.49
174	21.00	4.65	29.54	0.92	0.44	17.02	0.07	21.58	0.04	2.86	1.94	1.48
293	27.59	4.89	17.70	2.55	0.84	17.06	0.07	24.44	0.09	2.67	1.85	1.44
349	34.27	4.25	17.48	1.17	0.30	18.71	0.08	18.67	0.09	2.58	1.81	1.42
463	42.92	4.70	7.54	0.87	0.20	19.97	0.06	18.90	0.09	2.37	1.72	1.38
524	54.08	5.28	1.52	3.25	1.66	21.02	0.17	9.17	0.14	2.21	1.67	1.32
平均值	27.13	4.21	22.05	1.53	0.90	17.75	0.07	21.59	0.06	2.72	1.87	1.45
基准年	48.54	1.39	1.39	1.39	1.39	6.89	3.57	19.04	1.39	2.23	1.76	1.11

4.3.2.2 不同决策偏好下的优化结果

4.3.2.2.1 *EYR* 目标优先的秸秆资源化利用方式布局

当优先考虑秸秆资源化利用产业对当地区域经济的贡献时，取 Pareto 解集中 *EYR* 指标最大的 50 个解方案做箱线图分析，如图 4-4 所示。

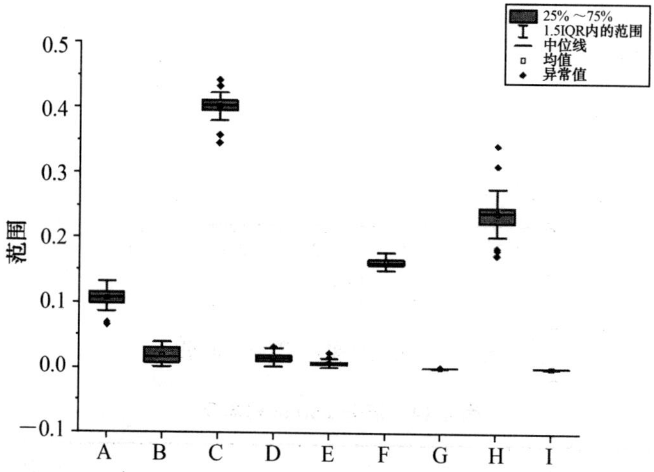

图 4-4　*EYR* 目标优先的秸秆资源化利用方式布局

由图 4-4 分析可知，在以 *EYR* 为主要优化目标的前提下，秸秆还田、秸秆燃烧发电、秸秆产沼气、秸秆热解气化、秸秆制固体燃料、秸秆栽培食用菌、秸秆制刨花板、秸秆饲料化和秸秆产乙醇燃料解的区间分别为[9.85%，11.57%]、[0.78%，3.04%]、[39.57%，41.09%]、[1.08%，1.92%]、[0.50%，0.94%]、[15.86%，16.7%]、[0.00044%，0.00084%]、[22.48%，24.79%]、[0.00022%，0.00081%]。与 2015 年秸秆综合利用布局相比，秸秆还田最大下降 38.69%。秸秆还田的能值产出率在 9 种方式中排名第五，但在原综合利用方案中占比高达 48.54%，使得原综合利用方案的经济性较差。因秸秆产沼气的净能值产出率最高，在以 *ELR* 为主要优化目标的前提下，该种方式在解集中占比很高，与原综合利用方案相比，提升了 39.7%。秸秆栽培食用菌的能值产出率虽然最低，但因其最小的环境负载率，即使以 *EYR* 为主要优化目标，该利用方式最少也有8.98%的提升。秸秆饲料化因其良好的 *ELR* 和 *EYR* 指标，在主要考虑 *EYR* 目标时，至少有 3.44%的提升。秸秆燃烧发电、秸秆热解气化、秸秆制固体燃料的变化不明显。而秸秆产乙醇和秸秆制刨花板的能值产出率虽然处于平均水平，但由于其严重的环境压力，即使在以 *ELR* 为主要优化目标的前提下，这两种利用方式的解值也接近于 0。

4.3.2.2.2　*ELR* 目标优先的秸秆资源化利用方式布局

取 Pareto 解集中 *ELR* 指标最小的 50 个解方案做箱型图分析，如图 4-5 所示。与 *EYR* 为主要优化目标的秸秆资源化利用方式布局相比，优先考虑 *ELR* 时的优化布局呈现出明显的差异性。秸秆还田、秸秆燃烧发电、秸秆产沼气、秸秆热解气化、秸秆制固体燃料、秸秆栽培食用菌、秸秆制刨花板、秸秆饲料化和秸秆产乙醇燃料解的区间分别为[44.27%，48.12%]、[4.95%，6.21%]、[0.92%，3.06%]、[0.8%，2.55%]、[0.80%，1.65%]、[19.36%，20.23%]、[0.000055%，0.00074%]、[16.91%，20.49%]、[0.000043%，0.00068%]。秸秆还田由于没有收储运环节，以及处理秸秆的过程也不需要较多的不可更新资源投入，其环境性表现良好，而且其净能值产出率也处于平均水平，因此在以 *ELR* 为主要优化目标的解决方案中占比较高，与原有秸秆综合利用方案相比变化不大。秸秆栽培食用菌由于其最小的环境负载率，在 *ELR* 倾向下的解中，其使用比例最多可增加 13.61%。其他几种利用方式的比例变化并不明显。同样地，在 *ELR* 为主要优化目标的前提下，秸秆制刨花板和产乙醇的解仍趋向于 0。无论从能值产出率角度分析还是从环境负载率角度考虑，在目前的技术水平条件下，秸秆制刨花板和产乙醇均不宜于规模化推广。

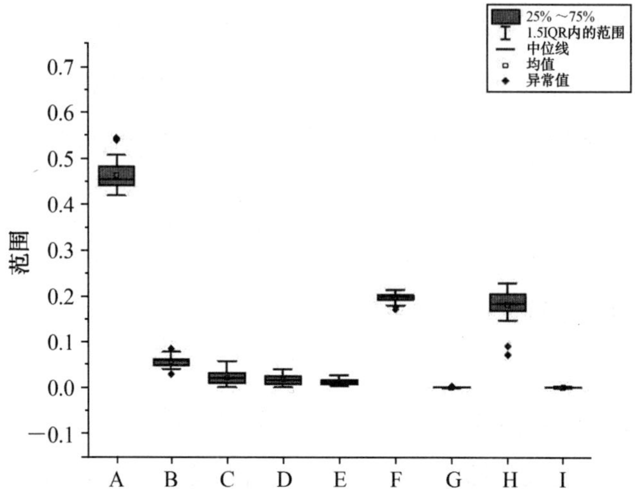

图 4-5　ELR 目标优先的秸秆资源化利用方式布局

4.3.2.2.3　基于不同地区产业侧重下的秸秆资源化利用方式布局

在目前很多地区的秸秆资源化产业已经落成的前提下，大规模调整已有的秸秆产业布局已是不可取的做法，必须在既有产业发展的基础上，采用实事求是、因地制宜、分类指导的策略对其进行合理化布局。基于使用 Pareto 解集的优势在于可以提供多种多样情况的解，可以根据具体需要去寻找合适条件的解。因此，可以根据区域产业发展实际情况，利用本章构建的方法学体系进行合理布局求解。如山东省某县域粮食产量较高，农作物密集，通常以精细化还田快速处理玉米秸秆(比例约为 75%)，以避免影响下一季度的农作物种植。除此之外，该县域还有大规模的食用菌投资项目(比例约为 20%)。因此，该县域的秸秆综合利用方案的优化主要基于以下两种情景进行设计。情景一：不增加其他利用方式。情景二：在既有的利用方式基础上，增加秸秆产沼气和秸秆饲料化这两种可持续性较高的利用方式。分别计算这两种情况下的秸秆优化方案，从 Pareto 解集中挑选合适的解，如表 4-15 所示。与该县域原有的秸秆综合利用方案相比，情景一的 *EYR* 下降了 19%，*ELR* 下降了 20%，*ESI* 提高了 5%；情景二的 *EYR* 上升了 28%，*ELR* 增加了 14%，*ESI* 提高了 10%。两种优化方案在经济和环境上有不同的侧重点，但其可持续发展能力都有明显提升。

表 4-15　两种情景下的秸秆综合利用方案

类型	x_1	x_3	x_6	x_8	*EYR*	*ELR*	*ESI*
基准情景	75%	0	20%	0	2.11	1.65	1.23
情景一	51%	0	49%	0	1.71	1.32	1.30
情景二	34%	21%	18%	22%	2.70	1.88	1.35

4.3.3　松弛变量 θ_1 对优化结果的影响

在 NSGA-Ⅱ求解多目标优化模型中，设置 $0.95 \leqslant \theta_1 < 1$ 时，优化效果较好的方案决策变量之和趋近于 0.95；设置 $0.85 \leqslant \theta_1 < 1$ 时，优化效果较好的方案决策变量之和趋近于 0.85；以此类推。若对松弛变量 θ_1 的取值范围仅作 $\theta_1 \geqslant 0$ 的约束要求，仍以 *ESI* 为取值标准，优化效果较好的方案对应的松弛变量 θ_1 取值区间为[0.5533,0.6052]。松弛变量 θ_1 在四种约束条件下的计算结果如表4-16所示。

表 4-16　松弛变量 θ_1 的约束范围对计算结果的影响

约束范围	决策变量之和	*EYR*	*ELR*	*ESI*
$0.95 \leqslant \theta_1 \leqslant 1$	[0.9509,0.9546]	3.1029	2.0441	1.5180
$0.85 \leqslant \theta_1 \leqslant 1$	[0.8613,0.8802]	2.6945	1.7091	1.5765
$0.75 \leqslant \theta_1 \leqslant 1$	[0.7581,0.7830]	2.6521	1.6742	1.5841
$0 \leqslant \theta_1$	[0.5533,0.6052]	2.5438	1.5916	1.5982

注：决策变量之和使用箱线图分析后，取 25%～75%变化范围。

由表 4-16 分析可知，随着松弛变量 θ_1 的减少，即随着秸秆资源化利用规模的减小，经济效益指标 *EYR* 呈下降趋势，环境效益指标 *ELR* 呈下降趋势，可持续发展指标 *ESI* 呈上升趋势。这就意味着，在不考虑未利用秸秆所带来的经济环境效益的前提下，在秸秆资源化利用规模的扩大过程中，整个秸秆资源化利用系统的经济性在提升，但环境性在逐渐变差，可持续发展性也在逐渐变差。以山东省为例，由 2015 年 85％的秸秆综合利用率扩大到 95％的秸秆综合利用率，*EYR* 提升 12.40％，*ELR* 增加 22.12％，*ESI* 下降 8.5％。这说明在现有技术水平前提下，一味地追求秸秆资源化利用规模的提高，虽然会给区域带来一定的净能值产出率的增加，但同时也会使环境效益大幅降低，并进而导致可持续发展水平下降。由此表明，中国的秸秆资源化利用技术水平都有继续提升的潜力，不仅在政策导向上继续给秸秆资源化利用产业较好的红利支持，同时在技术水平的提升上继续给予重点支持和鼓励。

4.4 结论

随着秸秆资源化利用产业的快速发展，亟须对主要秸秆资源化利用产业的可持续发展水平进行合理的评价，以及规划合理的区域秸秆综合利用方案。本章使用能值分析评价了 9 种秸秆资源化利用方式的经济性、环境性和可持续性，以此作为区域秸秆综合利用方案优化调整的主要参数依据，构建了基于能值分析与多目标线性规划耦合的研究思路，引入 NSGA-Ⅱ算法求解优化模型，实现了“方法评价—数学建模—求解优化”的完整方法学体系构建。研究结论可为地方政府决策提供实践依据，同时也为类似领域的研究提供较好的方法学参考。

9 种秸秆资源化利用方式的能值分析结果表明，除秸秆栽培食用菌之外，绝大部分秸秆利用方式均对秸秆有增值作用。秸秆产沼气的净能值产出率和可持续发展指标在 9 种方式中是最高的，其次是秸秆饲料化产业，这些产业属于鼓励类发展产业。秸秆制刨花板和秸秆产乙醇的环境负载率是最大的，进而导致它们的可持续发展指标最低，属于限制类发展产业。其余几种秸秆资源化利用方式均具有一定的可持续发展能力，可作为补充产业因地制宜地适量发展。此外，针对玉米种植阶段的能值投入模式改进，尤其是合理使用化学肥料，对于提升秸秆资源化利用产业的可持续性具有重要意义。

在秸秆资源化规模为 95％的前提下，以 *EYR* 和 *ELR* 为优化目标的研究结果表明，若以提升区域经济性为主要目标，可以考虑降低该地区的秸秆还田比例，并主要增加秸秆产沼气产业的比例。若较多地考虑地区的环境性，建议仍以秸秆还田作为主要的秸秆处理方式。同时，不管出于哪种政策考量，秸秆制饲料和秸秆栽培食用菌均可作为支持类发展产业，尤其是秸秆饲料化产业具有大规模应用的潜力；在目前的技术水平条件限制下，秸秆产乙醇和秸秆制刨花板属于限制类发展产业。此外，调整秸秆资源化利用方案，需要注意因地制宜、因势利导，注意当地产业发展现状和优势条件，避免“一刀切”的调整方案，并且在现有的秸秆资源化技术水平下，避免盲目地追求秸秆资源化利用规模的提高，以避免环境效益和可持续发展水平的下降。

参考文献

[1]ALI M, MARVUGLIA A, GENG Y, et al. Emergy based carbon footprinting of household solid waste management scenarios in Pakistan[J]. Resources conservation and recycling, 2018, 131: 283-296.

[2]BASTIANONI S, MARCHETTINI N. The problem of co-production in environmental accounting by energy analysis[J]. Ecological modelling, 2000, 129(2-3): 187-193.

[3]BENTSEN N S, NILSSON D, LARSEN S. Agricultural residues for energy-a case study on the influence of resource availability, economy and policy on the use of straw for energy in Denmark and Sweden[J]. Biomass bioenergy, 2018, 108: 278-288.

[4]BENTSEN N S, JORGENSEN J R, STUPAK I, et al. Dynamic sustainability assessment of heat and electricity production based on agricultural crop residues in Denmark[J]. Journal of cleaner production, 2019, 213: 491-507.

[5]BROWN M T, ULGIATI S. Emergy-based indices and ratios to evaluate sustainability: Monitoring economies and technology toward

environmentally sound innovation[J]. Ecological engineering, 1997, 9: 51-69.

[6] BRANDT-WILLIAMS S L. Handbook of emergy evaluation: A compendium of data for emergy computation issued in a series of Folios[M]. Gainsville: University of Florida, 2002.

[7] BROWN M T, BARDI E. Handbook of emergy evaluation: A compendium of data for emergy computation in a series of folios [M]. Gainesville: University Press of Florida, 2001.

[8] BROWN M T, RAUGEI M, ULGIATI S. On boundaries and investments in emergy synthesis and LCA: A case study on thermal vs photovoltaic electricity[J]. Ecological indicators, 2012, 15: 227-235.

[9] BROWN M T, CAMPBELL D E, VILBISS C, et al. The geobiosphere emergy baseline: A synthesis[J]. Ecological modelling, 2016, 339: 92-95.

[10] LOU B, ULGIATI S. Identifying the environmental support and constraints to the Chinese economic growth-an application of the emergy accounting method[J]. Energy policy, 2013, 55: 217-233.

[11] BURANAKARN V. Evaluation of recycling and reuse of building materials using emergy analysis method[M]. Gainesville: University Press of Florida, 1998.

[12] CASTELLINI C, BASTIANONI S, GRANAI C, et al. Sustainability of poultry production using the emergy approach: Comparison of conventional and organic rearing systems[J]. Agriculture, ecosystems & environment, 2006, 114(2-4): 343-350.

[13] CARDOSO T F, CHAGAS M F, RIVERA E C, et al. A vertical integration simplified model for straw recovery as feedstock in sugarcane biorefineries[J]. Biomass bioenergy, 2015, 81: 216-223.

[14] CHENG G, ZHAO Y, PAN S, et al. A comparative life cycle analysis of wheat straw utilization modes in China[J]. Energy, 2020, 194: 116914.

[15]DEESP. Job of rural ecological revitalization in Shandong province [EB/OL]. [2020-01-19]. http://www.sdein.gov.cn/dtxx/mykhb/202006/t20200629_3148787.html.

[16] DONG X, ULGIATI S, YAN M, et al. Energy and eMergy evaluation of bioethanol production from wheat in Henan province, China[J]. Energy policy, 2008, 36(10): 3882-3892.

[17] GHALEY B B, KEHLI N, MENTLE A. Emergy synthesis of conventional fodder maize (Zea mays L.) production in Denmark [J]. Ecological indicators, 2018, 87: 144-151.

[18]GHISELLINI P, ZUCARO A, VIGLIA S, et al. Monitoring and evaluating the sustainability of Italian agricultural system: An emergy decomposition analysis[J]. Ecological modelling, 2014, 271: 132-148.

[19] GU X, LAI Q, LIU M, et al. Sustainability assessment of a Qingyuan mushroom culture system based on emergy [J]. Sustainability, 2019, 11(18): 4863.

[20]HAN J, MOL A P J, LU Y, et al. Small-scale bioenergy projects in rural China: Lessons to be learnt[J]. Energy policy, 2008, 36(6): 2154-2162.

[21] HONG J, ZHOU J, HONG J. Comparative study of life cycle environmental and economic impact of corn-and corn stalk-based-ethanol production[J]. Journal of renewable and sustainable energy, 2015, 7(2): 63-81.

[22]HUANG C, DENG L, YANG J, et al. Emergy analysis of farmland eco-system with different straw returning modes of rice-wheat rotation in Chengdu plain[J]. Bulletin of soil and water conservation, 2015, 35(2): 336-343.

[23]HU J, LEI T, WANG Z, et al. Economic, environmental and social assessment of briquette fuel from agricultural residues in China: A study on flat die briquetting using corn stalk[J]. Energy, 2014, 64: 557-566.

[24]HU J, LEI T, WANG Z, et al. Economic, environmental and social

assessment of briquette fuel from agricultural residues in China: A study on flat die briquetting using corn stalk[J]. Energy, 2014, 64: 557-566.

[25] JIANG M, AN H, GAO X, et al. Consumption-based multi-objective optimization model for minimizing energy consumption: A case study of China[J]. Energy, 2020, 208: 118384.

[26]JI C Y, CHENG K, NAYAK D, et al. Environmental and economic assessment of crop residue competitive utilization for biochar, briquette fuel and combined heat and power generation[J]. Journal of cleaner production, 2018, 192: 916-923.

[27]JUNPEN A, PANSUK J, KAMNOET O, et al. Emission of air pollutants from rice residue open burning in Thailand[J]. Atmosphere, 2018, 9(11): 449.

[28]KUMAR R, ROCKET P. Improved sampling of the pareto-front in multiobjective genetic optimizations by steady-state evolution: A pareto converging genetic algorithm[J]. Evolutionary computation, 2002, 10(3): 283-314.

[29]LAW E P, DIEMONT S A W, TOLAND T R. A sustainability comparison of green infrastructure interventions using emergy evaluation[J]. Journal of cleaner production, 2016, 145: 374-385.

[30] LIU C, HUANG Y, WANG X, et al. Emergy analysis for transportation fuels produced from corn stover in China[J]. Journal of cleaner production, 2018, 174: 213-225.

[31] LIU C, CAI W, JIA S, et al. Emergy-based evaluation and improvement for sustainable manufacturing systems considering resource efficiency and environment performance [J]. Energy conversion and management, 2018, 177: 176-189.

[32]LIU Z, WANG D, NING T, et al. Sustainability assessment of straw utilization circulation modes based on the emergetic ecological footprint[J]. Ecological indicators, 2017, 75: 1-7.

[33]李志光，李志锋.不同耕作方式和秸秆还田条件下能值比较分析[J].气象与环境科学，2015，38(2)：12-17.

[34]LIN Y，TANAKA S. Ethanol fermentation from biomass resources：Current state and prospects[J]. Applied microbiology and biotechnology，2006，69(6)：627-642.

[35]李翠玲. 基于能值—生态足迹的吉林省辽河流域生态承载力与可持续发展研究[D]. 长春：吉林大学，2016.

[36]LOU B，ULGUATU S. Identifying the environmental support and constraints to the Chinese economic growthdan application of the emergy accounting method[J]. Energy policy，2013，55：217-233.

[37]LOU B，QIU Y，ULGIATI S. Emergy-based indicators of regional environmental sustainability：A case study in Shanwei，Guangdong，China[J]. Ecological indicators，2015，57：514-524.

[38]罗玉和，丁力行. 基于能值理论的生物质发电系统评价[J]. 中国电机工程学报，2009，29(32)：112-117.

[39]毛玮. 基于能值分析的黑龙江省林业生态经济系统可持续发展研究[D]. 哈尔滨：东北林业大学，2008.

[40]MATSUMURA Y，MINOWA T，YAMAMOTO H. Amount，availability，and potential use of rice straw (agricultural residue) biomass as an energy resource in Japan[J]. Biomass bioenergy，2005，29(5)：347-354.

[41]MERLIN G，BOILEAU H. Eco-efficiency and entropy generation evaluation based on emergy analysis：Application to two small biogas plants[J]. Journal of cleaner production，2017，143：257-268.

[42]MEHMOOD K，CHANG S，YU S，et al. Spatial and temporal distributions of air pollutant emissions from open crop straw and biomass burnings in China from 2002 to 2016[J]. Environmental chemistry letters，2018，16(1)：301-309.

[43]NDRC. Guiding opinions on compiling the implementation plan for comprehensive utilization of straws during the 13th Five-Year Plan[EB/OL].

[2020-01-19]. https://www. ndrc. gov. cn/xxgk/zcfb/tz/201612/t20161207_962800.html.

[44]OANH N T K, PERMADI D A, HOPKE P K, et al. Annual emissions of air toxics emitted from crop residue open burning in Southeast Asia over the period of 2010-2015[J]. Atmospheric environment, 2018, 187: 163-173.

[45]ODUM H T. Environmental accounting: energy and environmental decision making[M]. New York: John Wiley and Sons, 1996.

[46]ODUM H T. Environmental accounting: energy and environmental decision making[M]. New York: John Wiley and Sons, 1996.

[47]ODUM H T, BROWN M T, BRANDT-WILLIAMS S L. Handbook of emergy evaluation[M]. Gainesville: University Press of Florida, 2000.

[48]PALMIERI N, FORLEO M B, GIANNOCCARO G, et al. Environmental impact of cereal straw management: An on-farm assessment[J]. Journal of cleaner production, 2017, 142: 2950-2964.

[49]ROMASANTA R R, SANDDER B O, GAIHRE Y K, et al. How does burning of rice straw affect CH_4 and N_2O emissions? A comparative experiment of different on-field straw management practices[J]. Agriculture ecosystems and environment, 2017, 239: 145-153.

[50]Rosa S D L, Mugica-Lvarez V, Cereceda-Balic F, et al. Emission factors from different burning stages of agriculture wastes in Mexico[J]. Environmental science and pollution research, 2017, 24(31): 24297-24310.

[51]SINGH R, SRIVASTAVA M, SHUKLA A. Environmental sustainability of bioethanol production from rice straw in India: A review[J]. Renewable and sustainable energy reviews, 2016, 54: 202-216.

[52]SOAM S, BORJESSON P, SHARMA P K, et al. Life cycle assessment of rice straw utilization practices in India[J]. Bioresource technology, 2017, 228: 89-98.

[53]SPDARA, 2016. Implementation plan of accelerating straw

comprehensive utilization in Shandong province[EB/OL]. [2020-01-19]. http://nync.shandong.gov.cn/zwgk/zfxxgk/jcgk/201612/t20161219_628179.html.

[54]SUN M, XU X, WANG C, et al. Environmental burdens of the comprehensive utilization of straw: Wheat straw utilization from a life-cycle perspective[J]. Journal of cleaner production, 2020, 259: 120702.

[55]WANG L, ZHANG J. Emergy evaluation of eco-industrial park with power plant[J]. Ecological modelling, 2005, 189: 233-240.

[56]王红彦. 基于生命周期评价的秸秆沼气集中供气工程能值分析[D]. 北京:中国农业科学院,2016.

[57]WANG X, DADOUMA A, CHEN Y, et al. Sustainability evaluation of the large-scale pig farming system in north China: An emergy analysis based on life cycle assessment[J]. Journal of cleaner production, 2015, 102: 144-164.

[58]WANG Q, MA Z, MA Q, et al. Comprehensive evaluation and optimization of agricultural system: An emergy approach[J]. Ecological indicators, 2019, 107: 105650.

[59]WANG Q, GAO Z, YUAN X, et al. Comprehensive emergy evaluation and optimization of corn straw power generation system: A case study[J]. Chinese journal of population resources and environment, 2019, 17(2): 135-144.

[60]XU X, PANG D, CHEN J, et al. Straw return accompany with low nitrogen moderately promoted deep root[J]. Field crops research, 2018, 221: 71-80.

[61]YMERI P, GYURICZA C, FOGARASSY C. Farmers' attitudes towards the use of biomass as renewable energy: A case study from southeastern Europe[J]. Sustainability, 2020, 12(10): 4009.

[62]ZHANG X, MA F. Emergy evaluation of different straw reuse technologies in northeast China[J]. Sustainability, 2015, 7(9): 11360-11377.

[63]ZHANG S, DENG M, SHAN M, et al.Energy and environmental impact assessment of straw return and substitution of straw briquettes for heating coal in rural China[J]. Energy policy, 2019, 128: 654-664.

[64]ZHONG S, GENG Y, KONG H, et al. Emergy-based sustainability evaluation of Erhai Lake Basin in China[J]. Journal of cleaner production, 2018, 178: 142-153.

[65]郑世杰. 纤维素燃料乙醇技术经济分析[D]. 北京:北京化工大学,2011.

[66]ZHANG X, XIANG N, WANG W, et al. An emergy evaluation of the sewage sludge treatment system with earthworm compositing technology in Chengdu, China[J]. Ecological engineering, 2018, 110: 817.

第 5 章　可持续发展路径与对策之资源型城市转型

5.1　研究背景

生态环境保护已成为全球关注的热点问题之一，尤其是资源型城市的生态改善和发展。资源型城市是在资源开发的基础上建立或发展起来的，它是一种特殊类型的城市，以采矿业或初级加工业为主导产业。在其发展过程中，单一的发展模式往往导致其生态系统比普通城市更加脆弱，具有明显的复杂性、脆弱性、生态敏感性和异质性。由于过度依赖当地资源，掠夺性开发带来了许多资源枯竭和城市发展问题，如经济结构不合理、资源依赖度高、能源消耗大、生态环境严重恶化等。面对这些问题，许多国家都制定了相应的解决方案。其中典型的解决方案是，通过产业结构调整实现产业升级或大力发展循环经济转变经济发展方式。前者的典型城市主要包括玻利维亚金矿城市波托西、法国洛林和中国辽宁省阜新，后者主要包括德国鲁尔、中国山西省太原和中国山东省淄博。尽管上述措施对各国资源型城市的可持续发展起到了至关重要的作用，但在具体分析时其实施过程仍存在一些问题，尤其是对我国的资源型城市而言，“先污染后治理”的发展模式突出，可持续发展路径不明确，缺乏良好的顶层设计规划。因此，在世界范围内追求绿色低碳循环模式发展的今天，进一步深入探讨资源型城市可持续发展水平提升与发展路径问题，依然具有很好的现实意义和实践意义。

通过文献分析可知，大多数学者对资源型城市可持续发展水平的研究主要集中在评价和预测两个方面。

在评价方面，主要研究方法有能值分析和指标体系评价。成(Cheng)等通过能值分析方法对比了中国台湾地区南部吕推地区客家和非客家村落的生态经济系统，并为当地可持续发展提供了有益的建议。万(Wan)等构建了基于能值分析理论的农村环境增值评价指标体系，并为中国山西省鹊山村社会经济自然复合生态环境的可持续发展提出了相应的策略。张(Zhang)等建立了资源型城市低碳经济评价指标体系，提出了资源型城市发展低碳经济的具体推进策略，为资源型城市的可持续发展提供了参考。杨(Yang)等构建了耦合自然和人为因素的生态脆弱性指数形成相应指标体系，并依此对淮北市的生态脆弱性进行了评估。能值分析与传统指标体系评价相比，最大的优势在于可以实现物质流、能量流、货币流和信息流的统一并能实现它们之间的客观评价比较，因此，能值作为一种兼顾生态学和经济学评估自然资源价值和社会经济的重要方法，逐步演变发展为评估区域可持续发展水平和循环经济发展模式的重要手段。为了体现资源型城市的这些特点，必须开展对各种生态流进行客观评价和比较的工作，采用能值系统理论对其进行可持续发展评价研究。

在预测方面，主要研究方法有数学建模、系统动力学和情景分析。蒋(Jiang)等提出了一种新的由径向基函数(RBF)神经网络组成的城市生态承载力预测模型，用于预测中国陕西省榆林市未来的生态压力指数。臧(Zang)等应用多元回归“土地利用”动态模型——Z-H模型预测了中国黑龙江省大庆市的土地利用变化趋势，并找出了可行的城市生态系统土地利用运行模式。邢(Xing)等从生态学角度建立了系统动力学模型，并进行了态势模拟，提出了相应的建议，以提高资源型城市的可持续性。张(Zhang)等提出了资源型城市的可持续性指标，包括环境、社会和经济维度，并采用了三种加权情景，为决策者提供了未来城市监管的全面视角。数学建模法考虑的影响因素较少，在处理问题时可能存在误差，无法体现资源型城市复杂性的生态系统；情景分析法的主观性较强，对于情景数据的准确性、逻辑性及因果关系的建立要求较高；系统动力学方法是一种系统思维方法，不仅体现出系统各部分存量、流量和辅助变量之间的反馈，也能很好地反映系统的动态性、反馈性、延迟性和复杂性，已成为预测动态复杂系统的重要方法。鉴于资源型城市是一个动态的复杂系统，需要考虑各变量及子系统间复杂的逻辑关系以及各部分间的反馈作用，因此以上特点与系统动力学功能性质较吻合，故选择其作为本章的主要研究方法之一可行。

基于以上文献分析可知，如果仅用能值分析，考虑到资源型城市存在脆弱性和生态敏感性等问题，一个因素的任何微小变化都可能导致整个系统的巨大变化，很难静态地反映城市中的动态交互作用，因此，有必要动态地分析系统的内部结构与不同子系统之间的关系，而系统动力学恰好弥补了能值分析对资源型城市动态性分析不足的缺点。总之，选择能值与系统动力学耦合探究资源型城市可持续发展问题可行。此外，有些学者已经采用能值与系统动力学耦合方法在探究城市可持续性方面取得了一些研究成果，但将其用作开展资源型城市可持续发展研究的较少，其亦是本章的一个主要贡献。

5.2　研究方法

5.2.1　研究框架

首先，在构建系统能值流图的基础上，本章采用能值分析法构建资源型城市可持续发展评价指标体系；其次，应用系统动力学建模的方法构建系统动力学模型，并嵌入相应的能值评价指标；再次，在对系统动力学模型检验的基础上，采用回归分析与敏感性分析相结合的方法选出对济宁市可持续发展影响最大的 4 个调控因子；最后，结合蒙特卡罗模拟，对 4 个调控因子按照低、中、高方案排列组合的方式设计不同偏好下的多种情景模式，后利用 SD 模型对不同情景模式下的能值指标进行预测和比较，结合资源型城市的实际发展情况，分析出最适宜的发展模式，并用 TOPSIS 方法结合难易度定量验证，确定最适宜的资源型城市可持续发展的提升路径。基于能值与系统动力学耦合的资源型城市可持续发展评价及提升路径研究技术路线图如图 5-1 所示。

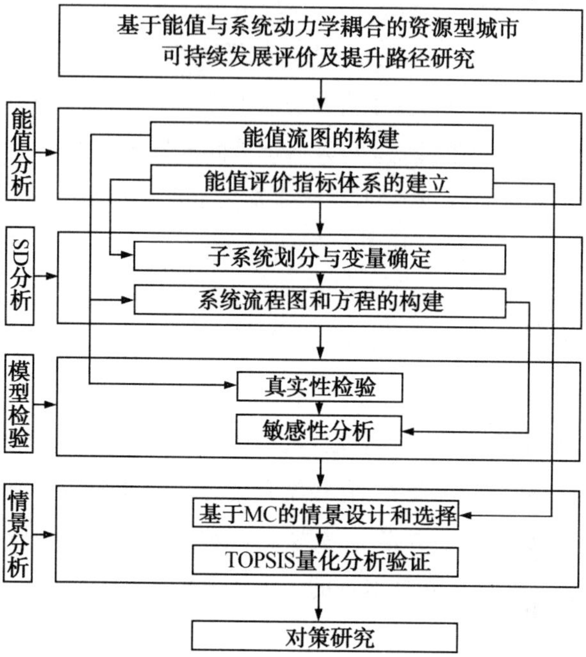

图 5-1　基于能值与系统动力学耦合的资源型城市可持续发展评价及提升路径研究技术路线图

5.2.2　案例选择

济宁矿产资源丰富，主要是煤炭资源。根据勘探和预测，该市煤炭储量为260亿吨，占山东省的50%。济宁也是中国八大重点煤炭基地之一，煤电工业发达。2017年，原煤产量7907.49万吨，占山东省总产量的57.69%，煤炭消费总量6966.31万吨，占山东省煤炭消费总量的18.25%。济宁的发电厂密度在中国排第二，总装机容量1025万千瓦，占山东省的17%，70%以上的电力输送到外部。该市经济发展模式产业结构单一，煤电重化特征明显，资源开发强度高、后备资源不足、环境破坏、污染严重等问题持续存在，给当地经济发展和社会稳定带来了许多负面影响。基于以上分析可知，济宁迫切需要通过生态转型提高资源型城市可持续发展水平。中国有许多类似的资源型城市，选择典型的资源型城市济宁作为案例研究具有很强的代表性，可以为其他类似资源型城市的生态转型提供有益的借鉴。

5.2.3　能值分析法

5.2.3.1　济宁城市生态经济系统能值系统图

根据资源型城市本身的特点，构建资源型城市能值系统图（见图 5-2）。该图由系统内和系统外两部分构成。在系统外部，左侧为以太阳能为主的自然可更新资源；右侧为与货币和商业息息相关的市场；上侧一部分为能源物质，另一部分为以商品、设备和服务为主的第三产业产品。它们部分流入系统内，部分又受到系统内其他子系统的补充。在系统内部，可更新资源、不可更新资源与输入能值部分投入工业中，部分投入生活中。以工业和生活为中心，该系统又将其中产生的二次能值投向了农业和商业，或互相输送二次能值。整个能值系统各部分之间产生的能值互相输送、互相影响，共同构成了济宁市能值流图。

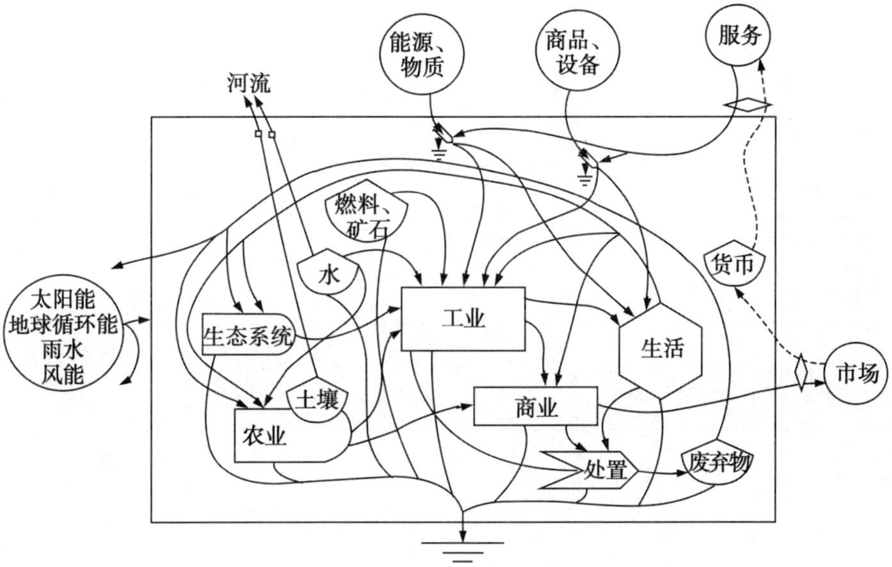

图 5-2　济宁城市生态经济系统能值系统图

5.2.3.2　能值流动清单构建

通过查询山东省统计年鉴、济宁市统计年鉴等各类统计年鉴以及相关文献、政府部门出台的相关文件，搜集近20年上述五大类能值的原始数据(少量缺失数据通过线性拟合的方法得出，其拟合误差均在可接受范围内)，编制济宁市能值流清单。

5.2.3.3 能值评价指标体系建立

参考相关研究成果，为了准确反映资源型城市可持续发展的系统性，本章构建了基于环境、经济、社会和可持续能值的评价指标(见表5-1)，将它们作为情景选择的参考，并以可持续指标评价为主要依据，来表征济宁市可持续发展的相应状况。

表5-1 资源型城市可持续发展水平能值评价指标体系

能值指标	计算表达式	单位	意义
可更新资源能值	R	sej	系统的环境可更新资源财富基础
不可更新资源能值	N	sej	系统的环境不可更新资源财富基础
输入能值	IMP	sej	从外界输入资源与服务
物质能值增量	$U=R+N+IMP$	sej	系统总能值量
输出能值	EXP	sej	输出的资源与服务
废弃物能值	W	sej	系统向环境排放的废弃物能值
废弃物能值比	$EWR=\frac{W}{U}$	%	废弃物对周围环境造成的压力
能值货币比	$EMR=\frac{U}{GDP}$	sej/元	经济现代化程度
人均能值量	$EPC=\frac{U}{P}$	sej/人	生活水平与质量的标志

续表

能值指标	计算表达式	单位	意义
可持续发展能值指标	$EISD=\frac{R\times U}{EXP\times(N+IMP)}$	—	实际可持续发展能力
生态效率指标	$UEI=\left(1-\frac{W}{U}\right)^2\left(1-\frac{N}{U}\right)^2\left(\frac{U}{IMP}\right)$	—	兼顾资源、经济和生态的体现可持续发展能力指标

EISD 是考虑了能值交换率的可持续发展能值指标，是兼顾环境效益与经济社会效益的可持续发展综合评价能值指标，其值越高意味着系统单位环境压力下的社会经济效益越高，系统可持续发展能力越强。*UEI* 则从系统代谢效率的角度探究可持续发展能力，是反映城市资源效率、环境效率以及经济效率的可持续发展指数，认为提高城市物质代谢生态效率的根本途径是经济效率、资源效率和环境效率的协同发展，其值越高系统可持续发展能力也越强。

5.2.4　系统动力学分析法

5.2.4.1　子系统划分及变量确定

根据前文建立的不同类型的能值指标体系，将系统动力学划分为经济、环境、社会与可持续子系统，5 个不同类型的能值评价指标也依次作为相应子系统的一部分。

5.2.4.2　系统流图及方程构建

根据前文子系统的划分依据构建相应的系统流图(见图 5-3)，状态变量通过速率变量每年的变化累加值衡量，速率变量通过辅助变量建立逻辑方程计算得出，各个辅助变量通过逻辑方程或查询相关资料的方法得到。逻辑方程大部分是通过查阅文献资料或逻辑分析得出的真实结果。少部分由于缺少相关文献，而采用 SPSS 等软件拟合的方式将变量间定性的关系定量地表达出来。

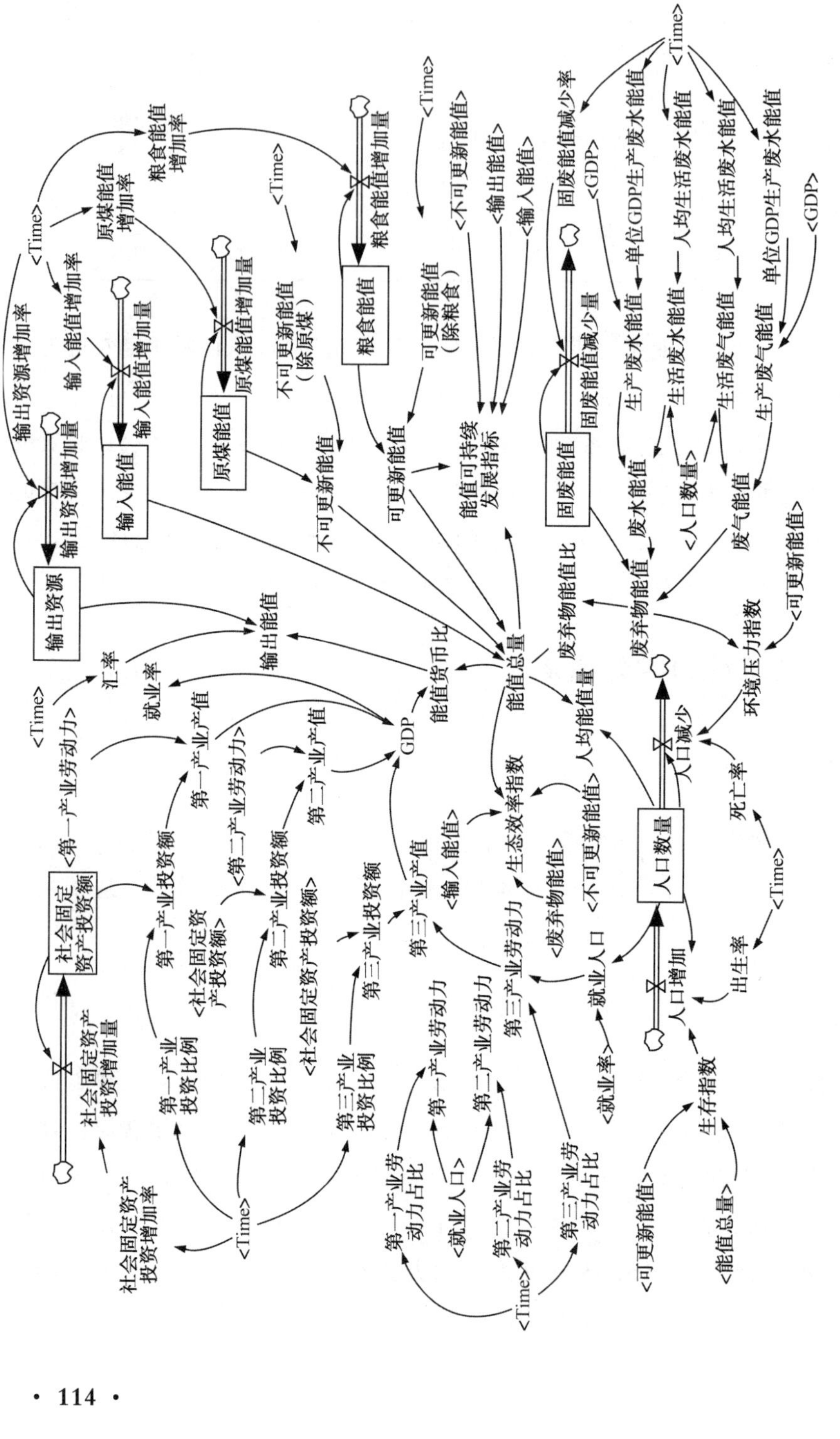

图5-3 济宁市可持续发展水平评价系统动力学流图

5.2.5　回归分析

借鉴已有研究成果，本章对影响生态效率指标和可持续发展性能指标的主要因素进行多元线性回归分析，探讨不同自变量对 2 个评价指标的影响程度大小，确定影响较大的调控因子。本次分析选取济宁市过去 20 年各项变量具体数据，采用 SPSS 统计软件进行数据分析。其中，针对 2 个因变量，分别选择了 5 个最有影响力调控因子作为自变量，具体如表 5-2 所示。

表 5-2　具体变量分类

因变量	自变量
可持续发展性能指标	社会固定资产投资额、原煤能值、粮食能值、输入能值、输出能值
生态效率指标	原煤能值、粮食能值、固废能值、输入能值、社会固定资产投资额

5.2.6　蒙特卡罗模拟

蒙特卡罗随机模拟方法是应用随机生成的办法模拟真实系统的功能和发展规律，从而达到揭示系统运行规律的目的。假定函数 Y 满足 $Y=f(X)$，$X=(x_1,x_2,\cdots,x_n)$，式中 X 为服从某一概率分布的随机变量，$f(X)$为一未知或非常复杂的关系式。通过直接或间接抽样求出每一随机变量 X，然后代入式中求出函数值 Y，这样反复地独立模拟计算多次，便得到函数 Y 的一批数据 Y_1，Y_2，$\cdots$，Y_n。当独立模拟的次数相当多时，就可以由此确定函数 Y 的概率特征，其精确程度可以替代解析解作为最终的结果。本章在情景设置时以 4 个调控因子为自变量，以 2 个可持续评价指标为因变量，将结果由单一的数值形式变成区间形式。在情景选择时同样以 4 个调控因子为自变量、GDP 为因变量，将因变量变成区间形式后，根据期望值在模拟区间的不同位置判断是否选择该情景。引入蒙特卡罗模拟法可减少调控因子不稳定导致的模拟结果与实际产生较大误差的情况，提高研究结论的可靠性。

5.3 结果与讨论

5.3.1 真实性检验

为增强研究结果的真实性，需把拟合的数据和实际的数据作对比，求出相对误差，并将每年的相对误差值都限制在5%以内。参考相关研究，本次检验选择了2个可持续评价指标进行验证，选择2011～2020年的数据进行比较。具体比较结果如表5-3所示。

表5-3 济宁市2011～2020年能值可持续发展指标、生态效率指标模拟值与真实值比较

时间	实际 *EISD*	模拟 *EISD*	相对误差/%	实际 *UEI*	模拟 *UEI*	相对误差/%
2011年	1.794	1.707	−4.85	0.570	0.557	−2.28
2012年	1.851	1.859	0.42	0.540	0.526	−2.59
2013年	2.104	2.164	2.86	0.554	0.543	−1.99
2014年	2.046	2.124	3.81	0.472	0.467	−1.06
2015年	2.346	2.264	−3.51	0.457	0.45	−1.53
2016年	2.377	2.365	−0.50	0.456	0.449	−1.54
2017年	2.284	2.363	3.47	0.464	0.453	−2.41
2018年	2.338	2.407	2.97	0.470	0.456	−3.06
2019年	2.649	2.523	−4.75	0.473	0.463	−2.21
2020年	2.494	2.601	4.31	0.485	0.469	−3.28

5.3.2 回归分析结果

表5-4和表5-5为2个可持续评价指标回归分析的结果。由表5-4分析可知，模型 R^2 为0.988，意味着上述5个自变量可以解释可持续发展性能指标

98.8%的变化原因；对模型进行 F 检验时，发现模型通过了 F 检验（$F=226.532$，$p=7.0859\times10^{-13}<0.05$），也说明上述 5 个自变量中至少 1 个会对可持续发展性能指标产生影响关系；德宾-沃森（D-W）值为 1.668，接近 2，可认为该模型无自相关性；5 个自变量中，输出能值（$t=-7.930$，$p=0.000002$）、社会固定资产投资额（$t=3.811$，$p=0.002$）和粮食能值（$t=3.240$，$p=0.006$）的 p 均小于 0.05，意味着它们能对可持续发展性能指标产生显著影响。由于 *EISD* 代表单位环境压力下的社会经济效益，同时兼顾市场因素，则上述 3 个对因变量影响显著的自变量分别从市场因素、经济效益和环境压力对 *EISD* 产生了显著性影响。

表 5-4　主要影响因素对可持续发展性能指标的回归结果（$n=20$）

自变量	标准化系数	t	p	R^2	D-W 值	F
常数	—	1.081	0.298	0.988	1.668	$F(5,14)=226.532$，$p=7.0859\times10^{-13}$
社会固定资产投资	1.487	3.811	0.002**			
原煤能值	−0.189	−2.094	0.055			
粮食能值	0.312	3.240	0.006**			
输入能值	−0.387	−0.762	0.459			
输出资源	−1.886	−7.930	0.000002**			

注：* 表示 $p<0.05$，** 表示 $p<0.01$。

从表 5-5 可以看出，模型 R^2 为 0.994，意味着上述 5 个自变量可以解释可持续发展性能指标 99.4%的变化原因；对模型进行 F 检验时，发现模型通过了 F 检验（$F=454.581$，$p=5.7601\times10^{-15}<0.05$），即说明上述 5 个自变量中至少有 1 个会对可持续发展性能指标产生影响关系；德宾-沃森值为 2.401，接近 2，可认为该模型无自相关性；5 个自变量中，原煤能值（$t=-5.237$，$p=0.000127$）和固废能值（$t=-3.971$，$p=0.001$）的 p 小于 0.05，意味着它们能对可持续发展性能指标产生显著影响。*UEI* 是不可更新能值比、废弃物能值比以及能值产出率的函数，它能同时考虑到系统废弃物的排放及不可更新资源的消耗，因此原煤能值（不可更新资源）与固废能值（废弃物）成了对其影响最大的因子。

表 5-5 主要影响因素对生态效率指标的回归结果($n=20$)

自变量	标准化系数	t	p	R^2	D-W 值	F
常数	—	5.475	0.000082**	0.994	2.401	$F(5,14)=454.581$，$p=5.7601\times10^{-15}$
原煤能值	−0.209	−5.237	0.000127**			
粮食能值	0.055	0.899	0.384			
固废能值	−0.955	−3.971	0.001**			
输入能值	−0.027	−1.149	0.270			
社会固定资产投资	0.080	0.316	0.757			

注：* 表示 $p<0.05$，** 表示 $p<0.01$。

EISD 与 *UEI* 相比，前者更强调经济效益，如何在更小的环境压力下实现经济效益最大化是它的探究方向，优势在于考虑了市场等影响因素，但其对环境压力的表征不够具体(并没有考虑到废弃物排放)；后者则克服了这个缺陷，强调了经济、资源和环境三者代谢效率的平衡发展。

5.3.3 敏感性分析

敏感度是指模型中某个自变量发生改变时对模拟结果的影响程度，变量的敏感度越高，说明其对系统模拟结果的影响程度越大。敏感度计算公式如下：

$$\varepsilon=\frac{\dfrac{Y_2-Y_1}{Y_1}}{\dfrac{X_2-X_1}{X_1}} \tag{5-1}$$

其中，ε 代表各变量敏感度；X_1、X_2 代表自变量变化前后的值；Y_1、Y_2 代表因变量变化前后的值。通过改变各个辅助变量的输入值(上下浮动 5%)，求得各变量敏感度。

由公式(5-1)得到对构成 2 个可持续指标重要因子影响较大的 4 个调控因子，具体如图 5-4 所示。

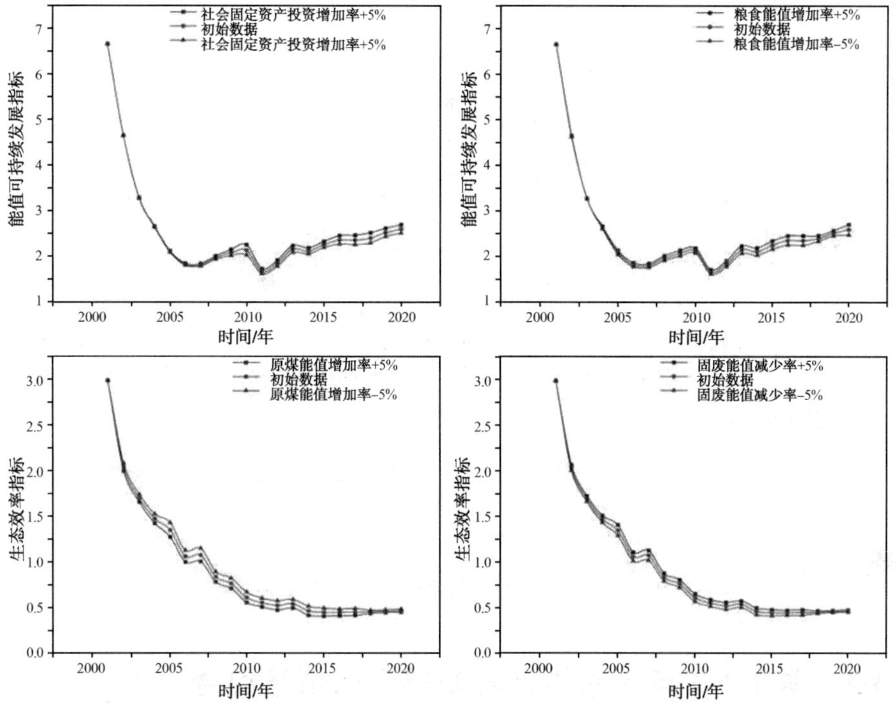

图 5-4　主要调控因子敏感性分析图

由图 5-4 分析可知，对生态效率指标影响最大的 2 个因子分别为固废能值减少率与原煤能值增加率，对能值可持续发展指标影响最大的 2 个因子分别为粮食能值增加率和社会固定资产投资增加率。

由表 5-6 分析可知，每个可持续评价指标本身几乎直接或间接地受到其他 3 个调控因子的影响，是由所有调控因子共同决定的。图 5-5 显示了每个可持续评价指标受所有调控因子影响的具体方式。

表 5-6　调控因子影响能值指标表

指标类型	固废能值减少率	社会固定资产投资增加率	粮食能值增加率	原煤能值增加率
生态效率指标	√	√	√	√
能值可持续发展指标	√	√	√	√

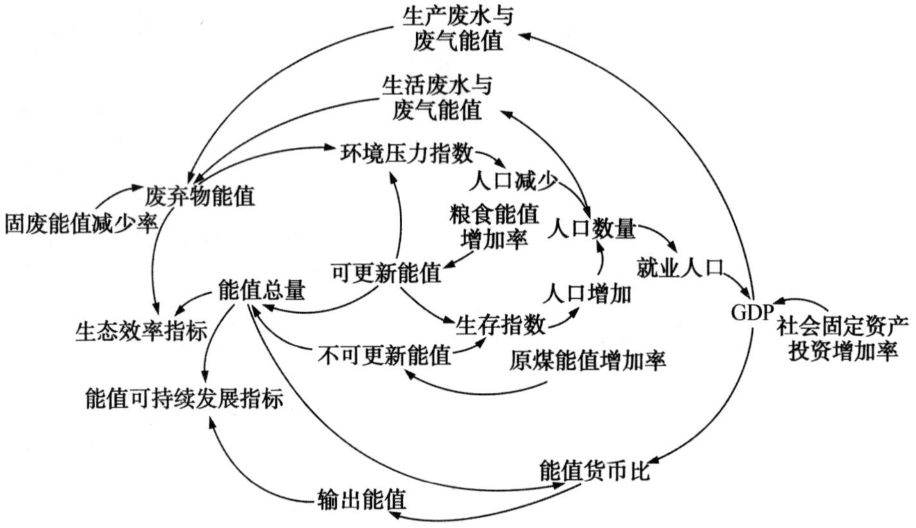

图 5-5　调控因子影响能值指标系统动力学流图

5.3.4　基于 SD 与多元线性回归耦合的情景组合

对 SD 敏感度分析及回归分析的结果进行比较，发现 2 种方法下影响可持续指标的关键因素存在一定程度的重合，表明这些因素不管采用哪种方法分析都对济宁市可持续发展存在较大的影响，因此，选取这些重合变量作为情景设计的关键变量。这些变量分别为社会固定资产投资增长率、原煤能值增加率、粮食能值增加率、固体废物减少率。参照刘(Liu)等的研究思路，对上述情景变量按低、中、高(L、M、H)3 种不同梯度的情景方案进行设计，对以上 4 种调控因子的高、中、低方案进行两两组合，一共构建了 $3^4=81$ 种情景。上述的调控因子顺序即为每个梯度代表的情景，如 H-L-H-M 表示社会固定资产投资增长率、原煤能值增加率、粮食能值增加率、固体废物减少率分别取高、低、高、中梯度。

5.3.5 情景设计和选择

5.3.5.1 基于参照情景的情景选择

从上述 81 种情景组合中选出最折中的情景 M-M-M-M，将其作为参照组，每种情景与参照组比较，找出并选择 2025 年至少 4 个能值评价指标（需包含 2 个可持续评价指标）优于参照组的情景。

5.3.5.2 基于蒙特卡罗模拟的情景设计

在用蒙特卡罗模型进行动态模拟前，需确定各调控因子的概率分布。当已知调控因子的最可能值及变化范围时，宜将其概率分布设定为三角分布。本章将每种被选出情景调控因子的最小值与最大值设置为置信区间的 5%和 95%，根据每种调控因子的最可能值（初始设计值）、最大值与最小值，分别模拟每种情景可持续评价指标与 GDP 的最可能值和上下区间值。

5.3.5.3 基于蒙特卡罗模拟的情景选择

考虑到“十四五”期间济宁市年均 GDP 增长率不能低于 6%，因此需从剩余的情景中找出社会固定资产投资增加率为“低”的发展模式。将其 GDP 的上下区间值与目标值（6%）进行比较，发现一些情景的区间下限与目标线组成的面积超过了区间上下限面积的一半（见图 5-6），这表明年均 GDP 增速有一半以上的概率达不到 6%的期望目标。去除这些情景，并再剔除一些自相矛盾的、重复的情景，最终剩余 18 种，按照调控因子种类的不同将它们分为经济偏好型、环境偏好型和能源偏好型，具体分类结果如表 5-7 所示。

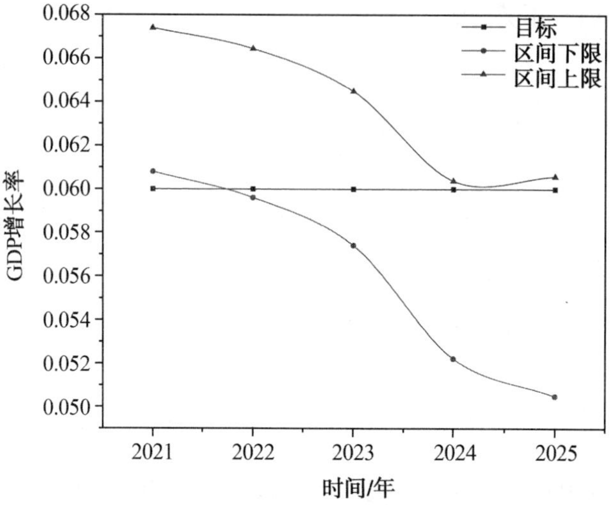

图 5-6　GDP 增长率蒙特卡罗模拟区间

表 5-7　初步筛选后各情景分类结果

经济偏好	环境偏好	能源偏好
H-H-L-M	M-H-L-H	H-M-H-H
H-M-M-L	M-M-L-H	M-H-H-L
H-H-M-M	M-H-M-H	M-H-H-M
H-M-L-H	H-M-M-H	H-H-M-H
H-M-H-M	M-H-H-H	M-M-M-L
H-L-H-L	M-L-H-H	M-M-H-M

5.3.6　情景模式仿真分析

选择最有代表性的 2 个可持续评价指标 *EISD* 和 *UEI* 进行分析，并横向分析比较每种情景过去几年的真实数据和未来几年的预测结果，结果分别如表 5-8至表 5-13 和图 5-7 至图 5-9 所示(表格展示了每年的上下区间值，图片展示了每年最可能的值，并按照不同情景偏好逐一分析 *EISD* 和 *UEI* 结果的差异性）。

5.3.6.1　经济偏好

由图 5-7 分析可知，2015～2020 年，济宁市 *EISD* 与 *UEI* 都呈现出缓慢的上升趋势，原因在于济宁是典型的煤炭驱动型经济发展模式，煤炭在整个经济社会发展体系中占据主导地位，此期间以煤炭为主的不可再生资源整体消耗量正在下降，而固定资产投入的稳步增加使得经济总量维持一定速度上升，所以 *EISD* 持续缓慢增长；而可更新资源的合理开发弥补了部分煤炭等不可更新资源消耗减少造成的能量缺失，也缓解了生态环境的压力，使资源效率、环境效率和经济效率相平衡，因此 *UEI* 逐渐增加。

由图 5-7、表 5-8 和表 5-9 分析可知，“十四五”期间，在上述 6 种发展情景组合模式的宏观调控下，经济偏好下的可持续指标表现出不同的发展态势。情景 H-H-L-M 展现出了最差的可持续性，其严格限制了可更新资源的发展速度，并加大了不可更新资源的投入力度，导致 *EISD* 与 *UEI* 增速下降，是最差的发展情景。情景 H-H-M-M 与 H-M-L-H 略好于前者，该组适当降低了不可更新资源投入或增大了可更新资源投入，使 *UEI* 与 *EISD* 增速适当增加，在 2025 年达到了 0.495～0.500 和 3.323～3.390，但因为调整力度太小，导致可持续指标不够突出，因此也不是最优选择。情景 H-M-M-L 与 H-M-H-M 在大力发展经济的同时也增大了能源的投入，使经济效率与资源效率达到相对的平衡，*UEI* 与 *EISD* 的增速也进一步增加，在 2025 年达到了 0.507～0.517 与3.418～3.559，但因为对各项调控因子的要求都较高，实现难度较大，因此该组情景也不是最佳方案。情景 H-L-H-L 在以经济发展为核心的基础上，将不可更新资源投入降至最低，并大力开发可更新资源，使可更新资源的比重逐渐增加，可持续发展能力也逐渐增强，做到了经济效率与资源效率的平衡发展，*UEI* 与 *EISD* 在 2025 年达到了 0.523～0.526 与 3.561～3.632，是经济偏好下的最佳情景。朱(Zhu)等认为，过度依赖不可更新资源难以保证长期的可持续发展，应大力发展经济带动能源转型，让可更新资源占据更大比重，才是最可持续的发展方式，这与情景 H-L-H-L 的观点一致。

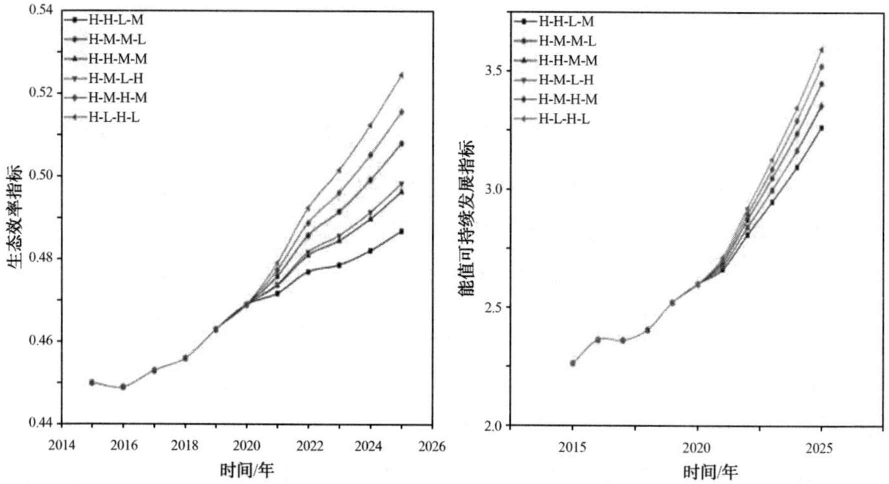

图 5-7 “十四五”期间经济偏好下 *EISD* 与 *UEI* 仿真模拟变化趋势图

表 5-8 “十四五”期间经济偏好下的 *UEI* 仿真模拟结果

情景	2021 年	2022 年	2023 年	2024 年	2025 年
H-H-L-M	0.471～0.472	0.476～0.477	0.478～0.479	0.481～0.483	0.486～0.488
H-M-M-L	0.475～0.476	0.485～0.486	0.491～0.493	0.498～0.450	0.507～0.509
H-H-M-M	0.473～0.474	0.480～0.481	0.484～0.485	0.489～0.491	0.495～0.497
H-M-L-H	0.473～0.474	0.481～0.482	0.485～0.487	0.490～0.493	0.497～0.500
H-M-H-M	0.477～0.478	0.488～0.490	0.495～0.497	0.504～0.507	0.514～0.517
H-L-H-L	0.478～0.480	0.491～0.493	0.500～0.503	0.511～0.514	0.523～0.526

表 5-9 “十四五”期间经济偏好下的 *EISD* 仿真模拟结果

情景	2021 年	2022 年	2023 年	2024 年	2025 年
H-H-L-M	2.655～2.673	2.797～2.824	2.933～2.967	3.075～3.120	3.235～3.296
H-M-M-L	2.683～2.701	2.860～2.888	3.031～3.070	3.214～3.264	3.418～3.484
H-H-M-M	2.669～2.686	2.828～2.855	2.982～3.018	3.145～3.191	3.328～3.390

续表

情景	2021 年	2022 年	2023 年	2024 年	2025 年
H-M-L-H	2.669～2.687	2.829～2.857	2.983～3.019	3.144～3.192	3.323～3.387
H-M-H-M	2.693～2.711	2.883～2.912	3.070～3.108	3.269～3.319	3.492～3.559
H-L-H-L	2.703～2.722	2.908～2.938	3.108～3.149	3.322～3.376	3.561～3.632

5.3.6.2　能源偏好

由图 5-8、表 5-10 和表 5-11 分析可知，“十四五”期间，在上述 6 种发展情景组合发展模式的宏观调控下，能源偏好下的可持续指标表现出不同的发展态势。情景 M-H-H-L 与 M-H-H-M 过于注重能源的投入，将不可更新资源与可更新资源都投入到最大程度，使环境效率和经济效率无法与资源效率协调发展，导致 *UEI* 与 *EISD* 在 2025 年只有 0.503～0.505 和 3.389～3.452，因此不是最优选择。情景 M-M-M-L 比前者适当降低了能源投入，使环境、经济与资源发展达到相对平衡，*UEI* 与 *EISD* 在 2025 年也升至 0.507～0.509 与 3.407～3.472，但各项指标较为中庸化的设计导致可持续指标无法达至最佳，因此也不是最优选择。情景 M-M-H-M 与 H-M-H-H 大力发展可更新资源，适当发展不可更新资源，同时兼顾环境保护与经济发展，各项调控因子全面而平衡的设计让可持续指标达到了最佳，*UEI* 与 *EISD* 在 2025 年为 0.514～0.517 与 3.481～3.560，但情景 H-M-H-H 因为对各项调控因子的要求都较高，导致实现难度较大，所以情景M-M-H-M是能源偏好下的最佳情景。马哈茂德(Mehmood)等认为发展可持续性的最优能源为水力发电、太阳能与风能等可更新资源，冯(Feng)等认为中国的资源型城市以能源尤其是煤炭为驱动力的经济发展模式在很长的一段时间内很难改变，因此不可更新资源仍然是资源型城市经济发展的重要动力。他们的观点与情景 M-M-H-M 的分析结果一致。

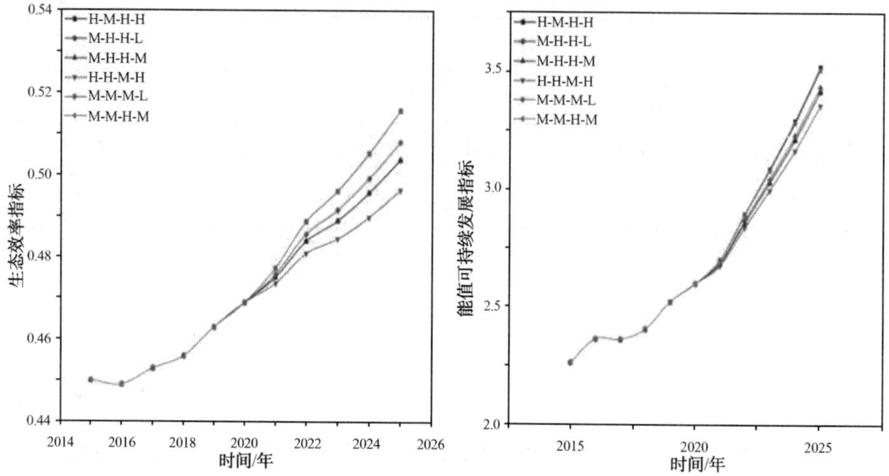

图 5-8 “十四五”期间能源偏好下 *EISD* 与 *UEI* 仿真模拟变化趋势图

表 5-10 “十四五”期间能源偏好下的 *UEI* 仿真模拟结果

情景	2021 年	2022 年	2023 年	2024 年	2025 年
H-M-H-H	0.477～0.478	0.488～0.490	0.495～0.497	0.504～0.507	0.514～0.517
M-H-H-L	0.475～0.476	0.483～0.485	0.488～0.490	0.495～0.497	0.503～0.505
M-H-H-M	0.475～0.476	0.483～0.485	0.488～0.490	0.495～0.497	0.503～0.505
H-H-M-H	0.473～0.474	0.480～0.482	0.484～0.485	0.489～0.491	0.495～0.497
M-M-M-L	0.475～0.476	0.485～0.486	0.491～0.493	0.498～0.500	0.507～0.509
M-M-H-M	0.477～0.478	0.488～0.490	0.495～0.497	0.504～0.507	0.514～0.517

表 5-11 “十四五”期间能源偏好下的 *EISD* 仿真模拟结果

情景	2021 年	2022 年	2023 年	2024 年	2025 年
H-M-H-H	2.693～2.711	2.884～2.912	3.070～3.109	3.269～3.320	3.491～3.560
M-H-H-L	2.677～2.695	2.848～2.875	3.015～3.050	3.191～3.238	3.389～3.452
M-H-H-M	2.677～2.695	2.848～2.875	3.015～3.050	3.191～3.238	3.389～3.452

续表

情景	2021 年	2022 年	2023 年	2024 年	2025 年
H-H-M-H	2.669～2.686	2.828～2.855	2.982～3.018	3.145～3.192	3.328～3.391
M-M-M-L	2.681～2.699	2.857～2.885	3.027～3.064	3.207～3.255	3.407～3.472
M-M-H-M	2.692～2.710	2.880～2.909	3.065～3.103	3.261～3.312	3.481～3.548

5.3.6.3　环境偏好

由图 5-9、表 5-12 和表 5-13 分析可知，“十四五”期间，在上述 6 种发展情景组合发展模式的宏观调控下，环境偏好下的可持续指标表现出不同的发展态势。情景 M-H-L-H 在大力保护环境的基础上限制了可更新资源的发展速度，并大力发展不可更新资源，环境与能源不协调的发展模式导致 *UEI* 与 *EISD* 增速都呈现出了不同程度的下滑，是最差的情景。情景 M-M-L-H 与 M-H-M-H 的不可更新资源投入比重高于可更新资源，这种较为传统的发展模式导致系统可持续性较差，*UEI* 与 *EISD* 在 2025 年仅为 0.495～0.500 与 3.313～3.379，因此不是最佳选择。情景 H-M-M-H 与 M-H-H-H 在大力发展环保的前提下同时兼顾能源与经济发展，让资源效率、环境效率和经济效率达到了相对的平衡，*UEI* 与 *EISD* 在 2025 年达到了 0.503～0.509 与 3.388～3.483，但因为对各项调控因子的要求都较高，导致实现难度较大，所以也不是最优情景。情景M-L-H-H在以环境保护为发展核心的同时严格限制了不可更新资源的发展，同时大力开发可更新资源，并适当发展经济，使资源、环境和经济发展达到了最协调的状态，*UEI* 与 *EISD* 在 2025 年也都达到了 0.523～0.526 与 3.551～3.620，是环境偏好下的最优情景。刘(Liu)等认为需适当放缓经济发展速度，降低不可更新资源占比，大力发展新能源和可再生能源，进一步完善绿色低碳循环体系才能更可持续地发展，这与情景 M-L-H-H 的研究结论一致。

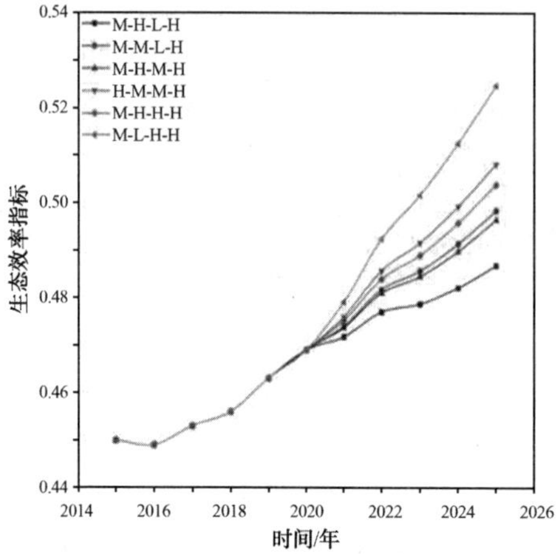

图 5-9 “十四五”期间环境偏好下 *EISD* 与 *UEI* 仿真模拟变化趋势图

表 5-12 “十四五”期间环境偏好下的 *UEI* 仿真模拟结果

情景	2021 年	2022 年	2023 年	2024 年	2025 年
M-H-L-H	0.471～0.472	0.476～0.477	0.478～0.479	0.481～0.483	0.486～0.488
M-M-L-H	0.473～0.474	0.481～0.482	0.485～0.487	0.490～0.493	0.497～0.500
M-H-M-H	0.473～0.474	0.480～0.482	0.484～0.485	0.489～0.491	0.495～0.497
H-M-M-H	0.475～0.476	0.485～0.487	0.491～0.493	0.498～0.500	0.507～0.509
M-H-H-H	0.475～0.476	0.483～0.485	0.488～0.490	0.495～0.497	0.503～0.505
M-L-H-H	0.478～0.480	0.491～0.493	0.500～0.503	0.511～0.514	0.523～0.526

表 5-13 “十四五”期间环境偏好下的 *EISD* 仿真模拟结果

情景	2021 年	2022 年	2023 年	2024 年	2025 年
M-H-L-H	2.654～2.671	2.794～2.820	2.928～2.962	3.069～3.113	3.225～3.285
M-M-L-H	2.668～2.686	2.826～2.853	2.977～3.014	3.136～3.183	3.313～3.375
M-H-M-H	2.667～2.685	2.825～2.852	2.977～3.012	3.138～3.184	3.317～3.379
H-M-M-H	2.683～2.701	2.860～2.888	3.032～3.070	3.214～3.264	3.417～3.483

续表

情景	2021 年	2022 年	2023 年	2024 年	2025 年
M-H-H-H	2.677～2.695	2.848～2.875	3.014～3.050	3.191～3.238	3.388～3.452
M-L-H-H	2.702～2.721	2.905～2.935	3.104～3.143	3.315～3.368	3.551～3.620

5.3.7 最优情景选择

对上述 3 种偏好下得出的适宜情景进行比较分析，能源偏好下的适宜情景 M-M-H-M 与于(Yu)等的研究结论基本一致，即认为资源型城市经济增长的核心驱动力在于对本地矿产资源的开发和加工。但该模式过于注重不可更新资源的投入。研究表明，疫情导致山东省工业复工达产水平不够理想，考虑到济宁市作为依赖工业为主的资源型城市，这将会对不可更新资源的产出进一步限制，因此该方案实现起来难度较大。经济偏好下的适宜情景 H-L-H-L 在发展经济的同时未兼顾环境保护，孙(Sun)等认为资源型城市的发展过程中忽视生态环境的保护将会给后续的经济发展带来不利影响，从而影响城市的可持续发展，因此，经济与环境的不协调发展导致该方案也不是最理想的结果。环境偏好下的适宜情景 M-L-H-H 的核心思想是在做好环境保护的同时降低不可更新资源的投入，注重资源、经济与环境的协调发展。依据孙(Sun)等的研究成果，在不突破生态承载力的前提下，合理制定资源开发规划，适当放缓经济发展速度，将环境改善作为资源型城市发展的重要渠道，这样才能更好地实现可持续发展。因此，环境偏好下的适宜情景 M-L-H-H 才是提升资源型城市在未来规划年可持续发展能力的最佳发展模式。

5.3.8 TOPSIS 法验证

为验证结果的准确性，降低因主观性引起的不确定性，本章选择 TOPSIS 法进行验证。考虑到不同情景模式在实现过程中存在难易程度的差异，因此在 2 个可持续评价指标的基础上，增加了情景实现难度指标作为最优情景模式选择考核的重要依据。排序结果如表 5-14 所示。

表 5-14　TOPSIS 法验证结果排名

情景	*EISD*	*UEI*	难易度	贴近值	排名
M-L-H-H	3.584	0.525	0.709	0.9335	1
M-M-H-M	3.513	0.516	0.810	0.5968	2
H-L-H-L	3.596	0.525	0.793	0	3

由表 5-14 分析可知，通过比较 TOPSIS 法量化难易度与可持续指标后得出的贴近值进行排序，情景 M-L-H-H 排名第 1，是济宁市未来发展最适宜的选择模式，该研究结论与前面分析的结论一致。

5.4　结论

本章的创新性工作和贡献主要体现在两个方面：一是为充分反映资源型城市会产生脆弱性、生态敏感性等问题，从生态效率角度出发，选择能整合资源效率、环境效率（包含废弃物）与经济效率综合发展能力的生态效率指标作为反映资源型城市可持续发展水平的能值指标。二是为了降低研究结果的不确定性，从情景关键参数筛选的源头入手，克服以往对情景关键参数筛选仅用敏感性分析单一手段的弊端，引入回归分析模型，将其分析结果与敏感性分析进行耦合，致使筛选出的关键参数变量更加切合资源型城市发展特点，增强了情景分析结果的可靠性。相关研究结论尤其是确定的济宁市可持续水平提升的最佳途径可为其可持续发展决策提供建议和依据。

将 3 种不同偏好下的适宜情景组合比较，发现环境偏好下的适宜情景 M-L-H-H 以环境保护为发展核心，严格限制不可更新资源的发展，并大力发展可更新资源，适度发展经济。其中，可更新资源的大量投入既弥补了不可更新资源减少造成的能源缺失，使经济维持适度增长，又因更绿色科学的能源转换使环保力度得到进一步的提升，环境发展更具有可持续性，真正做到了资源效率、环境效率和经济效率的协调发展，让 *UEI* 与 *EISD* 在 2025 年分别提升至 0.523

～0.526与3.551～3.620，是提升济宁市可持续发展水平的最优方案。基于此，建议济宁市“十四五”期间的社会固定资产投资增长率、原煤能值增加率、粮食能值增加率、固体废物减少率适宜发展区间为17.5％～18.3％、－4.0％～－3.2％、1.8％～2.6％、4％～4.8％。依据适宜情景模式中各参数的设计，建议在“十四五”期间，济宁市的工作重心应更侧重改善环境质量与对能源结构的优化调整。一是建立完整的环境保护治理体系，尤其加大对绿色基础设施的投入力度；二是进一步提高可更新资源的比重，放缓不可更新资源的发展速度，做好传统产业向新动能产业的转变，形成不可更新资源从原料再利用到循环利用过程的闭环。

本章在情景设置时调控因子的“中”“高”模式由于一些参数缺乏相应的政府对其在“十四五”期间的明确要求，仅采用专家咨询的方式对其进行筛选，可能会因主观性造成结论的不确定性。此外，“能值＋系统动力学”的研究方法也希望引起相关学者们的关注，期望在此领域能得到进一步拓展和深化。

参考文献

[1] MCPHEARSON T, ANDERSSON E, ELMQVIST T, et al. Resilience of and through urban ecosystem services[J]. Ecosystem services, 2015, 12: 152-156.

[2] QU Y, ZHOU L. Analysis of economic benefit of resource-based city's transformation based on the development of modern service industry[C]. Proceedings of the fourth international forum on decision sciences, 2017, 829-835.

[3] CUI X, LV J, WANG S. Resource-based city ecological environment impact assessment and regulation in ecological fragile region[J]. Arid land geography, 2015, 38(1): 148-154.

[4] WU W, LIU B, DU G. Analysis of economic transformation of resource-based city on low-carbon economy: A case study on Zaozhuang[C].

The 3rd international conference on logistics, informatics and service science (LISS), 2015, 903-907.

[5]ZHANG Y, CHENG S, MIN Q. Development of tourism resources of resources-bases cities-take Tongchuan city as an example[J]. China population resources and environment, 2003, 13(1): 44-48.

[6]HUANG X, CHEN Y. Promoting the transformation of Pingxiang city by drawing on domestic and international experience in a typical resource-based urban regeneration[C]. In 2011 2nd international conference on artifcial intelligence, management science and electronic commerce (AIMSEC 2011), 2011: 492-495.

[7]REN Q. Circular economy action programs and countermeasures for small and medium-sized resource-based cities of China case study of Zibo city of Shandong province [C]. In 2010 international conference on energy, environment and development (ICEED2010), 2011, 5(1): 2183-2188.

[8]PRETES M. Touring mines and mining tourists[J]. Annals of tourism research, 2002, 29(2): 439-456.

[9]YUAN L, CHEN X, WANG L. On government behavior impact economic transformation in coal resources based areas-a comparison between Shanxi province and ruhr area green management experience [C]. In: conference proceedings on transformation of resource-based economy and the internationalization of higher education, 2012: 154-159.

[10]ZHANG Y, DAI S. Analysis and suggestions on transformation of coal resource-basedcity in Heilongjiang[J]. Advances in environmental science and engineering, 2012, 518-523: 5859-5862.

[11]CHIU A, YONG G. On the industrial ecology potential in asian developing countries [J]. Journal of cleaner production, 2004, 12 (8-10): 1037-1045.

[12]CHENG H, CHEN C, WU S, et al. Emergy evaluation of cropping, poultry rearing, and fsh raising systems in the drawdown zone of three gorges

reservoir of China[J]. Journal of cleaner production, 2017, 144(15): 559-571.

[13]WAN A, TU R, YUE W, et al. Construction and case study of rural environmental value-added evaluation system based on emergy theory[J]. Environmental development and sustainability, 2020, 23(3): 4715-4734.

[14]ZHANG M, TIAN F, LU Z. Resource-based cities (RBC): A road to sustainability[J]. International journal of sustainable development and world ecology, 2014, 21(5): 465-470.

[15]YANG H, ZHAI G, ZHANG Y. Ecological vulnerability assessment and spatial pattern optimization of resource-based cities: A case study of HuaibeiCity, China[J]. Human and ecological risk assessment, 2021, 27: 606-625.

[16]WANG Q, LIU M, TIAN S, et al. Evaluation and improvement path of ecosystem health for resource-based city: A case study in China[J]. Ecological indicators, 2021, 128: 107852.

[17]JIANG S, LU C, ZHANG S, et al. Prediction of ecological pressure on resource-based cities based on an RBF neural network optimized by an improved ABC algorithm[J]. IEEE access, 2019, 7: 47423-47436.

[18]ZANG S, HUANG X, NA X, et al. An assessment approach of land-use to resource-based cities: A case study on land-use process of Daqing region[J]. International journal of environmental science and technology, 2015, 12(12): 3827-3836.

[19]XING M, LUO F, FANG Y. Research on the sustainability promotion mechanisms of industries in China's resource-based cities from an ecological perspective[J]. Journal of cleaner production, 2021, 315: 128114.

[20]ZHANG W, ZHANG J, LI R. Assessment about development level of low-carbon economy in resource-based city[J]. Applied Mechanics & Materials, 2014, 675-677:1756-1759.

[21]SELVAKKUMARAN S, AHLGREN E O. Review of the use of system dynamics (SD) in scrutinizing local energy transitions[J]. Journal of

environment management, 2020, 272: 111053.

[22]LIU J, TIAN S, WANG Q, et al. The regulation path of coal consumption based on the total reduction index: A case study in Shandong province, China[J]. Energy, 2022, 262: 125591.

[23]FANG W, AN H, LI H, et al. Accessing on the sustainability of urban ecological-economic systems by means of a coupled emergy and system dynamics model: A case study of Beijing[J]. Energy policy, 2016, 100: 326-337.

[24]ZHAO Y, YU M, XIANG Y, et al. An approach to stimulate the sustainability of an eco-industrial park using coupled emergy and system dynamics[J]. Environment, development and sustainability, 2022, 25 (10): 11531-11556.

[25]Jining Bureau of Statistics. Bureau of statistics Jining statistical yearbook 2020[EB/OL]. [2021-02-05]. http://tjj.jining.gov.cn/art/2021/10/29/art_6793_2705309.html.

[26]ZHAO X, WU D, RONG X, et al. Research on industrial transformation and development model of resource-based cities in mature period-taking Jining as an example[J]. Geography and geographic information science, 2007, 6: 87-89.

[27]Shandong Bureau of Statistics. Bureau of statistics Shandong statistical yearbook. 2020[EB/OL].[2021-02-05]. http://tjj.shandong.gov.cn/col/col6279/index.html.

[28]WANG J, XU S, MA G, et al. Emergy analysis and optimization for a solar-driven heating and cooling system integrated with air source heat pump in the ultra-low energy building[J]. Journal of building engineering, 2022, 63: 105467.

[29]REN S, FENG X, YANG M. Solution of issues in emergy theory caused by pathway tracking: Taking China's power generation system as an example[J]. Energy, 2022, 262: 125596.

[30]LI C, CAO Y, YANG J, 2015. Scenario analysis on sustainable development of sino-singapore Tianjin eco-city based on emergy and system dynamics[J]. Chinese journal of applied ecology, 2015, 26(8): 2455-2465.

[31]XING Y, ZHANG X, LV L, et al. The infuence of maternal and infant factors on umbilical cord blood quality parameters based on multiple linear regression analysis[J]. Clinical blood transfusion and testing, 2022, 24(3): 349-352.

[32]JENSEN A L. Comparison of theoretical derivations, simple linear regressions, multiple linear regression and principal components for analysis of mortality, growth and environmental temperature data[J]. Environmetrics, 2001, 12(6): 591-598.

[33]ZHOU H, KANG J, CHEN J. Evaluating short-term fnancial risk in the electricity market by applying monte-carlo method[J]. Proceedings of the CSEE, 2004, 12: 78-81.

[34]ZHAO Y, YU M, XIANG Y, et al. An approach to stimulate the sustainability of an eco-industrial park using coupled emergy and system dynamics [J]. Environment, development and sustainability, 2022, 3: 151-172.

[35]RAMÍREZ A, DE KEIZER C, VANDERSLUIJS J P, et al. Monte carlo analysis of uncertainties in the netherlands greenhouse gas emission inventory for 1990—2004 [J]. Atmospheric environment, 2008, 42 (35): 8263-8272.

[36]ZHU L, LI H, BOULDIN J, et al. Emergy-based environmental accounting: Evaluation of inner mongolia autonomous region [J]. Acta ecologica sinica, 2012, 2(32): 74-88.

[37]MEHMOOD A, ZHANG L, REN J, et al. Multi-facet assessment and ranking of alternatives for conceptualizing sustainable hybrid energy infrastructure in Pakistan based on evidential reasoning driven probabilistic tool[J]. Journal of cleaner production, 2022, 378: 134566.

[38]FENG J, ZENG X, YU Z, et al. Status and driving forces of CO_2 emission of the national low carbon pilot: Case study of Guangdong province during 1995—2015[J]. Energy procedia, 2019, 158: 3602-3607.

[39]YU C, LI H, JIA X, et al. Improving resource utilization efciency in China's mineral resource-based cities: A case study of Chengde, Hebei province[J]. Resources, conservation and recycling, 2015, 94: 1-10.

[40] LI J. The impact of COVID-19 on the economic operation of Shandong province and its coun-termeasures[J]. Chinese industrial economy, 2020, 5: 58-63.

[41]SUN Y, LI Y, YU T, et al. Resource extraction, environmental pollution and economic development: Evidence from prefecture-level cities in China[J]. Resources policy, 2021, 74: 102330.

第6章　可持续发展路径与对策之城市3E系统协同评价

6.1　研究背景

随着城市化和工业化进程的不断加快，人类社会对能源的需求也越来越多。由能源的全生命周期分析可知，无论能源开采、加工、利用，还是废弃物处置，每个环节都不可避免地对人类赖以生存的环境系统造成一定的影响。国际上的发达国家大多经历过诸如英国的“伦敦毒雾事件”、美国的“洛杉矶光化学烟雾事件”及日本的“水俣病”等类似事件的发生。作为发展中国家，自改革开放以来，中国GDP由1979年的0.41千亿元增长至2017年的8.21万亿元，GDP排名由世界第八上升到第二，年均增长率接近10%，能源消费总量则由1979年的5.86亿吨标准煤增长至2018年的46.40亿吨标准煤。中国已成为世界第一能源消费大国。伴随能源消费的持续升高，中国环境现状却不容乐观。2018年，在中国338个地级及以上城市中，217个城市环境空气质量超标，占64.2%；在地表水1935个水质断面中，Ⅳ类、Ⅴ类、劣Ⅴ类比例为29%。这种以能源驱动的经济发展模式已越来越不适应新时代中国发展的内在要求，中国经济必须转型，即由以前追求经济的发展速度转变为注重经济的发展质量，中国也正逐步进入高质量发展阶段。城市是中国经济高质量发展的重要载体，如何在保持城市经济可持续高质量发展的同时，确保能源供应安全、城市环境绿色宜居，是需要深刻思考的科学问题。要解决好此关键科学问题，就必须深入探究能源—经济—环境(3E)系统的内在联系、发展规律及可持续发展评价问题。山东省作为中国经济强省，是中国经济发展的排头兵，其省会济南则在全省经济发展中扮演着重要的战略角色，尤其2018年将其上升为国家新旧动能转换先行区以来，研究其3E系统交互影响及其协调机制问题，对于山东省乃至世界其他类似城市的高质量经济发展问题，具有较好的参考价值和借鉴意义。

目前，大多数学者对3E系统的评价研究主要是围绕测度协调水平开展的，涉及的评价方法主要有层次分析法、主成分分析法、熵权法、数据包络分析法、模糊综合评价法、系统动力学等。如邢(Xing)等使用系统动力学构建环境—资源—经济系统的动力模型，并使用中国武汉市城市数据建立耦合协调度模型。王(Wang)等使用熵权法对指标权重进行确定，并建立了3E系统评价协调度模型，还以山东为例进行了研究。王(Wang)等基于松弛测度的数据包络分析度量能源环境效率，建立耦合协调度模型来研究能源—环境效率与城市化之间的耦合关系。孙(Sun)等使用耦合协调度模型来衡量自然资源和社会经济之间的协调关系，并对河南省进行实例分析。此外，部分学者对影响3E系统协调发展的制约因子进行了研究。如齐(Qi)等构建了尼洋河(Niyang)流域经济协调发展的指标体系，并通过因子分析法确定了影响协调发展的因素。吴(Wu)等结合系统动力学和地理信息系统，建立了SD-GIS模型，探究了北京市经济、能源、环境各子系统之间的相互作用及其影响因素。张(Zhang)等建立了动态随机一般均衡(DSGE)模型，分析能源价格、技术和灾害冲击对中国3E系统的影响。基于以上分析可知，3E系统评价研究相对比较成熟，且主要集中于系统协调度的测度，评价内容较为单一，研究思路大多数通过“指标体系构建—权重确定—协调度评价—结果讨论/解释”的逻辑思路展开。由于权重的确定对研究结论的不确定影响较大，因此本章采用组合权重的构建方法，使赋权结果更为合理。同时，基于3E系统的交互影响是多层面的，为体现绿色发展和循环发展的理念，本章引入循环度和可持续发展度，以丰富3E系统的评价内容。此外，本章构建障碍度模型用于诊断和识别制约3E系统健康发展的障碍因子，并由此提出3E系统可持续发展的对策和建议。

6.2　研究方法

首先，在建立城市 3E 系统协调发展水平和循环度评价指标体系的基础上，依据最小鉴别信息原理，利用层次分析法和熵权法分别对上述两个指标体系进行组合权重的确定。其次，利用城市 3E 系统发展水平评价指标体系，测度系统整体发展度和协调度。再次，利用城市系统循环度评价指标体系，测度系统整体循环度。在此基础上，结合系统整体发展度、协调度、循环度，确定系统整体可持续发展度。最后，构建障碍度模型，诊断制约 3E 系统整体可持续发展的障碍因子，并提出相应的对策和建议。城市 3E 系统可持续发展评价及对策研究路线图如图 6-1 所示。

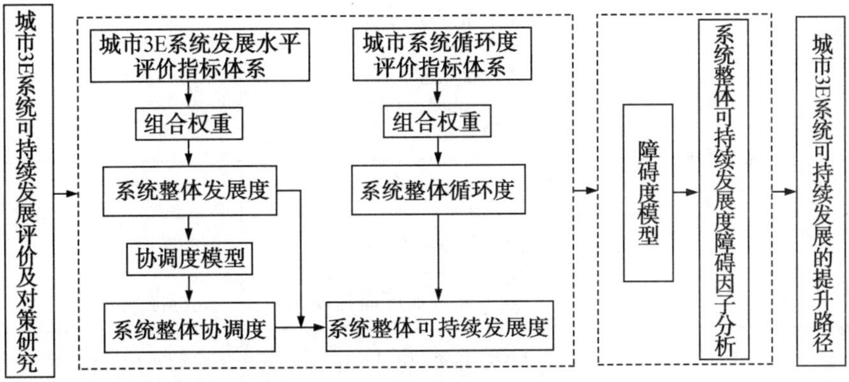

图 6-1　城市 3E 系统可持续发展评价及对策研究路线图

6.2.1　指标体系构建

依据指标体系设计的一般原则，基于济南市城市发展情况和数据可获得性，参考相关研究，构建济南市 3E 系统发展水平评价指标体系（见表 6-1）。在属性层，正属性表示指标对系统发展水平的贡献为正，数值越大越好；负属性表示指标对系统发展水平的贡献为负，数值越小越好。

基于循环经济“3R”原则，参照相关研究，构建济南市3E系统循环度指标体系，如表6-1和表6-2所示。表6-3为城市系统循环度评价指标体系。表6-1、表6-2和表6-3中绝大多数数据取自济南市统计年鉴，个别数据采取调研的方式获取。

表6-1　济南市能源—经济—环境系统发展水平评价指标体系(一)

系统层	要素层	指标层	单位	属性层
能源子系统	总量指标	能源消费总量(*EN*1)	万吨标准煤	负
		电力消费总量(*EN*2)	亿千瓦时	正
	结构指标	发电量(*EN*3)	亿千瓦时	正
		火力发电占比(*EN*4)	%	负
		工业用能消费总量(*EN*5)	吨标准煤	负
	效率指标	原煤消费总量(*EN*6)	吨	负
		天然气供气量(*EN*7)	万立方米	正
		原油消费总量(*EN*8)	吨	正
		万元GDP能耗(*EN*9)	吨标准煤	负
		万元GDP电耗(*EN*10)	千瓦时	负
		规模以上工业万元增加值能耗(*EN*11)	吨标准煤	负
经济子系统	总量指标	GDP总量(*EC*1)	亿元	正
		人均GDP(*EC*2)	元	正
		财政收入(*EC*3)	万元	正
		工业总产值(*EC*4)	亿元	正
		固定资产投资额(*EC*5)	万元	正
		进出口贸易总额(*EC*6)	万元	正

续表

系统层	要素层	指标层	单位	属性层
经济子系统	增长指标	社会消费品零售总额(*EC*7)	万元	正
		GDP 增长率(*EC*8)	%	正
		工业产值增长率(*EC*9)	%	正
		第三产业总产值增长率(*EC*10)	%	正
	结构指标	第二产业生产总值行业比重(*EC*11)	%	负
		第三产业生产总值行业比重(*EC*12)	%	正
	社会支持	城镇居民人均可支配收入(*EC*13)	元	正
		农村居民人均可支配收入(*EC*14)	元	正
		每万人口中在校大学生数(*EC*15)	%	正
		RandD 活动经费占 GDP 比重(*EC*16)	%	正
环境子系统	总量指标	废水排放总量(*EV*1)	万吨	负
		烟(粉)尘排放总量(*EV*2)	吨	负
		化学需氧量排放量(*EV*3)	万吨	负
		氨氮排放总量(*EV*4)	吨	负
	环境质量	环境空气二氧化硫浓度年均值(*EV*5)	mg/m^3	负
		环境空气二氧化氮浓度年均值(*EV*6)	mg/m^3	负
		环境空气可吸入颗粒物浓度年均值(*EV*7)	mg/m^3	负
		年环境空气质量良好以上天数(*EV*8)	日	正
	环境治理及投资	工业固体废物处置利用率(*EV*9)	%	正
		城市污水集中处理率(*EV*10)	%	正
		工业烟(粉)尘去除率(*EV*11)	%	正
		工业重复用水率(*EV*12)	%	正
		建成区绿化覆盖率 *EV*(13)	%	正
		节能环保投资占财政收入比例(*EV*14)	%	正

表 6-2　济南市能源—经济—环境系统发展水平评价指标体系(二)

系统层	指标层	单位	2008 年	2009 年	2010 年	2011 年	2012 年	2013 年	2014 年	2015 年	2016 年	2017 年
能源子系统	*EN*1	万吨标准煤	3307.45	3476.55	3897.98	4226.13	4391.64	4509.98	4666.47	4443.67	4608.72	4072.50
	*EN*2	亿千瓦时	202.50	217.79	245.03	256.57	253.57	258.27	261.41	264.20	279.92	276.29
	*EN*3	亿千瓦时	124.25	128.76	131.45	154.50	156.60	162.50	178.50	175.90	177.20	160.10
	*EN*4	%	99.60	99.82	99.71	99.87	99.62	98.03	96.97	93.97	97.93	97.13
	*EN*5	吨标煤	27698417	27916061	28515661	31507757	28909398	27545722	27401712	27358229	27955857	22338440
	*EN*6	吨	14987437	14288030	14179638	15379921	13476614	11836635	13455190	12582868	12644769	12387272
	*EN*7	万立方米	28941	30874	27647	36791	44092	54726	64904	75497	79325	90724
	*EN*8	吨	6349332	6655460	6774535	7661054	7615487	7189173	7502208	7213591	7104502	5165694
	*EN*9	吨标准煤	1.10	1.04	1.00	0.96	0.91	0.86	0.81	0.73	0.70	0.57
	*EN*10	千瓦时	712.97	683.17	682.28	646.05	583.13	541.90	504.34	471.71	463.79	423.76
	*EN*11	吨标准煤	1.62	1.50	1.40	1.33	1.23	1.12	1.03	0.93	0.88	0.66

续表

系统层	指标层	单位	2008 年	2009 年	2010 年	2011 年	2012 年	2013 年	2014 年	2015 年	2016 年	2017 年
经济子系统	*EC*1	亿元	3006.77	3340.91	3910.53	4406.29	4803.67	5230.19	5770.6	6100.23	6586.31	7151.63
	*EC*2	元	45563	50219	57947	64310	69444	74994	82052	85919	90999	98967
	*EC*2	万元	1860155	2101923	2661314	3249315	3808218	4820722	5431278	6143172	6412167	6772100
	*EC*4	亿元	4829.16	5096.98	5800.39	5544.6	5535.25	5711.48	5861.98	5877.28	6059.16	6395.21
	*EC*5	万元	14153292	16553668	19874361	19343389	21860756	26383337	30634425	34984158	39743278	43635821
	*EC*6	万元	5859703	3846787	5057677	6873385	5753702	6031885	6398089	5650829	7169309	7460963
	*EC*7	万元	13566824	15956509	18024610	21142868	24202475	27433506	30876494	34103088	37647762	41461481
	*EC*8	%	13	12.2	12.7	10.6	9.5	9.6	8.8	8.1	7.8	8
	*EC*9	%	10.7	10.5	10.7	12.2	9.7	10.6	8.9	7.1	6.9	8.9
	*EC*10	%	16.8	13.1	14.9	10.3	10.1	9.7	9.1	8.9	8.7	8.2
	*EC*11	%	43.7	42.9	41.9	41.5	40.3	39.3	39.19	37.82	36.24	35.67
	*EC*12	%	50.5	51.5	52.6	53.1	54.4	54.65	55.78	57.18	58.9	59.92
	*EC*13	元	20802.17	22721.65	25321.06	28891.97	32569.75	35647.59	38762.77	39888.71	43052.16	46642.4
	*EC*14	元	7180.2	7804.8	8903.3	10411.8	11786.2	13247.6	14726	14231.8	15345.6	16593.8
	*EC*15	%	1006	1048	1064	1057	1085	1190	1134	1145	1154	1241
	*EC*16	%	1.92	2.03	2.08	2.17	2.06	2.13	2.09	2.18	2.38	2.59

续表

系统层	指标层	单位	2008 年	2009 年	2010 年	2011 年	2012 年	2013 年	2014 年	2015 年	2016 年	2017 年
环境子系统	*EV*1	万吨	24244	24975	28567	29794	33338	38402	38904	39454	34530	34693
	*EV*2	吨	27868	27679	26839	115658	62825	58250	100899	108643	64253	32794
	*EV*3	万吨	51941	49279	47353	120765	115807	108889	104876	107743	30202	28701
	*EV*4	吨	6882	6264	4779	10211	9613	8482	8224	9050	4306	4255
	*EV*5	mg/m^3	0.052	0.05	0.045	0.05	0.082	0.093	0.072	0.05	0.038	0.025
	*EV*6	mg/m^3	0.022	0.025	0.027	0.036	0.049	0.059	0.053	0.048	0.045	0.046
	*EV*7	mg/m^3	0.126	0.123	0.117	0.103	0.154	0.191	0.172	0.157	0.141	0.13
	*EV*8	日	295	161	307	320	324	61	96	141	162	185
	*EV*9	%	95.2	94.5	97.81	99.68	99.83	99.94	99.9	99.9	99.9	99.9
	*EV*10	%	69.27	78.21	89.6	86.55	89.83	90.21	95.33	95.85	96.33	95.98
	*EV*11	%	98.72	98.8	99.11	97.82	98.9	98.87	97.91	98.8	97.5	98.6
	*EV*12	%	96.92	96.5	96.06	95.11	95.18	95.43	95.41	95.2	96.1	95.6
	*EV*13	%	35.6	35.9	36.9	37.1	38.21	39.03	39.62	39.94	40.12	40.57
	*EV*14	%	2.53	0.52	4.29	2.95	3.13	2.21	2.71	3.48	4.12	3.67

表 6-3　城市系统循环度评价指标体系

要素层	指标层	单位	属性	2008 年	2009 年	2010 年	2011 年	2012 年	2013 年	2014 年	2015 年	2016 年	2017 年
资源产出效率	土地产出率(CY1)	万元/平方千米	正	3759.40	4177.18	4889.38	5509.24	6006.09	6539.37	7215.05	7627.19	8234.95	8941.77
	水资源产出率(CY2)	元/吨	正	1096.56	1316.36	1662.00	1499.96	1565.89	1722.89	1852.04	1916.71	1984.36	1994.04
	能源产出率(CY3)	万元/吨标准煤	正	0.91	0.96	1.00	1.04	1.09	1.16	1.24	1.37	1.43	1.76
资源循环利用效率	工业重复用水率(CY4)	%	正	96.92	96.50	96.06	95.11	95.18	95.43	95.41	95.20	96.10	95.70
	工业固体废物处置利用率(CY5)	%	正	95.20	94.50	97.81	99.68	99.83	99.94	99.90	99.90	99.90	99.90
	农作物秸秆综合利用率(CY6)*	%	正	83.00	84.00	85.00	85.00	87.00	88.00	89.00	89.00	90.00	92.00
	畜禽养殖场粪污资源化利用率(CY7)*	%	正	68.00	65.00	68.00	71.00	75.00	78.00	80.00	83.00	85.00	86.00

续表

要素层	指标层	单位	属性	2008 年	2009 年	2010 年	2011 年	2012 年	2013 年	2014 年	2015 年	2016 年	2017 年
环保现状及投资	可再生能源发电占比(CY8)	%	正	0.40	0.18	0.29	0.13	0.38	1.97	3.03	6.03	2.07	2.87
	生态保护和环境治理业生产总值贡献率(CY9)	%	正	0.00	0.10	0.00	−0.10	−0.60	0.03	0.04	0.01	0.12	0.10
	建成区绿化覆盖率(CY10)	%	正	35.60	35.90	36.90	37.10	38.21	39.03	39.62	39.94	40.12	40.57
	RandD 活动经费占 GDP 比重(CY11)	%	正	1.918	2.035	2.083	2.168	2.060	2.125	2.089	2.181	2.380	2.589
	节能环保投资占财政收入比例(CY12)	%	正	2.532	0.518	4.294	2.949	3.126	2.210	2.714	3.475	4.121	3.666

注：* 表示该数据采用调研的方式获取。

6.2.2　指标权重的确定

6.2.2.1　数据标准化

由于原始数据的量级、属性等不相同，无法直接在评价中使用，故对原始数据矩阵 $\boldsymbol{X}$ 进行标准化处理。对原始数据矩阵 $\boldsymbol{X}$ 的正、负属性指标分别进行标准化处理，得标准化数据矩阵 $\boldsymbol{Z}$。

$$z_{ij1}=\frac{x_{i,j}-x_{i\min,j}}{x_{i\max,j}-x_{i\min,j}} \tag{6-1}$$

$$z_{ij2}=\frac{x_{i\max,j}-x_{i,j}}{x_{i\max,j}-x_{i\min,j}} \tag{6-2}$$

6.2.2.2　改进层次分析法

改进层次分析法应用标度构造法确定判断矩阵，不需要进行一致性检验，其排序向量的获取较为简单，计算量较层次分析法大大减少。基本思路如下：通过专家意见对 n 个指标按重要程度递减的方式排序，假设得到的重要性排序为 $x_1 \geqslant x_2 \geqslant \cdots \geqslant x_n$，对 x_i 与 x_{i+1} 进行比较，将其对应的标度值记为 t_i，按公式(6-3)构造判断矩阵。

$$\boldsymbol{R}=\begin{bmatrix} 1 & t_1 & t_1t_2 & t_1t_2t_3 & t_1t_2t_3t_4 & \cdots & t_1t_2\cdots t_{n-1} \\ 1/t_1 & 1 & t_2 & t_2t_3 & t_2t_3t_4 & \cdots & t_2t_3\cdots t_{n-1} \\ 1/t_1t_2 & 1/t_2 & 1 & t_3 & t_3t_4 & \cdots & t_3t_4\cdots t_{n-1} \\ 1/t_1t_2t_3 & 1/t_2t_3 & 1/t_3 & 1 & t_4 & \cdots & t_4t_5\cdots t_{n-1} \\ \vdots & \vdots & \vdots & \vdots & \vdots & \vdots & \vdots \\ 1/t_1t_2\cdots t_{n-2} & 1/t_2t_3\cdots t_{n-2} & 1/t_3t_4\cdots t_{n-2} & 1/t_4t_5\cdots t_{n-2} & 1/t_5t_6\cdots t_{n-2} & \cdots & t_{n-1} \\ 1/t_1t_2\cdots t_{n-1} & 1/t_2t_3\cdots t_{n-1} & 1/t_3t_4\cdots t_{n-1} & 1/t_4t_5\cdots t_{n-1} & 1/t_5t_6\cdots t_{n-1} & \cdots & 1 \end{bmatrix} \tag{6-3}$$

按照公式(6-4)计算矩阵 $\boldsymbol{R}$ 各项指标的权重。

$$\mu_j=\frac{\sqrt[n]{\prod_{j=1}^{n} r_{ij}}}{\sum_{i=1}^{n}\sqrt[n]{\prod_{j=1}^{n} r_{ij}}} \tag{6-4}$$

6.2.2.3 熵权法

熵权法赋权主要依据指标数据的差异程度来确定指标的权重，这既能够消除主观权重中人为因素的干扰，还能够避免多个指标间的信息重叠问题。

(1)依据公式(6-5)计算矩阵 $\mathbf{Z}$ 的第 j 项指标的信息熵。

$$e_j = -k\sum_{i=1}^{m} z_{ij}\ln z_{ij} \tag{6-5}$$

其中，$k=(\ln m)^{-1}$。规定 $z_{ij}=0$ 时，$e_j=0$。

(2)依据公式(6-6)计算第 j 项指标的差异性系数。

$$h_j = 1 - e_j \tag{6-6}$$

(3)依据公式(6-7)计算第 j 项指标的权重。

$$\varphi_j = \frac{h_j}{\sum_{j=1}^{n} h_j} \tag{6-7}$$

6.2.2.4 组合权重方法

设组合权重为 w_j，基于最小鉴别信息原理，建立如下目标函数。

$$\min F = \sum_{i=1}^{m} w_j \ln\frac{w_j}{\mu_j} + \sum_{i=1}^{m} w_j \ln\frac{w_j}{\varphi_j} \tag{6-8}$$

$$\text{s.t.}\sum_{i=1}^{m} w_j = 1, w_j > 0 \tag{6-9}$$

采用拉格朗日乘子法求最小值，可得公式(6-10)。

$$w_j = \frac{[\mu_j\varphi_j]^{0.5}}{\sum_{i=1}^{m}[\mu_j\varphi_j]^{0.5}} \tag{6-10}$$

由改进层次分析法、熵权法和组合权重法分别确定各个子系统及循环度指标的权重，结果如表 6-4 所示。

表 6-4　3E 系统和循环度体系指标权重分布表

能源子系统				经济子系统				环境子系统				循环度指标			
指标	φ	μ	ω	指标	φ	μ	ω	指标	φ	μ	ω	指标	φ	μ	ω
*EN*1	0.125	0.098	0.112	*EC*1	0.058	0.042	0.050	*EV*1	0.102	0.111	0.107	*CY*1	0.078	0.045	0.060
*EN*2	0.051	0.031	0.040	*EC*2	0.056	0.050	0.054	*EV*2	0.074	0.071	0.073	*CY*2	0.051	0.031	0.041
*EN*3	0.082	0.037	0.056	*EC*3	0.069	0.072	0.071	*EV*3	0.111	0.123	0.117	*CY*3	0.111	0.127	0.121
*EN*4	0.191	0.252	0.222	*EC*4	0.040	0.029	0.034	*EV*4	0.082	0.086	0.084	*CY*4	0.129	0.152	0.143
*EN*5	0.056	0.061	0.059	*EC*5	0.073	0.072	0.073	*EV*5	0.053	0.054	0.054	*CY*5	0.054	0.028	0.040
*EN*6	0.071	0.061	0.067	*EC*6	0.034	0.035	0.035	*EV*6	0.072	0.071	0.072	*CY*6	0.078	0.037	0.054
*EN*7	0.132	0.157	0.146	*EC*7	0.065	0.072	0.069	*EV*7	0.051	0.045	0.048	*CY*7	0.081	0.041	0.058
*EN*8	0.040	0.044	0.042	*EC*8	0.091	0.121	0.106	*EV*8	0.071	0.059	0.065	*CY*8	0.184	0.259	0.223
*EN*9	0.083	0.098	0.091	*EC*9	0.053	0.029	0.040	*EV*9	0.051	0.045	0.048	*CY*9	0.033	0.049	0.041
*EN*10	0.094	0.098	0.097	*EC*10	0.106	0.146	0.125	*EV*10	0.040	0.037	0.039	*CY*10	0.080	0.082	0.083
*EN*11	0.075	0.061	0.069	*EC*11	0.060	0.042	0.050	*EV*11	0.054	0.045	0.049	*CY*11	0.081	0.091	0.087
				*EC*12	0.059	0.060	0.060	*EV*12	0.124	0.135	0.130	*CY*12	0.040	0.059	0.050
				*EC*13	0.061	0.050	0.056	*EV*13	0.075	0.065	0.070				
				*EC*14	0.061	0.050	0.056	*EV*14	0.038	0.054	0.045				
				*EC*15	0.054	0.042	0.048								
				*EC*16	0.060	0.087	0.073								

6.2.3　3E 系统整体可持续发展度模型

设能源子系统、经济子系统、环境子系统的发展度分别为 E_e、E_c、E_v。能源子系统发展度的计算见公式(6-9)。

$$E_e = z_j \times w_j \tag{6-11}$$

经济子系统和环境子系统发展度的确定方法同公式(6-11)。本章认为3 个子系统同等重要，3E 系统的整体发展度 E_* 的计算见公式(6-12)。

$$E_* = E_e \times w_e + E_c \times w_c + E_v \times w_v \tag{6-12}$$

其中，$w_e = w_c = w_v = 1/3$。

依据王(Wang)等构建的协调度模型，确定子系统以及系统整体协调度。以能源子系统为例，见公式(6-13)。

$$\left(\frac{\mathrm{d}E_e}{\mathrm{d}t}\right)_t = \frac{(E_e)_t - (E_e)_{t-1}}{(E_e)_{t-1}} \tag{6-13}$$

其中，$\left(\frac{\mathrm{d}E_e}{\mathrm{d}t}\right)_t$ 表示能源子系统在时间点 t 的发展速度；$(E_e)_t$ 和 $(E_e)_{t-1}$ 分别表示能源子系统在时间点 t 和 $t-1$ 的发展水平。

能源子系统协调度 H_e 的计算见公式(6-14)。

$$H_e = \begin{cases} \exp\left(\frac{\mathrm{d}E_e}{\mathrm{d}t} - \frac{\mathrm{d}E^*}{\mathrm{d}t}\right) \frac{\mathrm{d}E_e}{\mathrm{d}t} < \frac{\mathrm{d}E^*}{\mathrm{d}t} \\ \frac{\mathrm{d}E_e}{\mathrm{d}t} = \frac{\mathrm{d}E^*}{\mathrm{d}t} \\ \exp\left(\frac{\mathrm{d}E^*}{\mathrm{d}t} - \frac{\mathrm{d}E_i}{\mathrm{d}t}\right) \frac{\mathrm{d}E_e}{\mathrm{d}t} > \frac{\mathrm{d}E^*}{\mathrm{d}t} \end{cases} \tag{6-14}$$

3E 系统整体协调度 H_* 的计算见公式(6-15)。

$$H_* = \sqrt[3]{H_e \times H_c \times H_v} \tag{6-15}$$

对城市循环度指标体系的原始数据矩阵 $\boldsymbol{Y}$ 利用公式(6-1)和公式(6-2)进行标准化处理，得到矩阵 $\boldsymbol{P}$。3E 系统整体循环度 L_* 的计算见式(6-16)。

$$L_* = p_j \times w_j \tag{6-16}$$

本章认为系统整体发展度、协调度、循环度对于系统整体可持续发展度同等重要，则系统整体可持续发展度 S 的计算见公式(6-17)。

$$S = \frac{1}{3} \times E_* + \frac{1}{3} \times H_* + \frac{1}{3} \times L_* \tag{6-17}$$

6.2.4 障碍度模型

障碍度模型是衡量区域生态安全的重要方法，已在诸多领域获得广泛应用。目前，学者们常用的是基于指标偏离度的障碍度诊断模型。

$$M_{ij}=\frac{I_j \times J_{ij}}{\sum_{j=1}^{q}(I_j \times J_{ij})} \times 100\% \tag{6-18}$$

其中，I_j 为因子贡献度，$I_j=w_j$；w_j 为各单项指标对总目标的权重；J_{ij} 为指标偏离度，$J_{ij}=1-b_{ij}$；b_{ij} 为各单项指标每年的标准化值；M_{ij} 为第 i 年各单项指标对该年发展水平的障碍度。

6.3　结果与讨论

6.3.1　研究区域

山东省作为传统的工业大省，第二产业生产总值占比常年在 45%以上，化工、钢铁等传统产业占工业的比重约 70%，这使得山东省的能耗水平位居全国第一。过高的能耗水平和落后产能不仅使山东省的环保压力越来越大，也使得山东省的经济发展步履维艰。同时，山东省的经济结构与全国多省的经济结构相似度较高，具有很好的研究典型示范性。因此，2018 年 1 月，国务院正式批复在山东省全境设立中国首个以新旧动能转换为主题的区域发展战略综合试验区。济南市作为山东省会城市，也是山东省新旧动能转换综合试验区的三大核心城市之一，被国务院设立为国家新旧动能转换先行区。因此，研究济南市的 3E 系统在新旧动能转换期内的特征和存在的发展障碍因子，对山东省甚至全国的新旧动能转换都具有很好的示范和借鉴作用。

6.3.2　3E 系统评价

由公式(6-1)、公式(6-2)、公式(6-5)至公式(6-7)，分别得到 3E 系统指标体系和城市循环度指标体系的各指标权重，结果如表 6-2 所示。在此基础上，按照公式(6-11)至公式(6-17)，分别得到济南市 3E 系统的 3 个子系统及整体的发展度、协调度、循环度和可持续发展度，结果如表 6-5、图 6-2 至图 6-4 所示。

表 6-5　2008～2017 年济南市 3E 系统发展度表

年份	能源子系统			经济子系统			环境子系统			3E 整体系统				
	发展度	发展速度	协调度	发展度	发展速度	协调度	发展度	发展速度	协调度	发展度	发展速度	协调度	循环度	可持续发展度
2008	0.18			0.28			0.71			0.39			0.23	
2009	0.22	0.23	0.76	0.26	−0.07	0.97	0.64	−0.10	0.95	0.37	−0.04	0.89	0.20	0.49
2010	0.21	−0.03	0.78	0.39	0.52	0.74	0.76	0.19	0.97	0.45	0.22	0.82	0.30	0.53
2011	0.23	0.07	0.71	0.36	−0.07	0.81	0.39	−0.49	0.81	0.33	−0.28	0.78	0.24	0.45
2012	0.33	0.45	0.72	0.37	0.01	0.89	0.41	0.05	0.92	0.37	0.12	0.84	0.28	0.49
2013	0.47	0.45	0.73	0.47	0.29	0.86	0.31	−0.25	0.68	0.42	0.14	0.75	0.44	0.54
2014	0.55	0.15	0.93	0.49	0.04	0.96	0.31	0.03	0.95	0.45	0.08	0.95	0.53	0.64
2015	0.74	0.36	0.85	0.52	0.06	0.87	0.36	0.15	0.95	0.54	0.20	0.89	0.68	0.70
2016	0.60	−0.19	0.70	0.62	0.19	0.97	0.66	0.84	0.51	0.63	0.16	0.70	0.68	0.67
2017	0.75	0.23	0.93	0.75	0.20	0.96	0.71	0.07	0.91	0.73	0.17	0.93	0.78	0.81

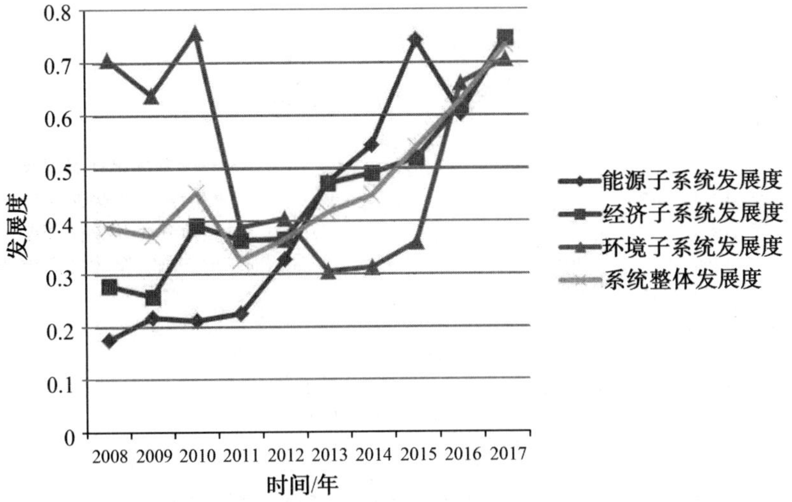

图 6-2　2008～2017 年济南市 3E 系统发展度图

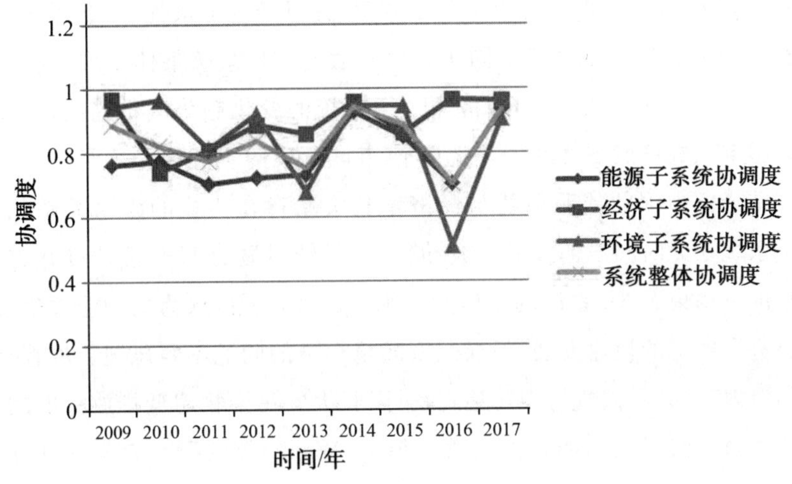

图 6-3　2009～2017 年济南市 3E 系统协调度图

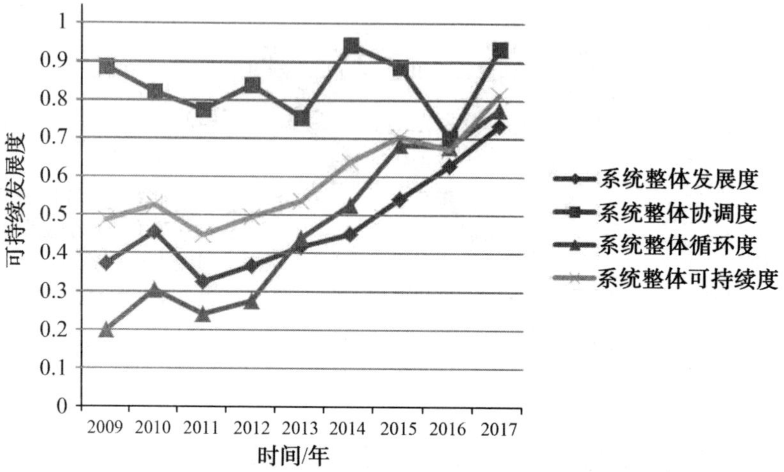

图 6-4　2009～2017 年济南市 3E 系统可持续发展度图

由图 6-2 分析可知,济南市能源子系统、经济子系统、3E 系统整体发展度在 2008～2017 年基本都呈上升的发展趋势,并且经济子系统和 3E 系统整体发展度在每个年份节点变化基本同步。由此表明,3E 系统整体发展度受经济的驱动影响较大。此外,能源和经济两个子系统的变化趋势基本趋同,表明受能源驱动影响的经济发展变化一直是济南市该阶段的主旋律。这与一些学者们的研究结论即中国的能源消耗与经济增长关系存在明显的因果关系相一致。环境子系统在此时间段的发展度波动较大,呈较明显的 U 形曲线变化趋势,在一定程度上约束了 3E 系统的整体发展水平。这表明以煤为主的能源消费结构尽管促进了经济的快速发展,但煤烟型环境污染的问题不容忽视。尽管经过近几年的努力,尤其是大气污染防治行动计划、大气污染物超低排放标准的实施,使环境子系统有了较为明显的改善。但王(Wang)等的研究表明,中国的直接能源回弹效应仍然存在,中国未来的能源消耗量仍将持续上升。因此要想 3E 系统协调发展,改变以煤为主的消费结构和提高新能源使用比例才是未来能源战略的重要途径。

参考大多数国家和国际性组织所普遍采纳的协调度等级划分(见表6-6)。由图 6-3 分析可知,济南市 3E 系统协调度水平较高,基本处于弱协调以上水平,甚至个别年份如 2014 年和 2017 年处于优质协调水平。此外,济南市 3E 系统整体协调度变化趋势与能源子系统协调度变化趋势和波动范围基本一致，这表明能源是驱动 3E 系统整体协调度变化的关键因素。经济子系统的协调度变化趋势和 3E 系统整体协调度变化趋势基本一致，但前者的协调度水平要优于能源子系统和系统整体协调度。环境子系统的协调度波动较大，且远远偏离系统整体协调度水平，表明环境是制约 3E 系统整体协调度水平提高的关键因素。此外，能源子系统和环境子系统的协调度水平虽然差异较大，但在各年份节点尤其是 2013～2017 年的变动趋势基本一致。这表明能源子系统与环境子系统的协调度水平密切相关，究其原因：一些学者认为能源消耗和环境退化之间存在密切关联，而另外一些学者认为可再生能源的使用会对环境改善产生明显的影响。因此，若想提高 3E 系统整体协调度水平，首先就是做好能源发展规划，尤其是新能源发展规划。

表 6-6　系统协调度等级划分

协调度	$0\leqslant U<0.4$	$0.4\leqslant U<0.5$	$0.5\leqslant U<0.6$	$0.6\leqslant U<0.7$	$0.7\leqslant U<0.8$	$0.8\leqslant U<0.9$	$0.9\leqslant U<1$
协调评价	严重不协调	中度不协调	轻度不协调	弱协调	中度协调	良好协调	优质协调

由图 6-4 分析可知，系统整体发展度、循环度、可持续发展度在 2009～2017 年均保持上升的发展趋势。其中，发展度和可持续发展度的变化趋势基本同步，表明系统整体发展度是促进系统可持续发展度提升的关键影响因素。此外，该阶段协调度波动幅度较大，不利于济南市可持续发展度的长期稳定增长，但可持续发展度的变化幅度却逐年呈现变小的趋势。2015～2017 年，系统整体循环度和可持续发展度基本叠加在一起平行发展，表明这段时间济南市的循环发展水平可代表该市的可持续发展水平，两者兼顾并行发展。自党的十八大以来，中国将生态文明建设作为国家发展战略，鼓励绿色发展、循环发展和低碳发展。循环度在一定程度上代表了区域循环经济发展的水平，若能与可持续发展水平同步，表明该区域正逐步进入高质量发展初级阶段。

6.3.3　障碍因子诊断

为进一步探究影响济南市 3E 系统可持续发展度的障碍因子，由公式

(6-18)分析可知，需对发展度、协调度、循环度均作障碍因子分析。由于协调度受发展度制约，故只需在3E系统发展水平评价指标体系和城市循环度评价指标体系中寻找障碍因子即可。济南市3E系统的整体发展度和循环度的障碍因子(取各自指标体系中障碍度排名前三的指标)计算结果如表6-7所示。

表6-7　济南市3E系统整体可持续发展度障碍因子分析表

年份	系统整体发展度			系统整体循环度		
2008	*EN*4 (8.34%)	*EN*7 (5.65%)	*EC*5 (4.44%)	*CY*8 (27.46%)	*CY*3 (15.66%)	*CY*11 (11.29%)
2009	*EN*4 (8.52%)	*EN*7 (5.38%)	*EC*5 (4.01%)	*CY*8 (27.58%)	*CY*3 (14.19%)	*CY*10 (9.71%)
2010	*EN*4 (9.83%)	*EN*7 (6.67%)	*EN*10 (4.28%)	*CY*8 (31.13%)	*CY*3 (15.46%)	*CY*4 (9.75%)
2011	*EN*4 (8.42%)	*EV*12 (5.73%)	*EV*3 (5.20%)	*CY*8 (29.37%)	*CY*4 (18.83%)	*CY*3 (13.45%)
2012	*EN*4 (8.54%)	*EV*12 (5.84%)	*EV*3 (5.22%)	*CY*8 (29.42%)	*CY*4 (18.94%)	*CY*3 (13.07)
2013	*EN*4 (6.69%)	*EC*10 (5.95%)	*EV*12 (5.45%)	*CY*8 (27.31%)	*CY*4 (20.94%)	*CY*3 (15.19%)
2014	*EC*10 (6.80%)	*EN*1 (6.44%)	*EV*12 (5.82%)	*CY*4 (25.10%)	*CY*8 (23.89%)	*CY*3 (15.65%)
2015	*EC*10 (8.21%)	*EV*12 (7.80%)	*EC*8 (7.22%)	*CY*4 (42.86%)	*CY*3 (17.31%)	*CY*11 (16.75)
2016	*EC*10 (10.61%)	*EN*4 (10.19%)	*EC*8 (9.66%)	*CY*8 (46.45%)	*CY*4 (20.11%)	*CY*3 (14.53%)
2017	*EC*10 (16.19%)	*EC*8 (13.34%)	*EN*4 (11.67%)	*CY*8 (52.93%)	*CY*4 (42.77%)	*CY*12 (3.67%)

由表 6-7 分析可知，本章选取济南市 3E 系统整体发展度的主要障碍因子依次为火力发电占比（*EN*4）、第三产业总产值增长率（*EC*10）、工业重复用水率（*EV*12）。其中，在一半以上年份中，火力发电占比的障碍度排名第一。济南市 3E 系统整体循环度指标体系的主要障碍因子依次是可再生能源发电占比（*CY*8）、工业重复用水率（*CY*4）、能源产出率（*CY*3）。基于以上分析可知，能源供给、新能源发展、经济驱动力和水资源保护是 3E 系统整体可持续发展中需要着力解决的重点问题。究其原因：首先，济南市火力发电占比在研究时间段内都高于 95%，过高的火电占比已经严重制约了济南市 3E 整体系统的可持续发展。即煤烟型污染已是环境治理的主要问题，成为制约 3E 整体系统协调发展的关键因素。要改变此现状，首要的任务就是加强新能源的开发，尤其是提高新能源发电占比比例。其次，第三产业总产值增长率排在制约因素的第二位，表明如何大力发展以城市化驱动的第三产业经济增长模式将是济南市未来需要着力解决的重要问题。最后，由于济南市是著名的泉水城市，水资源保护非常重要，因此，如何有效保护水资源、减少水资源浪费、提高工业水重复利用率等问题是目前水资源保护需要解决的问题。

6.4　结论

梳理城市 3E 系统交互关系和影响机制，尤其是通过量化方式认清目前的可持续发展现状及制约其发展的障碍因子，由此提出针对性的对策和建议，对于政府制定区域可持续发展战略或相关政策具有较好的参考价值。

实证分析表明，济南市能源驱动的经济发展模式依然占主导地位，由此引发的煤烟型环境污染问题依然不容忽视，致使 3E 系统整体协调度变化趋势与能源子系统变化趋势和波动范围基本一致。此外，济南市 3E 系统整体协调度水平基本在良好水平左右徘徊，个别年份如 2017 年协调度水平达到优质水平。系统整体发展度、循环度、可持续发展度均保持上升发展趋势，发展度和可持续发展度的变化趋势基本同步。在个别时间节点（如 2015～2017 年），系统整体循环度和可持续发展度基本叠加、平行发展，表明在此阶段济南市循环经济发展水平较高、基本等同于可持续发展水平。由此可以推断，济南市基本进入了高质量发展初级阶段。

由济南市 3E 系统整体可持续发展度障碍因子诊断分析可知，目前影响该市可持续发展的主要障碍因子为能源消费结构、新能源开发及使用水平、经济发展模式及水资源保护等，这些问题与前面分析的主要现象和得出的主要结论相一致，非常契合济南市目前的发展实际，因此提出的针对能源（新能源）利用、第三产业发展和水资源保护等建议具有很好的针对性。以上方法学体系的构建为开展类似领域的研究提供了较好的方法学基础，此外得出的相关结论给类似区域的可持续高质量发展提供了有益的参考与借鉴。

参考文献

[1]National Bureau of Statistics of China. China Statistical Yearbook[EB/OL].[2019-03-05]. https://www.stats.gov.cn/.

[2] National Bureau of Statistics of China. International Statistical Yearbook 2019[EB/OL].[2019-03-05]. https://www.stats.gov.cn/.

[3]中华人民共和国生态环境部. 中国生态环境公报[EB/OL].[2019-03-05]. http://www.mee.gov.cn/hjzl/zghjzkgb/lnzghjzkgb/.

[4]赵剑波，史丹，邓洲. 高质量发展的内涵研究[J]. 经济与管理研究，2019，40(11)：15-31.

[5]VEISI H，LIAGHATI H，ALIPOUR A. Developing an ethics-based approach to indicators of sustainable agriculture using Analytic Hierarchy Process (AHP)[J]. Ecological indicators，2016，60：644-654.

[6] MOOK A，OVERDEVEST C. Does fairtrade certification meet producers' expectations related to participating in mainstream markets? An analysis of advertised benefits and perceived impact [J]. Sustainable development，2018，26(3)：269-280.

[7] LIANG X，SI D，ZHANG X. Regional sustainable development

analysis based on information entropy: Sichuan province as an example[J]. International journal of environmental research and public health, 2017, 14(10): 1219.

[8]ZHA J, TAN T, YUAN W, et al. Decomposition analysis of tourism CO_2 emissions for sustainable development: A case study of China[J]. Sustainable development, 2019, 28(1): 169-186.

[9]GUO L, QU Y, WU C, et al. Evaluating green growth practices: empirical evidence from China[J]. Sustainable development, 2018, 26(3): 302-319.

[10]XING L, XUE M, HU M. Dynamic simulation and assessment of the coupling coordination degree of the economy-resource-environment system: Case of Wuhan city in China[J]. Journal of environmental management, 2019, 230: 474-487.

[11]WANG Q, YUAN X, CHENG X, et al. Coordinated development of energy, economy and environment subsystems-a case study[J]. Ecological indicators, 2014, 46: 514-523.

[12]WANG J, WANG S, LI S, et al. Coupling analysis of urbanization and energy-environment efficiency: Evidence from Guangdong province[J]. Applied energy, 2019: 254.

[13]SUN Q, ZHANG X, ZHANG H, et al. Coordinated development of a coupled social economy and resource environment system: a case study in Henan province, China[J]. Environment, development and sustainability, 2018, 20 (3): 1385-1404.

[14] QI S, YAO X, SONG L. Empirical analysis on harmonious development of economy in Niyang river basin under environmental constraint[J]. Meteorological and environmental research, 2012 (6): 62-64.

[15] WU D, NING S. Dynamic assessment of urban economy-environment-energy system using system dynamics model: A case study in Beijing[J]. Environmental research, 2018, 164: 70-84.

［16］ZHANG S，HU T，LI J，et al. The effects of energy price，technology，and disaster shocks on China's energy-environment-economy system[J]. Journal of cleaner production，2019，207：204-213.

［17］SAVCHENKO A V，BELOVA N S. Statistical testing of segment homogeneity in classification of piecewise-regular objects［J］. International journal of applied mathematics and computer science，2015，25(4)：915-925.

［18］LEI S. Circular economy evaluation indicator system design and case study for the national pilot cities［J］. Research of environmental sciences，2010，23(6)：799-804.

［19］KILKIS S. Sustainable development of energy，water and environment systems index for southeast European cities［J］. Journal of cleaner production，2016，130：222-234.

［20］JIANG B，DING L，FANG X. Sustainable development of new urbanization from the perspective of coordination：A new complex system of urbanization technology innovation and the atmospheric environment［J］. Atmosphere，2019，10(11)：276-289.

［21］SHEN L，HUANG Y，HUANG Z，et al. Improved couling analysis on the coordination between socio-economy and carbon emission[J]. Ecological indicators，2018，94：357-366.

［22］YANNIS A，PHILLIS V S，KOUIKOGLOU C V. Urban sustainability assessment and ranking of cities［J］. Computers，environment and urban systems，2017，64：254-265.

［23］VLADIMIR S，ANNETTE E，TIM J E. Assessment of the economic，social and environmental dimensions of the indicators for sustainable development[J]. Sustainable development，2017，25(3)：242-253.

［24］DIAZSARACHAGA J M，JATO-ESPINO D，CASTRO-FRESNO D. Is the Sustainable Development Goals (SDG) index an adequate framework to measure the progress of the 2030 agenda? ［J］. Sustainable development，2018，26(6)：663-671.

[25] LIU J, ZHOU J, LIU F. Interaction analysis and sustainable development strategy between port and city: The case of liaoning [J]. Sustainability, 2019, 11(19): 2772-2796.

[26] ZANG L, SU Y. Internal coordinated development of China's urbanization and its spatiotemporal evolution[J]. Sustainability, 2019, 11(3).

[27]XU M, CHEN C, DENG X. Systematic analysis of the coordination degree of China's economy-ecological environment system and its influencing factor[J]. Environmental science and pollution research, 2019, 26(29): 29722-29735.

[28]TAO Z. Research on the degree of coupling between the urban public infrastructure system and the urban economic, social, and environmental system: A case study in Beijing, China [J]. Mathematical problems in engineering, 2019: 196-218.

[29]ZHAO Y, WANG S, ZHOU C. Understanding the relation between urbanization and the eco-environment in China's Yangtze river delta using an improved ekc model and coupling analysis [J]. Science of the total environment, 2016, 571: 862-875.

[30]LU C, YANG J, LI H. Research on the spatial-temporal synthetic measurement of the coordinated development of Population-Economy-Society-Resource-Environment (PESRE) systems in China based on Geographic Information Systems (GIS)[J]. Sustainability, 2019, 11(10): 879-886.

[31]WANG M, ZHAO X, GONG Q. Measurement of regional green economy sustainable development ability based on entropy weight-topsis-coupling coordination degree: A case study in Shandong province, China[J]. Sustainability, 2019, 11(1): 1053-1074.

[32]Jinan municipal bureau of statistics. Jinan statistical yearbook[EB/OL].[2019-03-05]. http://jntj.jinan.gov.cn/.

[33]李娜娜,何正友. 主客观权重相结合的电能质量综合评估[J]. 电网技术,2009,33(6): 55-61.

[34] ZHAO J, JI G, TIAN Y, et al. Environmental vulnerability assessment for mainland China based on entropy method [J]. Ecological indicators, 2018, 91: 410-422.

[35]ZHANG K, SHEN J, HE R, et al. Dynamic analysis of the coupling coordination relationship between urbanization and water resource security and its obstacle factor [J]. International journal of environmental research and public health, 2019, 16(23): 779-792.

[36]SHI S, TONG P. Evaluation system and spatial distribution pattern of ecological city construction-based on dpsir-topsis model[J]. Applied ecology and environmental research, 2019,17(1): 601-616.

[37]国家发展改革委.山东新旧动能转换综合试验区建设总体方案[EB/OL]. [2019-03-05]. https://www. gov. cn/xinwen/2018-01/17/content_5257607.htm.

[38]WANG S, LI Q, FANG C, et al. The relationship between economic growth, energy consumption, and CO_2 emissions: Empirical evidence from China[J]. Science of the total environment, 2016, 542: 360-371.

[39]CHEN S, XIE Z, LIAO Y. Energy consumption promotes economic growth or economic growth causes energy use in China? A panel data analysis [J]. Empirical economics, 2018, 55(3): 1019-1043.

[40]WANG Q, GAO Z, TANG H, et al. Exploring the direct rebound effect of energy consumption: A case study[J]. Sustainability, 2018, 10(1).

[41]AHMAD Q, ZHAO Y, SHAHBAZ M, et al. Carbon emissions, energy consumption and economic growth: An aggregate and disaggregate analysis of the Indian economy[J]. Energy policy, 2016, 96: 131-143.

[42]ESSO L, KEHO Y. Energy consumption, economic growth and carbon emissions: Cointegration and causality evidence from selected African countries[J]. Energy, 2016, 114: 492-497.

[43]WANG Q, WU S, ZENG Y, et al. Exploring the relationship between urbanization, energy consumption, and CO_2 emissions in different

provinces of China[J]. Renewable and sustainable energy reviews，2016，54：1563-1579.

[44] BILGILI F，KOCAK E，BULUT U. The dynamic impact of renewable energy consumption on CO_2 emissions：A revisited environmental kuznets curve approach[J]. Renewable and sustainable energy reviews，2016，54：838-845.

[45]MA Q，CAI S，WANG S，et al. Impacts of coal burning on ambient $PM_{2.5}$ pollution in China[J]. Atmosphere chemistry and physics，2017，17(7)：4477-4491.

第7章　可持续发展路径与对策之水资源管理

在中国这一水资源空间分布差异巨大的国家，随着水资源消耗量的日益增加，部分地区水资源将严重紧缺。本章选择中国缺水严重的黄河流域中发展最为迅速的省份——山东省作为研究对象，提出了一种并联系统用水效率评价与资源配置模型，分析该省流域内各城市三大用水系统效率，并探究在水资源总量有限情况下的资源配置问题。此外，模型还引入了随机前沿分析用以剔除城市的不同客观条件对用水效率的影响。研究发现，环境影响剔除后，工业、农业用水系统平均效率都有显著上升，分别从0.546、0.638提升至0.801、0.770。生活用水系统平均效率却有所下降，从0.894下降至0.804。分配方案显示，泰安、德州、聊城、菏泽当前水资源已有合理的配置，但亟须上级政府支持，改善客观发展环境。东营与滨州可以通过系统间水资源再分配，实现多系统综合用水效率的快速提高，提高幅度分别达到0.123与0.185。济南、济宁、淄博效率低下，仅依赖水资源再分配无法使其综合效率有显著提升，还需从劳动力投入冗余、水污染过度产出等其他方面作出针对性调整。以上结论可为政府部门制定相关政策提供较好的实践参考，同时该模型也为具有相同投入资源的并联系统效率计算以及资源优化配置提出了一种解决方案。

7.1 研究背景

水资源作为人类生产与生活必不可少的资源，随着人口增长、工业化进程加快，全球水资源消耗量正以每年大约 1%的速度增长，预计到 21 世纪中叶，水资源的消耗量将比现在高出 20%～30%。联合国已将水资源利用效率作为衡量可持续发展(SDG)的一项重要指标。中国作为人口大国，同时也是世界第二大经济体，经济发展与人口增长对水资源需求造成了极大压力。经当地政府有效治理，国内水资源年消耗量增长的趋势已有明显缓解。至 2020 年，水资源消耗量已降至 5813 立方米，相比近 20 年以来的峰值降低了约 5%。但中国水资源地区分布差异性极大，主要呈现南丰北缺的状态。黄河作为中国北方最主要的河流，其径流量达 628 亿立方米，可仅为长江的 6.8%，水资源严重紧缺。为指导流域内各省份解决好发展与水耗之间的关系，2021 年 10 月，国务院颁布了《黄河流域生态保护与高质量发展规划纲要》作为黄河流域高质量发展的指导方针。12 月，国家发展改革委颁布《黄河流域水资源节约集约利用实施方案》，明确指出要通过水资源的刚性约束倒逼流域内各省份发展方式的转变。山东省作为黄河流域的入海省，2020 年地区 GDP 约占全国的 7.2%，是黄河流经的九省份中经济体量最大的地区。其水资源直接消耗量在 2022 年达到 222.5 亿立方米，位于九省份前三。考虑到区域间产品流动，水资源的消耗也会随着商品进行转移，山东省的水资源间接消耗远高于黄河流域内的其他省份。为此，如何促进山东省水资源利用方式转变、提升水资源利用效率、优化水资源配置，成为政府和学界关注的重要问题。

目前，已有较多学者对水资源利用效率开展了研究。从研究对象来看，最常见的研究对象为一个区域整体，如刘(Liu)等选择长江流域的上海、江苏、浙江等 11 个省份作为研究对象，探究各省份水资源利用效率差异与溢出效应。常(Chang)等对比了中国 30 个省份的水资源利用与污水处理效率，并分析了不同省份环境政策实施后水污染排放量与各投入指标间的脱钩关系。将区域作为一个研究对象,优点是可以从宏观角度评价整体用水效率,缺点是难以细化不同用水系统的产出与投入。比如,农业部门的产出主要为粮食,其产生的价值如果量化为价格是很难与工业产品相比的,即如果将不同用水系统产出同质化,则很容易因为同质化方式的差异导致最终效率的计算出现偏差。因此,很多学者针对不同的用水系统单独开展了研究。其中最典型的用水系统就是农业系统。胡(Ho)等对越南896个咖啡农场的用水效率开展了研究,分析了不同灌溉方式的有效用水率。石(Shi)等对长江流域的农业用水效率的空间分布进行研究,提出了不同区域内的省域间水资源协同发展策略。工业系统也是水资源消耗的一个重要领域。庄(Zhuang)等比较了中国各流域的工业用水与废水处理的效率差异,提出了不同流域工业用水效率提升的侧重点。王(Wang)等则提出了一种结合了两阶段数据包络分析和博弈交叉效率的综合评价方法,对中国31个省份的工业用水效率进行评价。目前,国内对水资源利用效率的研究也主要聚焦于工业与农业用水,但在许多城市,生活用水量甚至高于工业用水量,也是一个不容忽视的重要组成。国外已有一些针对城市生活用水的研究。图里尼奥(Tourinho)等对巴西各个城市的供水和卫生服务效率进行评价,认为不应该仅从效率角度评价城市供水服务系统,还应考虑其他具有影响效果的环境因素。沙汉吉安(Shahangian)等以伊朗居民为研究对象,讨论了道德规范、节水意识以及熟悉新技术的程度对生活用水效率的影响。

从研究方法来看,运用较多的效率分析方法是DEA。早在2006年,胡(Hu)等已采用DEA计算了中国各省份水资源使用效率,并根据水资源输入松弛确定了各省份用水削减量。近年来,DEA方法在水资源效率计算领域的运用越来越广泛,学者们也对该方法进行了诸多改进。边(Bian)等针对城市用水与废水净化系统开发了一种网络DEA模型,用于区分各串联子系统的效率。杨(Yang)等则提出了一种包含非期望产出的SBM-DEA模型,用于计算考虑了废水这一非期望产出的水资源利用效率。除了DEA这类非参数效率计算方法,参数法在水资源效率计算中也运用广泛,如随机前沿分析(SFA)。2004年,金江(Kaneko)等采用SFA对中国各省份的农业用水效率进行分析,量化了不同影响因素对农业用水效率的影响。近年来,许多学者也对SFA方法进行了扩展。郑(Zheng)等在 SFA 的模型框架中引入谢泼德水距离函数重新定义用水效率,发现 SFA 具有比 DEA 更好的效率区分能力。王(Wang)等引入超越对数生产函数定义用水效率,并探讨资本、劳动力、水资源三者投入与农业产出的关系。SFA 作为一种参数方法,依赖于生产函数的指定,但其优势在于可以量化估计不同投入因素对产出因素的影响力,同时也能对误差项作出分析。基于对 2 种效率分析方法特点的研判,弗里德(Fried)等提出了一种三阶段效率方法 SFA-DEA,既弥补了 DEA 无法对误差项进行分析的缺点,也避免了 SFA 过于依赖生产函数选择的问题。该方法目前已运用在经济、管理、能源等领域,用于剔除外界环境对效率计算的影响。此外,还有一些学者在计算水资源利用效率时,引入生命周期评价(LCA)等方法,即考虑了水资源的间接消耗,使得水资源消耗量的计算更为全面。但是目前基于 LCA 的水资源间接消耗核算主要聚焦于个案研究,还不具备很强的代表性,因此宏观角度的水资源效率分析往往还是仅考虑直接消耗。

综上所述,目前对水资源利用效率的研究已有较大的进展,但尚存在一些问题:第一,基于目前的政策规划,黄河流域各省份亟须提升水资源利用效率,优化水资源配置。目前针对水资源的研究普遍过于宏观或片面,缺少从区域的三大用水系统出发,协同评价区域的综合用水效率,并提出用水系统间水资源配置的优化方案。第二,网络 DEA 方法虽能进行子系统效率分析,但其要求各子系统间形成串联关系,这种方法不适用于分析以同一资源——水作为不同系统共同的主要输入量的情景。第三,不同区域间的自然条件、人文条件差异也会引起水资源利用效率的不同,目前关于水资源效率的研究忽视了区域间客观条件的差异。

针对上述问题,本书基于 SBM-DEA 进行了多系统的拓展,提出了一种区域并联系统效率评价与资源配置模型(PEAM),用于解决资源有限条件下,多系统间的水资源效率分析与配置问题。此外,该模型也引入了 SFA 用于剔除山东省黄河流域九市不同的自然条件与人文因素对用水效率的影响,使得结果更具公平性。

7.2 研究方法

7.2.1 研究框架

本书的研究主要由 4 个模块构成。①数据收集:确定研究对象,构建水资源效率评价模型,根据统计年鉴与公报,收集模型所需数据。②环境影响分析:基于文献调研与专家意见,筛选影响不同子系统用水效率的环境因素,采用 SFA 方法,量化环境因素对各系统主要产出的影响,修正主要产出。③效率计算:基于各市工业、农业、生活子系统水资源相关投入产出数据,采用SBM-DEA 模型计算各市不同用水系统效率。④水资源配置:构建 PEAM,计算各市用水系统综合效率,并根据各市具体情况,分别提出水资源配置方案。研究框架如图 7-1 所示。

7.2.2 案例和数据

本章选择山东省黄河流域九市三大用水系统——工业用水、农业用水、生活用水作为研究对象。在各系统中分别选取评价指标用作效率计算,基于文献调研与专家意见,本研究的指标选取方式如下:第一,针对每个系统选出一个最重要的产出指标;第二,除水资源投入外,另外再选择 1～2 个影响产出的关键因素作为投入指标;第三,选择水污染作为系统的非期望产出;第四,考虑各市的地理、气候等因素的差异,选择市域在短期内难以依靠自身进行改变,却能影响各系统产出的客观因素作为环境指标。这样的指标选取原则,避免了由于无关指标过多而无法直接体现水资源这一主体的问题。同时,精简指标也能规避由于各市对于部分指标的统计口径不同而造成效率计算结果的偏差。

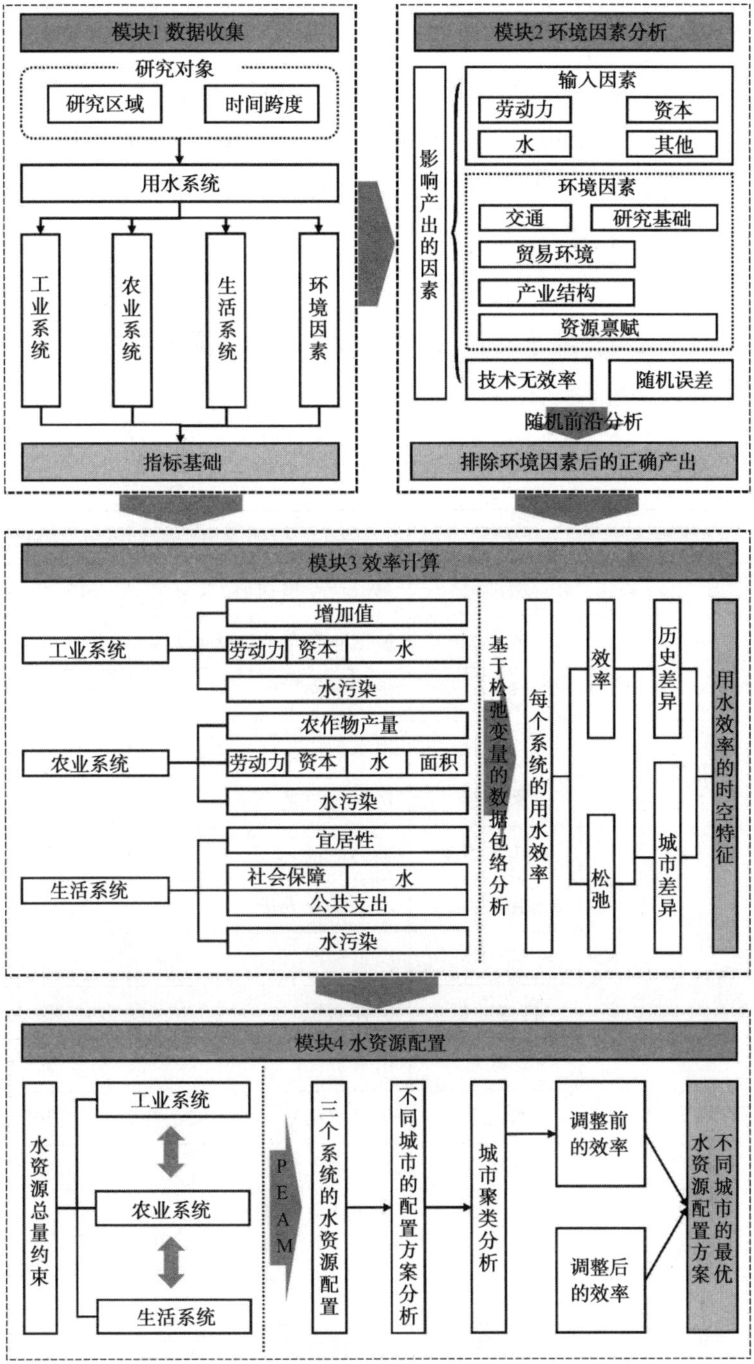
模块1 数据收集
研究对象
研究区域
时间跨度
用水系统
工业系统
农业系统
生活系统
环境因素
指标基础
模块2 环境因素分析
影响产出的因素
输入因素
劳动力
资本
水
其他
环境因素
交通
研究基础
贸易环境
产业结构
资源禀赋
技术无效率
随机误差
随机前沿分析
排除环境因素后的正确产出
模块3 效率计算
工业系统
增加值
劳动力
资本
水
水污染
农业系统
农作物产量
劳动力
资本
水
面积
水污染
生活系统
宜居性
社会保障
水
公共支出
水污染
基于松弛变量的数据包络分析
每个系统的用水效率
效率
松弛
历史差异
城市差异
用水效率的时空特征
模块4 水资源配置
水资源总量约束
工业系统
农业系统
生活系统
PEAM
三个系统的水资源配置
不同城市的配置方案分析
城市聚类分析
调整前的效率
调整后的效率
不同城市的最优水资源配置方案

图 7-1　研究框架

研究数据的时间跨度为2011～2020年，数据来源为山东省统计年鉴、山东省水资源公报等。构建的指标体系如表7-1所示。工业、农业系统的指标设置参考现有研究，主要产出分别设置为经济产出、粮食产出。投入设置为劳动力、资本、水，并在农业系统中追加了土地资源项。上述指标分别由城市非私营单位就业人数、固定资本投入、水资源消耗、播种面积进行表征。固定资本投入采用永续存盘法进行核算。

$$K_{i,t}=I_{i,t}+(1-\alpha_{i,t})K_{i,t-1} \tag{7-1}$$

其中，初始资本存量为2011年各市固定资本投资总额除以10%，固定资本折旧率$\alpha_{i,t}$选择9.6%。

表7-1　水资源利用效率指标评价体系

系统	属性	元素	指标	单位
工业	产出	增加值	第二产业增加值	10^9 元人民币
	投入	劳动力	城镇非私营单位就业人数	人
		资本	固定资产	10^9 元人民币
	非期望产出	水	用水量	10^4 吨
		水污染	污水排放量	10^4 吨
农业	产出	农作物产量	粮食产量	10^4 吨
	投入	劳动力	农业从业人员	人
		资本	固定资产	10^9 元人民币
		耕地面积	播种面积	10^4 公顷
		水	用水量	10^4 吨
	非期望产出	水污染	化肥使用量	10^4 吨
生活	产出	宜居性	人均可支配收入	10^4 吨
	投入	社会保障	参加社会保险人数	人
		一般公共支出	一般公共预算支出	10^9 元人民币
		水	用水量	10^4 吨
	非期望产出	水污染	污水排放量	10^4 吨

续表

系统	属性	元素	指标	单位
环境因素		水资源禀赋	年降水量	10^8 立方米
		对外交通	高速公路长度	千米
		科研能力	专利数量	项
		贸易环境	进出口总额	10^8 美元
		产业结构	第三产业增加值	10^9 元人民币

目前，生活系统用水效率的参考依据较少，本书将各市的宜居性作为生活系统的主要产出要素，认为如果某城市适宜居民居住，势必引起人口向该城市转移，而且收入水平的高低也能在一定程度上反映居民的生活质量，因此选择城市人口与人均可支配收入 2 个指标表征城市的宜居性。投入要素设置为社会保障水平、城市的公共服务支出以及水资源消耗量，分别通过养老保险参保人数、一般公共预算支出与生活用水量进行表征。3 个系统的非期望产出要素都是水污染，但受限于数据的可获得性，工业、生活系统都采用污水排放量指标进行表征。农业系统污水排放量数据缺失，根据现有研究，化肥施用量、动物粪便、农药是农业水污染的主要来源，因此本书选择化肥施用量表征农业水污染。环境变量共 5 个，分别为水资源禀赋、交通条件、研究能力、贸易基础、产业结构，采用降水量、高速公路长度、专利数、进出口总额、第三产业产值进行表征。每个系统选择 3 个最主要的环境因素进行效率分析。

7.2.3　环境因素影响分析模型

在计算投入产出效率时，三阶段 DEA-SFA 方法常用于分析环境因素对效率的影响。在这种方法中，环境因素通常被用于解释输入量的冗余，而这种处理方式存在一些问题：第一，投入指标与环境指标往往都作为影响最终产出的因素，因素之间可能的确存在复杂的因果关系，但也有可能仅仅只是相关关系而非因果关系，所以用各类环境指标解释投入指标难免过于牵强。第二，该方法仅对松弛量进行解释，认为环境因素只影响输入冗余或产出不足的部分。这种方法在处理环境因素存在较大差异但都处在效率前沿的决策单元(DMU)时，难以解释环境因素对这些城市的影响，因此也无法区分这些城市的效率差异。

本书主要针对系统的产出指标进行修正，将非期望产出看作投入指标，认为投入指标与环境指标皆会引起产出的变化。首先基于 SFA 方法构建关于产出的回归方程，SFA 方程如下：

$$Y=f(\beta,X)-U+V \tag{7-2}$$

$$U=f(\delta,Z)+C \tag{7-3}$$

其中，U 表示技术无效项；V 表示随机误差项。

$V_{i,t}-C_{i,t}$ 表示混合误差项，$C_{i,t}$ 服从截断正态分布，即 $C_{i,t}\sim N^{+}(c,\sigma_u^2)$；$V_{i,t}$ 服从正态分布，即 $V_{i,t}\sim N(0,\sigma_v^2)$。定义 γ 为误差来源，当 $\gamma=\frac{\sigma_u^2}{\sigma_v^2+\sigma_u^2}$ 接近 1 时，说明误差主要来源技术非效率；当 $\gamma=\frac{\sigma_u^2}{\sigma_v^2+\sigma_u^2}$ 接近 0 时，说明误差主要来源随机误差。定义 σ^2 为混合误差分布的方差，$\sigma^2=\sigma_v^2+\sigma_u^2$。基于 Battese-Coelli 模型，分别构建三系统生产函数模型，具体形式如下：

$$\begin{aligned}\ln EV_{i,t}=&\beta_0^{in}+\beta_1^{in}\ln K_{i,t}^{in}+\beta_2^{in}\ln L_{i,t}^{in}+\beta_3^{in}\ln W_{i,t}^{in}+\beta_4^{in}\ln P_{i,t}^{in}\\&-(\delta_0^{in}+\delta_1^{in}ET_{i,t}+\delta_2^{in}RC_{i,t}+\delta_3^{in}TE_{i,t}+C_{i,t}^{in})+V_{i,t}^{in}\end{aligned} \tag{7-4}$$

$$\begin{aligned}\ln CY_{i,t}=&\beta_0^{ag}+\beta_1^{ag}\ln K_{i,t}^{ag}+\beta_2^{ag}\ln L_{i,t}^{ag}+\beta_3^{ag}\ln A_{i,t}+\beta_4^{ag}\ln W_{i,t}^{ag}+\beta_5^{ag}\ln P_{i,t}^{ag}\\&-(\delta_0^{ag}+\delta_1^{ag}WR_{i,t}+\delta_2^{ag}ET_{i,t}+\delta_4^{ag}TE_{i,t}+C_{i,t}^{ag})+V_{i,t}^{ag}\end{aligned} \tag{7-5}$$

$$\begin{aligned}\ln LI_{i,t}=&\beta_0^{li}+\beta_1^{li}\ln S_{i,t}+\beta_2^{li}\ln E_{i,t}+\beta_3^{li}\ln W_{i,t}^{li}+\beta_4^{li}\ln P_{i,t}^{li}\\&-(\delta_0^{li}+\delta_1^{li}ET_{i,t}+\delta_3^{li}TE_{i,t}+\delta_4^{li}IS_{i,t}+C_{i,t}^{li})+V_{i,t}^{li}\end{aligned} \tag{7-6}$$

其中，β、δ、C、V 为待估计参数，确定估计值后进行环境因素的剔除。为使得各时期各城市都处于相同客观条件与随机因素下，输出变量调整为：

$$\hat{Y}_{i,t}=f(\beta,X_{i,t})-f(\delta,\bar{Z}_{i,t})+\bar{V}-\bar{C} \tag{7-7}$$

其中，$\hat{Y}_{i,t}$ 表示调整后的产出；$\bar{Z}_{i,t}$、$\bar{V}$、$\bar{C}$ 分别表示环境因素、随机误差、技术无效扰动项的平均值；$f(\delta,\bar{Z}_{i,t})$ 表示 DMUs 处于一致的客观条件下；$\bar{V}-\bar{C}$ 表示 DMUs 处于一致的内部条件下。

7.2.4　效率计算模型

本书采用 SBM-DEA 模型计算各系统水资源利用效率，在模型中引入水污染产出作为非期望产出。具有非期望产出的 SBM-DEA 模型如下：

$$\eta = \min \frac{1-\frac{1}{m}\sum_{i=1}^{m}\frac{SI_i}{x_i}}{1+\frac{1}{p+q}\left(\sum_{j=1}^{p}\frac{SO_j}{\hat{y}_j}+\sum_{k=1}^{q}\frac{SU_k}{z_k}\right)}$$

$$\text{s.t.}\begin{cases} x=X\lambda+SI \\ \hat{y}=\hat{Y}\lambda-SO \\ z=Z\lambda+SU \\ SI\geqslant 0,SO\geqslant 0,SU\geqslant 0 \\ \lambda\geqslant 0 \end{cases} \tag{7-8}$$

其中，x、$\hat{y}$、z 表示某个 DMUs 的输入输出向量；$\boldsymbol{X}$、$\hat{\boldsymbol{Y}}$、$\boldsymbol{Z}$ 为所有 DMUs 的输入输出向量组成的矩阵；$\hat{y}$、$\hat{\boldsymbol{Y}}$表示输出值是修正过的；λ 为不同 DMUs 的权重；$\boldsymbol{X}\lambda$、$\hat{\boldsymbol{Y}}\lambda$、$\boldsymbol{Z}\lambda$ 表示效率前端面；SI、SO、SU 分别为输入值、产出值、非期望产出值的松弛量，表示 DMUs 与效率前端面之间的差距。该规划问题的调整变量为 λ，目标值为 η。当且仅当效率 $\eta=1$ 且松弛量皆为 0 时，DMUs 有效，否则皆需要对投入或产出进行相应的改进。

7.2.5　水资源配置优化模型

SBM-DEA 模型对区域的不同用水系统分别进行了独立的效率分析。但有时在同一区域中，同种资源在不同系统中都充当主要投入指标。当这种资源的总量有限时，需要对有限的资源进行合理分配，使得多系统对该资源的综合利用效率更高。用提出了的 PEAM 处理上述问题，具体模型如下所示：

$$\eta^{*}=\eta^{in}+\eta^{ag}+\eta^{li}$$

$$
\text{s.t.}\begin{cases}
x^{in}=X^{in}\lambda^{in}+SI^{in}\\
\hat{y}^{in}=\hat{Y}^{in}\lambda^{in}-SO^{in}\\
Z^{in}=Z^{in}\lambda^{in}+SU^{in}\\
x^{ag}=X^{ag}\lambda^{ag}+SI^{ag}\\
\hat{y}^{ag}=\hat{Y}^{ag}\lambda^{ag}-SO^{ag}\\
Z^{ag}=Z^{ag}\lambda^{ag}+SU^{ag}\\
x^{li}=X^{li}\lambda^{li}+SI^{li}\\
\hat{y}^{li}=\hat{Y}^{li}\lambda^{li}-SO^{li}\\
z^{li}=Z^{li}\lambda^{li}+SU^{li}\\
SI^{in}_{\text{water}}+SI^{ag}_{\text{water}}+SI^{li}_{\text{water}}=0\\
SI^{in}_{\text{other}}\geqslant 0, SO^{in}\geqslant 0, SU^{in}\geqslant 0\\
SI^{ag}_{\text{other}}\geqslant 0, SO^{ag}\geqslant 0, SU^{ag}\geqslant 0\\
SI^{li}_{\text{other}}\geqslant 0, SO^{li}\geqslant 0, SU^{li}\geqslant 0\\
\lambda^{in}\geqslant 0, \lambda^{ag}\geqslant 0, \lambda^{li}\geqslant 0
\end{cases}
\tag{7-9}
$$

PEAM 是在 SBM-DEA 模型的基础上，将三系统用水效率计算模型联立，取消各系统自身的水资源松弛约束，取而代之的是水资源总量约束 $SI^{in}_{\text{water}}+SI^{ag}_{\text{water}}+SI^{li}_{\text{water}}=0$。该模型中的水资源松弛量可解释为待调整量，以水资源作为纽带将各系统联系起来，探究各区域在水资源供应受限时，系统间的资源分配问题。

7.3 结果与讨论

7.3.1 影响因素分析

7.3.1.1 参数估计

为了剔除环境因素对输出量的影响，首先计算输入量与环境因素对输出量的影响效果。根据公式(7-4)至公式(7-6)，对模型中的参数进行估计，计算结果如表 7-2 所示。

表 7-2　随机前沿分析结果

变量	参数			
	EV	*CY*	*LI*	
	第二产业增加值	粮食产量	人口	人均可支配收入
常数	0.974	−3.60	5.01***	7.67***
K	0.155**	2.93×10^{-2}	—	—
L	0.358***	0.347*	—	—
A	—	1.01***	—	—
S	—	—	-7.91×10^{-2}	0.117***
E	—	—	0.523***	0.269***
W	0.155*	0.201	−0.145	0.261***
P	−0.310***	−0.434***	−0.437***	0.228***
常数	0.421***	4.26×10^{-2}	0.559***	-9.35×10^{-2}
WR	—	8.10×10^{-3}	—	—
ET	7.76×10^{-5}	-1.81×10^{-3}	9.39×10^{-4}***	-8.20×10^{-4}*
RC	1.47×10^{-5}	—	—	—
TE	-9.83×10^{-4}***	-4.31×10^{-5}	-3.18×10^{-4}***	6.17×10^{-4}***
IS	—	—	-1.96×10^{-2}***	-4.94×10^{-5}
σ^2	4.02×10^{-2}**	3.91×10^{-2}	2.91×10^{-2}***	2.04×10^{-2}*
γ	0.453	0.984**	0.999***	0.998***

注：*、**、*** 在 t 统计量中分别表示 0%、5%和 1%的显著水平。

由表 7-2 分析可知，大部分输入变量都通过了 1%的显著性检验，说明输入变量与输出变量间的关联性较强，验证了指标选择的合理性。约半数环境因素通过 1%的显著性检验，表明环境因素确实影响了部分产出。3 个产出指标的 γ 值都接近 1，说明误差主要来自技术无效率。工业产出的 γ 值为 0.453，意味着技术无效率与随机干扰的影响大致相同。

基于公式(7-4)至公式(7-6),对于投入指标,如果回归系数为正,则说明投入指标与产出指标间呈正相关。对于环境变量,技术无效项 U 的符号为负,因此系数符号代表的指标间关系相反,其包含的投入指标与环境因素对产出指标的影响关系有如下特征:

(1)绝大部分投入指标的参数符号皆与主观判断相符,如更多的劳动力、资本、水资源、土地等投入将带来更多的产出。与人口相关的投入指标中,社会保障投入、水资源投入与人口呈现负相关关系,表明山东省黄河流域九市的发展存在较为严重的不均衡,人口越密集的地区社会保障能力、资源供应水平越差。水污染作为系统中的非期望产出,与经济、粮食产出之间存在明显的负相关关系,这也再次验证了黄河流域九市地区发展不平衡的观点,规模化、集约化的高发展水平地区产生的水资源污染将会更少;反之,发展水平差的地区在产出相对较低的同时,产生的水污染也更严重。这种观点在农业相关的研究中被普遍认可。

(2)与工业产值相关的环境因素中,贸易基础对产值有正向推动作用,而交通便利性与科研基础水平都对工业产出有负向的作用。造成这种现象的原因不排除指标间相互影响造成的参数估计误差;还有另一种可能,受疫情与山东省主动调整产业结构的政策影响,自 2018 年以来,黄河流域九市的工业增加值除济南市外,都有持续下降的趋势。与之呈现相同趋势的是,大部分市的对外贸易金额在这段时期也有所下降,但黄河流域九市的技术与交通条件却是逐年变好的。由于贸易水平与工业增加值在面对疫情、政策等外部干扰时的变化情况一致,因此其相关系数为正,反之,技术、交通与工业增加值的关系为负相关。

(3)与农业产出相关的环境因素中,交通和贸易对农业产出有促进作用,而当地的水资源禀赋却与农业产出呈现负相关关系。这种现象产生的原因是,山东省黄河流域九市中,粮食产出量较高的市都集中在西部地区,包括德州、聊城、菏泽、济宁。与此同时,受地理、气候等因素影响,山东省降水空间分布特征也呈现由东南沿海向西北内陆递减的趋势。山东省是农业大省,这种降水条件与农业产量的差异化地域分布特征意味着农业水资源需要大量主动投入。

(4)与城市宜居性相关的环境因素中,值得注意的是,交通条件与人口是负相关关系。黄河流域九市中,人口较多的地市是济宁、菏泽,这些城市的交通条件远低于济南,但人口数却与济南相当,究其原因有两点:其一,可能与当地的文化背景有关，乡土情结有效限制了人口盲目向政治经济中心涌入；其二，本章选取的是公安部户籍系统统计的人口数据，该数据未考虑部分流动人口虽长期定居他地而户籍仍在当地的情况，可能会使拟合结果有所偏差。

7.3.1.2　产出值修正

根据公式(7-7)，对各系统的产出指标进行重新修正，使得所有 DMUs 都处于一致的客观条件与运气条件下。由于数据量过大，本章仅以济南市为例，展示三大用水系统主要产出修正前后的对比(见图 7-2)。

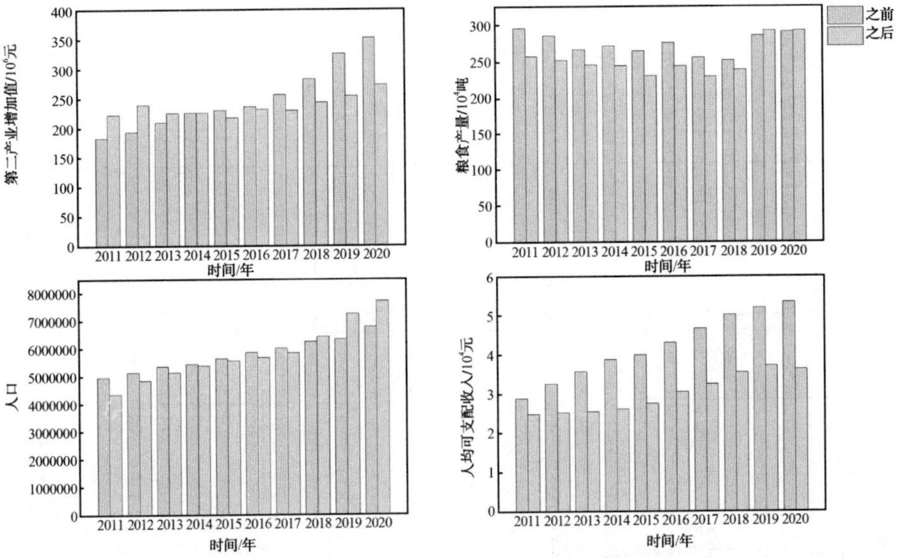

图 7-2　济南市 2011～2020 年用水系统主要产出环境因素剔除前后的对比

由图 7-2 分析可知，济南市产出数据的修正值大部分都低于真实值，工业增加值、粮食产量、人口、人均可支配收入的平均修正比例分别达到－2.29％、－8.01％、－0.004％、－27.73％。这是因为济南市作为山东省省会城市，其科研基础、贸易实力、交通条件等都远高于黄河流域内其他八市。将这些外部因素降至九市平均水平后，势必会减少产出。值得注意的是，2014 年前第二产业的增加值与 2018 年后人口的修正值却是明显大于真实值。对于早年产出向上修正的原因较易解释。一般来说，早年间的环境因素肯定不如当前，比如 2013 年，济南市内高速公路全长只有 355 km，7 年后的 2020 年却达到了 738 km，该数据增加了一倍还多。当这些环境因素被平均值代替时，那么早年的产出可能会有所提升。人口修正值大于真实值却发生在 2018 年后，这种现象似乎违背了上文的解释。究其原因，随着近年来山东省发展重心逐渐向济南转移，济南市吸引了大批流动人口，而统计值可能低估了济南市实际人口，因此，2018 年后济南市人口皆向上修正。

7.3.2 水资源效率分析

7.3.2.1 各系统用水效率

根据公式(7-8)，采用带有非期望产出的 SBM-DEA 模型计算不同城市各系统的用水效率，效率计算结果如图 7-3 所示。

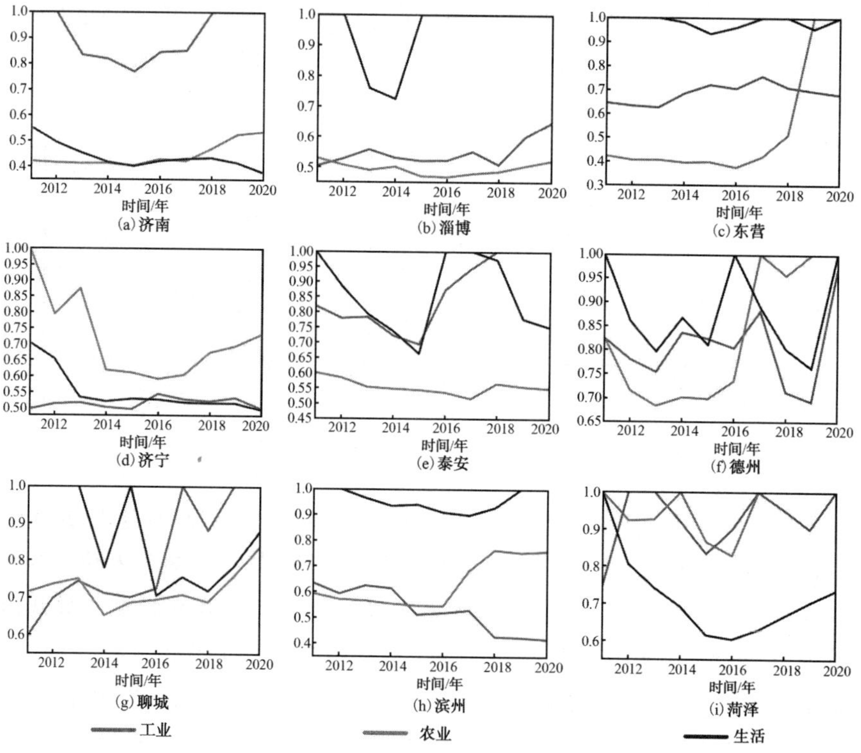

图 7-3　修正后 2011～2020 年山东省黄河流域九市工业—农业—生活用水效率

由图 7-3 分析可知，黄河流域九市中用水效率较高的三市为德州、聊城、菏泽，三市各系统的用水效率大都高于 0.6。其中，菏泽市历年平均用水效率最高，达到0.866。有趣的一点是，德州市工业与生活用水系统的效率变化趋势几乎一致，这是其他城市都不具备的特征，说明其工业与城市发展同步、齐头并进。济南、淄博、济宁三市的平均用水效率在黄河流域九市中较低，济宁市历年平均用水效率仅有0.595。济南市和淄博市分别在工业与生活系统用水效率方面有不俗的表现，但农业用水效率都很低，劳动力与水资源冗余投入是主要原因。同时，济南市的资本、土地冗余投入量以及水污染过度产生量也远高于其他市。淄博和济宁两市的工业用水效率偏低，其原因都是工业废水排放量高、资本投入冗余量大。此外，济南市生活系统用水效率低下，相比之下，其一般公共预算投入过多，人均可支配收入过少，说明近年济南市高昂的公共预算并没有对居民生活水平产生显著改善，人均可支配收入的缺口正在逐年增大。

7.3.2.2　环境因素剔除对用水效率的影响

为对比修正前后用水效率的差异，分别计算修正前后的系统用水效率，选择 2020 年作为典型年进行对比分析(见图 7-4)。

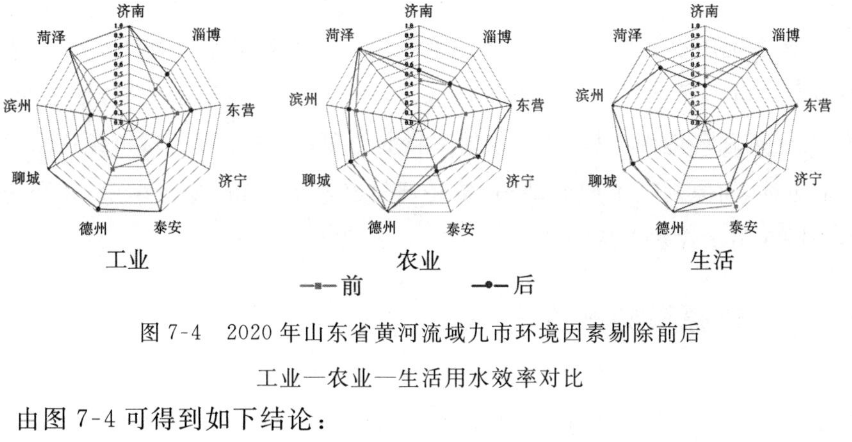

图 7-4　2020 年山东省黄河流域九市环境因素剔除前后

工业—农业—生活用水效率对比

由图 7-4 可得到如下结论：

(1)就工业系统而言，剔除环境因素后，平均用水效率从 0.546 提升至 0.801，效率最高城市与最低城市间的差距从 0.733 降至 0.584，城市间工业用水效率差异显著减小。聊城、泰安用水效率提高最多，分别从 0.333、0.418 提升至

1,这意味着聊城、泰安这类城市用水效率低下主要是由环境因素导致的,资源投入已相对合理。对于这些城市,上级政府应着重关注其自身较难做出改进的客观环境,为其创造良好的交通、贸易、科研环境。

(2)农业系统剔除环境因素后,整体用水效率也提升了,但提升率低于工业系统,平均用水效率从0.638提升至0.770,效率最高城市与最低城市间差距也从0.563缩小至0.480。对于工业、农业系统来说,城市间用水效率差距都是减小的,说明环境因素扩大了城市间发展的不平衡,将其剔除可以提高用水效率对比的公平性。东营市是农业系统中用水效率提升最大的城市,从0.500提升至1。为剖析这个现象,我们对其历史年的用水效率进行追溯,发现东营市其他年的农业系统用水效率无论在修正前后都很低,大都在0.4～0.5,仅2019年、2020年两年用水效率突然增至1。2019年又是一个具有标志性的年份,疫情在这一年爆发,全球贸易快速停摆,东营市作为黄河入海口城市,其进出口总额历年都领先于其他八市,因此,其也是受疫情影响最大的城市,2020年进出口总额下降约17.5%。由于贸易环境对农业产量有推动作用,剔除了贸易额迅速下降这一不利因素,农业用水效率间接上升。

(3)生活系统与其他两个系统不同,在剔除环境因素后,平均用水效率从0.894下降至0.804,用水效率最高城市与最低城市间差距也从0.526扩大至0.622。该系统用水效率的普遍降低以及城市间用水效率差距的拉大,意味着一些城市在环境因素不利的条件下依然保持着较高的城市用水效率,如滨州市、东营市,在剔除环境因素后,其用水效率将变得更高,使得其他城市距用水效率前端面更远,而原来吃了产业结构、贸易环境红利的城市,如济南市,在环境优势丧失后其用水效率必然降低。

7.3.3 水资源再分配方案

7.3.3.1 城市水资源配置整体差异分析

为探究黄河流域城市在水资源配置方面存在的问题,根据公式(7-8)和公式(7-9),我们比较SBM与PEAM对城市用水效率计算结果的差异,基于差异量分析水资源再分配在不同城市发展中的重要性。计算结果如表7-3所示。

表 7-3 2011～2020年PEAM与SBM平均效率计算结果对比

城市	SBM				PEAM				$\Delta\bar{\eta}$
	η^{in}	η^{ag}	η^{li}	$\bar{\eta}$	η^{in}	η^{ag}	η^{li}	$\bar{\eta}$	
济南	0.912	0.445	0.440	0.599	0.932	0.686	0.604	0.741	0.142
淄博	0.546	0.495	0.948	0.663	0.649	0.833	0.793	0.758	0.095
东营	0.686	0.533	0.983	0.734	0.802	0.801	0.966	0.856	0.123
济宁	0.514	0.719	0.551	0.595	0.660	0.886	0.664	0.737	0.142
泰安	0.861	0.555	0.858	0.758	0.935	0.651	0.879	0.821	0.064
德州	0.807	0.831	0.879	0.839	0.876	0.934	0.832	0.881	0.041
聊城	0.805	0.722	0.862	0.796	0.871	0.827	0.826	0.841	0.045
滨州	0.528	0.632	0.957	0.706	0.776	0.948	0.949	0.891	0.185
菏泽	0.925	0.954	0.719	0.866	0.957	0.994	0.815	0.922	0.056

由表7-3分析可知，PEAM计算的各系统效率都普遍高于SBM的计算结果，所有城市的平均效率$\bar{\eta}$都比修正前高出约0.1。究其原因，原先的水资源松弛约束被替换为总量约束后，限制效率前沿面选取过程的条件减弱了。类似于超高效DEA模型，这个步骤允许一些DMUs出现在效率前沿面包络的区域之外，这导致PEAM的前沿面效率低于SBM。对于不在前沿面上的DMUs，前沿面效率下降意味着其相对效率的提升，原先在前沿面上的DMUs，其效率有可能会大于1。采用$\Delta\bar{\eta}$表示PEAM与SBM计算的各城市用水系统平均效率之差，该值的大小不仅体现了水资源投入量这一指标在不同城市用水系统效率计算模型中的重要性，也体现了城市水资源配置亟须调整的程度。

基于黄河流域九市的$\bar{\eta}$、$\Delta\bar{\eta}$指标，将城市进行分组，以便分析其共性特征（见图7-5）。由图7-5分析可知，泰安、德州、聊城、菏泽的$\Delta\bar{\eta}$值较小，在0.05左右，同时这些城市调整后的平均效率$\bar{\eta}$较高。这说明这些城市水资源配置已较为合理，无需进行大规模调整。东营与滨州调整后的$\bar{\eta}$较高，分别达到0.856

与 0.891，两市的 $\Delta\bar{\eta}$ 也非常高，分别达到 0.123 与 0.185，是上述四市的 3～4 倍。这说明不同系统间的用水效率差异大，亟须进行水资源重新配置，减少低效用水系统的用水量，将其分配给效率较高的用水系统。济南、济宁则是低 $\bar{\eta}$、高 $\Delta\bar{\eta}$ 的城市，这类城市的综合用水效率低，且不同用水系统发展极不平衡，仅依赖水资源重新配置无法使其平均效率上升太多，模型中涉及的其他投入资源的配置问题也很严重。

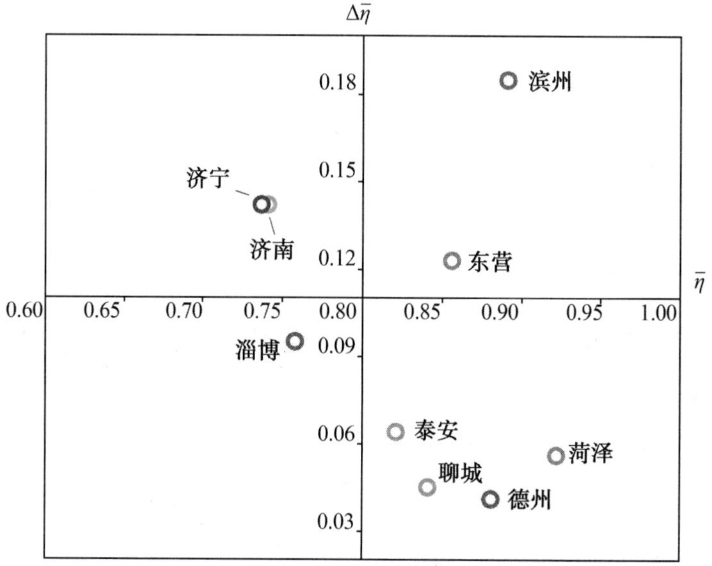

图 7-5　山东省黄河流域九市水资源利用情况分组

7.3.3.2　系统间水资源配置分析

为进一步分析不同用水系统间水资源的具体配置方案，我们挑选 2020 年作为研究年，基于 PEAM 中水资源松弛数据得到各城市水资源分配方案，结果如图 7-6 所示。

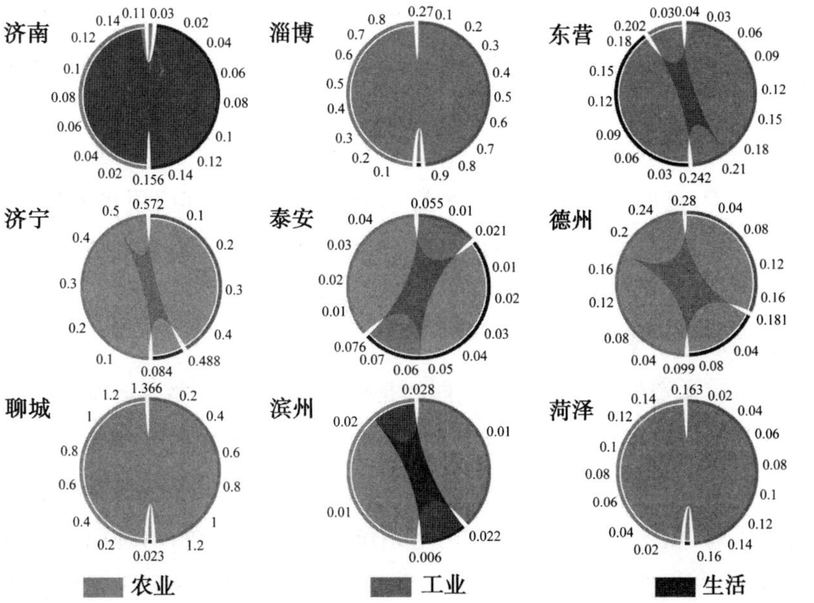

图 7-6　2020 年山东省黄河流域九市工业—农业—生活用水系统水资源再分配方案

由图 7-6 分析可知，大部分城市的水资源需要从工业调出，如淄博、聊城、滨州、菏泽、东营，其中淄博与聊城的工业用水调出量更达到 1 亿立方米左右。受疫情影响，山东省黄河流域九市除济南市外，其余各市第二产业产值在 2019 年、2020 年都下降明显。其中，下降最多的城市是聊城，相比于 2018 年，其 2020 年第二产业产值降低了 48.6%，淄博的第二产业产值下降率也达到了 32.7%。但无论是这两个城市还是其他城市，工业系统用水量都没有明显下降。因此，模型认为在工业系统产出大幅下降的情况下，用水效率远不如前，水资源需向其他系统分配。出现这种现象，一部分原因是这些城市的工业系统在面临突发事件时反应速度过慢，导致效率下降；另一部分原因与城市的工业结构有关，山东省工业结构以传统重工业为主，在疫情之下遭受的损失远比其他产业更大。建议上述城市以济南为标杆，加快工业部门转型升级，提升反应速度，有效应对突发事件带来的效率损失。

济宁、泰安、德州的水资源则主要从农业系统调出，与工业系统不同的是，农业系统的用水调出量占总用水量的比例很小。这 3 个城市中，调出量最大的是济宁，达到 0.572 亿立方米，分别约是泰安与德州的 10 倍与 2 倍。济宁作为山东省重要的粮食产出市之一，境内包括山东省最大的湖泊——南四湖，水源充足。不同于山东省内主要作物为小麦、玉米，当地的特色作物为水稻，而单位产量的水稻所需的直接水资源投入量远高于小麦与玉米。出于对模型简洁性的考虑，未将各类投入与产出指标进行细致的划分，因此，济宁市农业用水效率有被低估的可能，进而导致针对该市水资源的建议是农业部门用水大量调出。由于各地区作物类型、饮食习惯存在差异，模型未能对这些细节上的差异进行分析。因此，建议各地市在农业方面采取保守策略，在保证粮食安全的前提下，再寻求水资源利用效率的提升。

与其他八市水资源调整情况都不同的是济南，济南水资源主要调出的系统是生活用水系统。济南作为九市中城市人口最多的城市，相较于排名第二的济宁，人口比济宁多了 35.1%，城市用水量却高出了 63.4%，其依靠外部环境优势吸引了大量人口，但这也导致了城市用水系统发展过于粗放，治理能力有待提升。此外，济南作为省会城市，居民的人均可支配收入却并未领先其他地市太多，几乎与东营一致，在修正后，该值甚至低于大部分城市。因此，从宜居性角度考虑，城市系统用水效率必然低下。济南市目前应改变依赖规模扩张的粗放发展路径，更需注意城市内部建设，实现高质量发展转型。

7.4 结论

本章提出了一种用于并列系统的资源利用效率分析与系统间资源优化配置模型，对比分析了山东省黄河流域九市 2011～2020 年的水资源利用效率，并针对不同城市的三大用水系统提供了水资源再分配的建议。该方法学体系中涉及的环境因素分析不仅能剔除不同 DMUs 之间客观发展水平差异对用水效率计算的影响，尽量保证效率分析的公平性，同时也能检验投入指标、环境指标是否对产出指标具有显著影响，保证指标选取的合理性。此外，本章以目前运用较为成熟的 SBM-DEA 作为引出，与 PEAM 进行对比，并对其结果差异部分进行了解释与讨论，从侧面验证了模型的可靠性。该方法学体系不仅能优化水资源配置，也能用于其他具有相同投入资源的并列系统，对其进行效率分析与优化资源配置，具有良好的推广性。

针对书中的山东省黄河流域城市用水案例，经研究发现：

(1)剔除环境影响以及水资源再分配后，部分城市呈现出一致的特征，这种性质有利于对其进行分类管理。泰安、德州、聊城、菏泽的水资源配置方案呈现“小调整、高效率”的特征，其用水效率在环境因素剔除前后变化也较大。这些城市在未来年的发展仅靠自身很难再有效率上的大幅提升，需上级政府进行外部政策支持。滨州、东营两个沿海城市的水资源配置方案呈现“大调整、高效率”的特征，水资源重新配置在两市具有重要意义。济南、济宁、淄博三市的水资源配置方案呈现“小调整、低效率”的特征，水资源再分配在这些城市并不起到很大作用。除水资源投入方面，其自身还需注意劳动力、资本的冗余投入、水污染的过度产生等其他方面。

(2)山东省同时作为农业与工业大省，在近几年疫情的大背景下，以传统工业为主的城市需建立工业系统的快速反应机制，避免市场需求降低导致过度生产，进而导致资源浪费。对于省内大多数城市来说，目前还是建议缩减工业用水、提高农业用水。

本书的数据来源主要为各地市统计年鉴，受限于各地市统计口径差异，部分投入产出指标只能被间接表征。PEAM 为复杂的非线性规划模型，本章基于 Matlab 内置的非线性规划求解算法，以 SBM-DEA 的解作为初始输入迭代计算求得，计算结果有陷入局部最优的可能。

参考文献

[1] The United Nations. United Nations World Water Development Report 2019 [EB/OL]. [2022-06-02]. https://unesdoc.unesco.org/ark:/48223/pf0000367303_chi.

[2] The United Nations. UN-Water analytical brief Water-use efficiency [EB/OL]. [2022-06-02]. https://www.unwater.org/publications/un-water-analytical-brief-water-use-efficiency/.

[3] National Bureau of Statistics. China statistical yearbook 2021[EB/OL]. [2022-06-02]. http://www.stats.gov.cn/tjsj/ndsj/2021/indexch.html.

[4]Ministry of Water Resources of the People's Republic of China. China water statistical yearbook 2021[EB/OL]. [2022-06-02]. https://data.cnki.net/Trade/yearbook/single/N2021040169? zcode=Z011.

[5]The State Councill. Outline of ecological protection and high-quality development planning for the Yellow River Basin[EB/OL]. [2022-06-02]. http://www.gov.cn/zhengce/2021-10/08/content_5641438.html.

[6]National Development and Reform Commission. Implementation plan for conservation and intensive utilization of water resources in the Yellow River Basin[EB/OL]. [2022-06-02]. http://www.gov.cn/zhengce/zhengceku/2021-12/17/content_5661519.html.

[7]ZHANG K, LU H, TIAN P, et al. Analysis of the relationship between water and energy in China based on a multi-regional input-output method[J]. Journal of environmental management, 2022, 309: 114680.

[8]LIU Y, YUAN L. Evolution of water-use efficiency in the Yangtze River Economic Belt based on national strategies and water environment treatment[J]. Ecological informatics, 2022, 69: 101642.

[9]CHANG Y, ZHU D. Water utilization and treatment efficiency of China's provinces and decoupling analysis based on policy implementation[J]. Resources, conservation and recycling, 2021, 168: 105270.

[10]HO T, HOANG V, WILSON C. Sustainability certification and water efficiency in coffee farming: The role of irrigation technologies[J]. Resources, conservation and recycling, 2022, 180:106175.

[11]SHI C, LI L, CHIU Y, et al. Spatial differentiation of agricultural water resource utilization efficiency in the Yangtze River Economic Belt under changing environment[J]. Journal of cleaner production, 2022, 346: 131200.

[12]ZHUANG Y, ZHANG L, CHIU Y, et al. Evaluating the recycling efficiency of industrial water use systems in China: Basin differences and

factor analysis[J]. Journal of environmental management, 2022, 316: 115313.

[13] WANG M, HUANG Y, LI D. Assessing the performance of industrial water resource utilization systems in China based on a two-stage DEA approach with game cross efficiency[J]. Journal of cleaner production, 2021, 312: 127722.

[14]TOURINHO M, SANTOS P R, PINTO F T, et al. Performance assessment of water services in Brazilian municipalities: An integrated view of efficiency and access[J]. Socio-economic planning sciences, 2022, 79: 101139.

[15]SHAHANGIAN S, TABESH M, YAZDANPANAH M. How can socio-psychological factors be related to water-efficiency intention and behaviors among Iranian residential water consumers? [J]. Journal of environmental management, 2021, 288: 112466.

[16]HU J, WANG S, YEH F. Total-factor water efficiency of regions in China[J]. Resources policy, 2006, 31(4): 217-230.

[17]BIAN Y, YAN S, XU H. Efficiency evaluation for regional urban water use and wastewater decontamination systems in China: A DEA approach[J]. Resources, conservation and recycling, 2014, 83: 15-23.

[18]YANG W, LI L. Analysis of total factor efficiency of water resource and energy in China: A study based on DEA-SBM model[J]. Sustainability, 2017, 9: 1316.

[19]KANEKO S, TANAKA K, TOYOTA T, et al. Water efficiency of agricultural production in China: Regional comparison from 1999 to 2002[J]. International journal of agricultural resources, governance and ecology, 2004, 3: 231-251.

[20]ZHENG J, ZHANG H, XING Z. Re-examining regional total-factor water efficiency and its determinants in China: A parametric distance function approach[J]. Water, 2018, 10: 1286.

[21]WANG F, YU C, XIONG L, et al. How can agricultural water use efficiency be promoted in China? A spatial-temporal analysis, resources[J].

Conservation and recycling, 2019, 145: 411-418.

[22] FRIED H, LOVELL C, SCHMIDT S, et al. Accounting for environmental effects and statistical noise in data envelopment analysis[J]. Journal of productivity analysis, 2002, 17(1-2): 157-174.

[23] LU X, XU C. The difference and convergence of total factor productivity of inter-provincial water resources in China based on three-stage DEA-Malmquist index model[J]. Sustainable computing: informatics and systems, 2019, 22: 75-83.

[24] ZHOU S, XU Z. Energy efficiency assessment of RCEP member states: A three-stage slack based measurement DEA with undesirable outputs[J]. Energy, 2022, 253: 124170.

[25] DING N, LIU J, YANG J, et al. Water footprints of energy sources in China: Exploring options to improve water efficiency[J]. Journal of cleaner production, 2018, 174: 1021-1031.

[26] MAESEELE C, ROUX P. An LCA framework to assess environmental efficiency of water reuse: Application to contrasted locations for wastewater reuse in agriculture[J]. Journal of cleaner production, 2021, 316: 128151.

[27] ZUO Z, GUO H, LI Y, et al. A two-stage DEA evaluation of Chinese mining industry technological innovation efficiency and eco-efficiency[J]. Environmental impact assessment review, 2022, 94: 106762.

[28] BIAN Y, YANG F. Resource and environment efficiency analysis of provinces in China: A DEA approach based on Shannon's entropy[J]. Energy policy, 2010, 38: 1909-1917.

[29] ANGULO-MEZA L, GONZÁLEZ-ARAYA M, IRIARTE A, et al. A multiobjective DEA model to assess the eco-efficiency of agricultural practices within the CF + DEA method[J]. Computers and electronics in agriculture, 2019, 161: 151-161.

[30] WEI J, LEI Y, YAO H, et al. Estimation and influencing factors of

agricultural water efficiency in the Yellow River Basin, China[J]. Journal of cleaner production, 2021, 308: 127249.

[31] CHEN Y, MIAO J, ZHU Z. Measuring green total factor productivity of China's agricultural sector: A three-stage SBM-DEA model with non-point source pollution and CO_2 emissions[J]. Journal of cleaner production, 2021, 318: 128543.

[32] STREIMIKIS J, SARAJI M. Green productivity and undesirable outputs in agriculture: a systematic review of DEA approach and policy recommendations[J]. Economic research-ekonomska istraživanja, 2022, 35: 819-853.

[33]FRIJA A, WOSSINK A, BUYSSE J, et al. Irrigation pricing policies and its impact on agricultural inputs demand in Tunisia: A DEA-based methodology [J]. Journal of environmental management, 2011, 92: 2109-2118.

[34]WANG S, ZHOU L, WANG H, et al. Water use efficiency and its influencing factors in China: based on the data envelopment analysis (DEA)-tobit model[J]. Water, 2018, 10(7): 832.

[35] Shandong Province Bureau of Statistics. Shandong statistical yearbook[EB/OL]. [2022-06-02]. http://tjj.shandong.gov.cn/tjnj/nj2021/zk/indexch.html.

[36]Jinan Municipal Bureau of Statistics. Jinan statistical yearbook[EB/OL]. [2022-06-02]. http://jntj.jinan.gov.cn/art/2021/10/11/art_27523_4743879.html.

[37]Zibo Municipal Bureau of Statistics. Zibo statistical yearbook[EB/OL]. [2022-06-02]. http://tj.zibo.gov.cn/col/col886/index.html.

[38] Dongying Municipal Bureau of Statistics. Dongying statistical yearbook [EB/OL]. [2022-06-02]. http://dystjj.dongying.gov.cn/col/col36583/index.html.

[39]Water resources department of Shandong province. Shandong water

resources bulletin[EB/OL]. [2022-06-02]. http://wr.shandong.gov.cn/zwgk_319/fdzdgknr/tjsj/szygb/.

[40]ZHANG C, CHEN P. Applying the three-stage SBM-DEA model to evaluate energy efficiency and impact factors in RCEP countries[J]. Energy, 2022, 241: 122917.

[41]张军,吴桂英,张吉鹏. 中国省际物质资本存量估算:1952—2000[J]. 经济研究,2004(10): 35-44.

[42] ZOU L, LIU Y, WANG Y, et al. Assessment and analysis of agricultural non-point source pollution loads in China: 1978-2017[J]. Journal of environmental management, 2020, 263: 110400.

[43] YANG M, HOU Y, JI Q, et al. Assessment and optimization of provincial CO_2 emission reduction scheme in China: An improved ZSG-DEA approach[J]. Energy economics, 2020, 91: 104931.

[44]BATTESE G E, COELLI T J. A model for technical inefficiency effects in a stochastic frontier production function for panel data[J]. Empirical economics, 1995, 20(2): 325-332.

[45]LIU W, YANG H, LIU Y, et al. Water resources conservation and nitrogen pollution reduction under global food trade and agricultural intensification[J]. Science of the total environment, 2018, 633: 1591-1601.

[46] MENGMENG M, BAOXIANG Z. Analysis of spatial-temporal distribution characteristics of precipitation in Shandong province from 1961 to 2017[J]. Iop conference series: Earth and environmental science, 2019, 376: 012021.

[47]WANG F, WU M. The impacts of COVID-19 on China and economy and energy in the context of trade protectionism[J]. International journal of environmental research and public health, 2021, 18: 12768.

[48]EI-MAGD I A, TANTON T. Remote sensing and GIS for estimation of irrigation crop water demand[J]. International journal of remote sensing, 2005, 26(11): 2359-2370.

第8章　可持续发展路径与对策之城市风险调控策略

8.1　研究背景

生态环境问题在世界范围内的频繁暴发，严重威胁着人类的生存环境和经济社会的可持续发展。近年来，全球都在积极推动生态环境保护，中国也加强了生态环境保护，将生态安全提至国家安全的高度。而城市作为国家发展的基础和核心，高能耗、高污染和低自然资源等特点导致其生态系统更加复杂、脆弱且不稳定。部分快速发展的城市已经出现了一系列的环境问题，如城市热岛效应加剧、空气质量恶化、生物多样性丧失和栖息地破碎化等。因此在城市快速发展的同时，如何确保城市的生态安全已成为热点问题。深圳市作为中国的超大城市，是经济最活跃、城市化程度最高的地区之一。由于能源、资本和人口的大量聚集，深圳市面临着巨大的生态风险和环境压力。现有的关于深圳、珠三角城市群生态安全为主的研究时间区间一般为2003～2015年，而最新的关于深圳生态安全的研究大都侧重于自然资源、景观变化、土地利用、城市政策等方面。因此，非常有必要对其近年来的城市生态安全状况进行深入的探讨研究。本章以深圳市为例，准确评估其生态安全状态，确定关键影响因素，并对其城市生态安全进行预测,这对于深圳市乃至于世界其他城市生态可持续发展战略的制定具有较好的参考价值和借鉴意义。

生态安全有狭义和广义之分。狭义的生态安全是指自然和半自然系统的安全,而广义的生态安全是指防止由于生态环境的退化而对经济发展的环境基础构成威胁。综合来说,现有的生态安全方面的研究是为了防止环境质量状况的下降和自然资源的退化,从而保持或增强经济可持续发展的环境支撑能力。目前,生态安全方面的研究规模主要涉及国家、地区、流域、城市群以及具有重要或典型生态功能的森林、草原或湖泊等,少部分的研究对象为城市。在国家尺度上,李(Li)等使用改进的能值足迹模型评估了中亚五国的生态安全。成(Cheng)等基于压力—状态—响应(Press-State-Response, PSR)框架建立了生态安全模糊评价模型,对中国大陆土地资源生态安全水平进行了综合评价。在区域及城市尺度上,古(Gu)等通过集成二类模糊集和 PSR 模型对黄河流域的水—能—食物系统的生态安全进行了评估研究。莱卡(Leka)等以 PSR 框架为基础开发了旅游承载力指数模型,对地中海沿海城市群的旅游生态可持续性进行了评估研究。胡(Hu)等采用层次分析法(AHP-PSR)模型对潍坊市生态脆弱性进行评价,并对该区域的生态发展提供了合理建议。由于不同地区之间的生态环境与社会经济发展具有显著的差异性,所以以城市尺度开展生态安全的研究更具准确性,从而可确保城市的可持续发展。

目前生态安全的基础理论研究比较丰富,主要方法有 PSR 模型、模糊评价方法、人工神经网络方法、生态足迹模型等。刘(Liu)等利用空间统计和地理探测器系统分析了 2000～2020 年重庆市生态安全的时空分异特征和机制。刘(Liu)等应用改进的能值—生态足迹和 DEA-SBM 模型评估了长江流域特大城市的生态安全。不同的评价模型各有优缺点,如模糊评价方法可以考虑系统内部的复杂性和模糊性,但评价结果难以表达。人工神经网络方法可以在高速下找到最优解,但在运行过程中难以确定网络结构和初始参数。PSR 模型可以有效反映指标之间的系统反馈机制,从过程控制的角度全面反映生态系统的形成、状态及其影响。PSR 模型在生态安全相关研究中的应用最为广泛,其能够充分反映外部干扰与环境变化之间的因果关系,具有较高的可扩展性和系统性。因此，本章选择 PSR 模型开展深圳生态安全的评估研究。另外，有大量研究基于 PSR 模型对中国不同区域规模的生态安全进行了评估，如黄河流域、长江流域、珠江三角洲、京津冀和胶州湾等。王（Wang）等基于 PSR-EVW-TOPSIS 综合模型评估了江苏省的城市生态文明，并诊断分析了其障碍因素。李(Li)等使用新构建的 basic-PSR 模型评估分析了高山牧区生态系统健康的时空变化趋势。以上生态安全方面的研究内容主要集中在回顾性评价和模型构建方面，少有生态安全预测方面的研究。生态安全是涉及自然、经济和社会因素的复杂系统，其在不同时期受到人类活动的干扰会产生较大差异，因此本章在生态安全评估的基础上对其进行动态调整及预测规划。

综上所述，本章以深圳市为例，构建城市生态安全评估和预测研究框架。首先通过构建指标评价体系(PSR 模型)对深圳市 2010～2019 年城市生态安全进行系统评估，然后通过因子分析法识别影响生态安全的关键影响因素，最后通过蒙特卡罗模拟法对其未来年进行预测，并给出有效建议，确保深圳市生态安全的可持续性。本章的潜在研究贡献主要有以下几个方面：构建了一种动态城市生态安全评估与预测研究框架；将因子分析法与 PSR 模型耦合识别了城市生态安全的关键影响因素，即障碍因素诊断；对城市未来生态安全进行了预测分析，即生态安全预警，并提出了有针对性的生态安全提升路径建议。本章可为开展中国乃至全球的城市生态安全历史评估和未来预测提供一个方法学框架，并为城市制定生态可持续发展的政策制定提供理论参考。

8.2　研究区域及数据来源

8.2.1　研究区域

深圳是中国南部海滨城市，毗邻香港，位于北回归线以南，东经 113°46′至 114°37′，北纬 22°27′至 22°52′。深圳地处广东省南部，珠江口东岸，东临大亚湾和大鹏湾，西濒珠江口和伶仃洋，南边深圳河与香港相连，北部与东莞、惠州两个城市接壤。深圳市土地总面积为 1952.84 平方千米，其中，深圳经济特区为 395.81平方千米。截至 2019 年，深圳市常住人口 1343 万人，城镇化率一直保持在 99%以上，国内生产总值为 73 亿元，增长速度为 6.7%。高水平的城市化带来了大量的人口涌入和巨大的生态压力，这也正在成为制约城市可持续发展的关键，因此迫切需要评估城市生态安全系统，确保深圳市的生态安全状况。

8.2.2 数据来源

本研究涉及深圳市的 40 个指标，这些数据主要来自专家知识、地方政府政策、城市发展规划、政府报告和广泛的文献调查，如广东省社会经济统计年鉴、深圳统计年鉴等。

8.3 研究方法

8.3.1 生态安全评价指标体系构建

PSR 模型从社会经济与自然资源之间的相互作用机制出发，构建多层面、多维度的评价指标体系，用于分析社会与自然环境中压力、状态和反应之间的关系。PSR 模型是一个包括压力、状态和响应 3 个子系统的动态模型结构，指标子系统之间属于因果关系。该模型能够处理研究对象面对的困境、为何会产生以及如何解决。本章根据 PSR 模型的作用机理，在参考国内外基于城市系统风险评估研究建立的指标体系基础上，结合深圳市的实际情况，从压力、状态、响应 3 个方面构建指标评价体系，其中 GDP 等均转换为 2010 年可比价格（见表 8-1）。在选择具体指标时，参考以往研究中的高频指标。

表 8-1　深圳市生态安全指标体系

系统层	要素层	指标层	单位	方向
压力层	人口压力	人口总量(*PR*1)	10^4 人	－
		人口自然增长率(*PR*2)	‰	－
	经济压力	人均可支配收入(*PR*3)	元	＋
		GDP 总量(*PR*4)	10^4 元	＋
		人均 GDP(*PR*5)	元	＋
		居民消费价格指数(*PR*6)	—	－
		农林牧渔业总产值(*PR*7)	10^4 元	＋
	资源压力	万元 GDP 能耗(*PR*8)	tce	－
		万元 GDP 电耗(*PR*9)	kW·h	－
		万元工业增加值用水量(*PR*10)	m^3	－
		粮食亩产量(*PR*11)	kg	＋
		水产品总产量(*PR*12)	t	＋
	生态压力	万元 GDP 的 SO_2 排放量(*PR*13)	kg	－
		万元 GDP 烟尘排放强度(*PR*14)	μg	－
		万元 GDP 工业废气排放强度(*PR*15)	$10^3 m^3$	－
		人均生活用电量(*PR*16)	kW·h	－
状态层	资源状态	人均耕地面积(*ST*1)	亩/10^4 人	＋
		人均公共绿地面积(*ST*2)	m^2/人	＋
		人均道路面积(*ST*3)	m^2/人	＋
		人均住房面积(*ST*4)	m^2/人	＋
		年降水量(*ST*5)	mm	＋
		能源消费弹性系数(*ST*6)	—	－
		建成区绿化覆盖率(*ST*7)	%	＋
	环境状态	空气质量优良率(*ST*8)	%	＋
		城市道路交通噪声(*ST*9)	dB	－

续表

系统层	要素层	指标层	单位	方向
响应层	经济响应	科技支出占财政支出比例(*RE*1)	%	+
		水利、环境基础设施投资(*RE*2)	10^8 元	+
		财政支出(*RE*3)	10^4 人	+
		第三产业贡献率(*RE*4)	%	+
		万元 GDP 货运量(*RE*5)	t	−
		环保投资占财政支出比例(*RE*6)	%	+
	环境响应	生活垃圾无害化处理量(*RE*7)	10^4 t	+
		污水处理厂日均处理量(*RE*8)	10^4 t	+
		自来水生产力(*RE*9)	$10^4\ m^3$/天	+
		电力供应量(*RE*10)	10^4 kW·h	+
		生活垃圾无害化处理率(*RE*11)	%	+
	社会响应	公共汽车客运人数(*RE*12)	10^4 人	+
		万人拥有医生数(*RE*13)	人	+
		万人在校大学生数(*RE*14)	人	+
		市级重点实验室个数(*RE*15)	个	+

8.3.1.1 指标权重分配

在对生态安全指标权重赋值时，本章综合考虑主观权重和客观权重，采用组合权重法确定其最终权重，其中改进层次分析方法用于主观权重赋值，熵权法用于客观权重赋值，其值如表 8-2 所示。由于原始数据的量级、属性等不相同，无法直接在评价中使用，故对原始数据矩阵 **X** 进行标准化处理。对原始数据矩阵 **X** 的正、负属性指标分别依照公式(8-1)、公式(8-2)进行标准化处理，得标准化数据矩阵 **Z**。

$$Z_{ij_1}=\frac{x_{i,j}-x_{i\min,j}}{x_{i\max,j}-x_{i\min,j}} \tag{8-1}$$

$$Z_{ij_2}=\frac{x_{i\max,j}-x_{i,j}}{x_{i\max,j}-x_{i\min,j}} \tag{8-2}$$

表 8-2　深圳市城市安全评价指标体系构建

系统层	要素层	指标层	主观权重	客观权重	综合权重
压力层	人口压力	*PR*1	0.040	0.021	0.032
		*PR*2	0.008	0.018	0.013
	经济压力	*PR*3	0.048	0.023	0.037
		*PR*4	0.114	0.027	0.062
		*PR*5	0.058	0.022	0.040
		*PR*6	0.012	0.012	0.014
		*PR*7	0.012	0.032	0.024
	资源压力	*PR*8	0.081	0.018	0.042
		*PR*9	0.081	0.021	0.046
		*PR*10	0.058	0.014	0.032
		*PR*11	0.012	0.033	0.022
		*PR*12	0.012	0.043	0.026
	生态压力	*PR*13	0.026	0.010	0.018
		*PR*14	0.026	0.014	0.021
		*PR*15	0.026	0.021	0.026
		*PR*16	0.018	0.050	0.033
状态层	资源状态	*ST*1	0.012	0.015	0.013
		*ST*2	0.010	0.024	0.015
		*ST*3	0.008	0.041	0.020
		*ST*4	0.008	0.022	0.013
		*ST*5	0.006	0.015	0.017
		*ST*6	0.015	0.010	0.009
		*ST*7	0.006	0.018	0.017

续表

系统层	要素层	指标层	主观权重	客观权重	综合权重
状态层	环境状态	$ST8$	0.015	0.017	0.011
		$ST9$	0.006	0.037	0.039
响应层	经济响应	$RE1$	0.034	0.059	0.050
		$RE2$	0.034	0.036	0.031
		$RE3$	0.021	0.018	0.022
		$RE4$	0.021	0.027	0.027
		$RE5$	0.021	0.025	0.026
		$RE6$	0.021	0.040	0.036
	环境响应	$RE7$	0.026	0.014	0.020
		$RE8$	0.021	0.036	0.024
		$RE9$	0.012	0.018	0.018
		$RE10$	0.015	0.027	0.020
		$RE11$	0.015	0.016	0.013
	社会响应	$RE12$	0.008	0.023	0.015
		$RE13$	0.008	0.019	0.014
		$RE14$	0.008	0.020	0.014
		$RE15$	0.008	0.021	0.032

8.3.1.2　改进层次分析法

改进层次分析法应用标度构造法确定判断矩阵，不需要进行一致性检验，其排序向量的获取较为简单，计算量较层次分析法大大减少。基本思路如下：通过专家意见对 n 个指标按重要程度递减的方式排序，假设得到的重要性排序为 $x_1 \geqslant x_2 \geqslant \cdots \geqslant x_n$，对 x_i 与 x_{i+1} 进行比较，将其对应的标度值记为 t_i，按公式(8-3)构造判断矩阵。

$$
\boldsymbol{R}=\begin{bmatrix}
1 & t_1 & t_1t_2 & t_1t_2t_3 & t_1t_2t_3t_4 & \cdots & t_1t_2\cdots t_{n-1}\\
1/t_1 & 1 & t_2 & t_2t_3 & t_2t_3t_4 & \cdots & t_2t_3\cdots t_{n-1}\\
1/t_1t_2 & 1/t_2 & 1 & t_3 & t_3t_4 & \cdots & t_3t_4\cdots t_{n-1}\\
1/t_1t_2t_3 & 1/t_2t_3 & 1/t_3 & 1 & t_4 & \cdots & t_4t_5\cdots t_{n-1}\\
\vdots & \vdots & \vdots & \vdots & \vdots & \vdots & \vdots\\
1/t_1t_2\cdots t_{n-2} & 1/t_2t_3\cdots t_{n-2} & 1/t_3t_4\cdots t_{n-2} & 1/t_4t_5\cdots t_{n-2} & 1/t_5t_6\cdots t_{n-2} & \cdots & t_{n-1}\\
1/t_1t_2\cdots t_{n-1} & 1/t_2t_3\cdots t_{n-1} & 1/t_3t_4\cdots t_{n-1} & 1/t_4t_5\cdots t_{n-1} & 1/t_5t_6\cdots t_{n-1} & \cdots & 1
\end{bmatrix}
\tag{8-3}
$$

按照公式(8-4)计算矩阵 **R** 各项指标的权重。

$$
\mu_j=\frac{\sqrt[n]{\prod_{j=1}^{n} r_{ij}}}{\sum_{i=1}^{n}\sqrt[n]{\prod_{j=1}^{n} r_{ij}}} \tag{8-4}
$$

8.3.1.3　熵权法

熵权法赋权主要依据指标数据的差异程度来确定指标的权重，这既能够消除主观权重中人为因素的干扰，还能够避免多个指标间的信息重叠问题。

依据公式(8-5)，计算矩阵 **Z** 的第 j 项指标的信息熵。

$$
e_j=-k\sum_{i=1}^{m} z_{ij}\ln z_{ij} \tag{8-5}
$$

其中 $k=(\ln m)^{-1}$。规定 $z_{ij}=0$ 时，$e_j=0$。

依据公式(8-6)计算第 j 项指标的差异性系数。

$$
h_j=1-e_j \tag{8-6}
$$

依据公式(8-7)计算第 j 项指标的权重。

$$
\varphi_j=\frac{h_j}{\sum_{j=1}^{n} h_j} \tag{8-7}
$$

8.3.1.4　组合权重法

设组合权重为 w_j，基于最小鉴别信息原理，建立如下目标函数：

$$
\min F=\sum_{i=1}^{m} w_j\ln\frac{w_j}{\mu_j}+\sum_{i=1}^{m} w_j\ln\frac{w_j}{\varphi_j} \tag{8-8}
$$

$$\text{s.t.} \sum_{i=1}^{m} w_j = 1, w_j > 0 \tag{8-9}$$

采用拉格朗日乘子法求最小值，可得公式(8-10)。

$$w_j = \frac{[\mu_j \varphi_j]^{0.5}}{\sum_{i=1}^{m} [\mu_j \varphi_j]^{0.5}} \tag{8-10}$$

本章采用改进层次分析法、熵权法和组合权重法分别确定各个子系统及循环度指标的权重，结果如表 8-2 所示。

8.3.2 综合安全指数

采用加权综合法对深圳市城市风险评估指标指数进行计算，分别计算出压力指数、状态指数、响应指数以及安全综合指数。

$$F = \sum_{i=1}^{3} W_i^* \left(\sum_{j=1}^{n} W_{ij} X_{ij}^* \right) \tag{8-11}$$

其中，F 为深圳城市系统安全综合指数；W_i 为第 i 个子系统权重；W_{ij} 为第 i 个子系统第 j 项指标权重；n 为第 i 个子系统所包含的指标数；X_{ij} 表示第 i 个子系统第 j 个指标对应的标准化值。F 越接近 1，表明深圳城市系统的安全程度越高。

8.3.3 生态安全主因子识别——因子分析法

主成分分析法是一种基于降维的方法，将多个指标整合为几个综合指标和主指标。每个主成分都是原始指标的线性组合，但不相关、不重叠，并反映了大多数原始指标。本章将因子分析法与生态安全评价模型耦合，识别了城市生态安全的关键影响因素，即障碍因素诊断。因子分析法假定某研究对象 W 涉及 p 个指标，且指标之间存在的相关性较强，则基本因子模型可表述为：

$$\begin{cases} X_1 = a_{11}F_1 + a_{12}F_2 + \cdots + a_{1m}F_m + \alpha_1 \\ X_2 = a_{21}F_1 + a_{22}F_2 + \cdots + a_{2m}F_m + \alpha_2 \\ \vdots \\ X_p = a_{p1}F_1 + a_{p2}F_2 + \cdots + a_{pm}F_m + \alpha_p \end{cases} \tag{8-12}$$

其中，$F_1, F_2, \cdots, F_m$ 表示公共因子，$F_1, F_2, \cdots, F_m$ 不相关且方差皆为 1；

$\alpha_1,\alpha_2,\cdots,\alpha_p$ 表示特殊因子，其中 $m<p$，$\alpha_1,\alpha_2,\cdots,\alpha_p$ 不相关且方差不同；a_{ij} 表示第 i 个变量 X_i 在第 j 个因子 F_j 上的载荷，由其构成的矩阵 $\mathbf{A}$ 是因子载荷矩阵。求解矩阵 $\mathbf{A}$ 的方法有多种，常用方法为方差最大正交旋转法。具体计算过程如下。

8.3.3.1　正向化处理数据

若在指标体系中存在某些负向指标，指标的值越大代表系统的状态越差。此时应将数据通过一定的方式进行正向化处理，以求得更加真实的评价结果。

8.3.3.2　标准化处理数据

若有正向化数据矩阵 $\mathbf{X}'=(X_1',X_2',\cdots,X_p')=(X_{ij}')_{n\times p}$，其中 n 为样本容量，p 为评价指标个数，X_{ij}' 为第 i 个样本的第 j 个指标正向化处理后的数值，则标准化数据变换的方法为：

$$x_{ij}=\frac{x_{ij}'-\bar{x}_j}{S_j}(i=1,2,\cdots,n;j=1,2,\cdots,p) \tag{8-13}$$

其中，x_{ij} 为标准化变换后的数据；x_{ij}' 为正向化处理后的数据。

$$\bar{x}_j=\frac{1}{n}\sum_{i=1}^{n}x_{ij}' \tag{8-14}$$

$$S_j=\sqrt{\frac{\sum_{i=1}^{n}(x_{ij}'-x_j)^2}{n-1}} \tag{8-15}$$

8.3.3.3　主因子确定

(1)计算样本相关系数，建立相关系数矩阵。

样本数据处理和标准化后决定主成分因子。经标准化处理后的样本数据的相关系数矩阵为：

$$\boldsymbol{R}=\begin{bmatrix} r_{11} & r_{21} & \cdots & r_{1p} \\ r_{21} & r_{22} & \cdots & r_{2p} \\ \vdots & \vdots & \vdots & \vdots \\ r_{p1} & r_{p1} & \cdots & r_{pp} \end{bmatrix} \tag{8-16}$$

$$r_{ij}=\frac{1}{n-1}\sum_{i=1}^{n}x_{ii}x_{ij} \tag{8-17}$$

(2)计算相关系数矩阵 $\boldsymbol{R}$ 的特征值及特征向量。

用迭代方法求解特征方程 $|\boldsymbol{R}-\lambda \boldsymbol{I}|=0$ 的 p 个非负特征值 $\lambda_1>\lambda_2>\cdots>\lambda_p$，由特征方程式可以求出对应于特征根 λ_k 的特征向量 $\boldsymbol{u}_k$。

$$\boldsymbol{U}=(\boldsymbol{u}_1,\boldsymbol{u}_2,\cdots,\boldsymbol{u}_p)=\begin{bmatrix} u_{11} & u_{12} & \cdots & u_{1p} \\ u_{21} & u_{22} & \cdots & u_{2p} \\ \vdots & \vdots & \vdots & \vdots \\ u_{p1} & u_{p2} & \cdots & u_{pp} \end{bmatrix} \tag{8-18}$$

(3)计算方差贡献率，选择 m 因子。

因子分析时一般不用 p 个主因子，而是用 $m<p$ 个主因子，m 的数值根据累计方差贡献率确定。

设第 k 个指标的方差贡献率为：

$$\alpha_k=\frac{\lambda_k}{\sum\limits_{i=1}^{p}\lambda_i} \tag{8-19}$$

其累计至第 m 个指标的累计方差贡献率为 $\sum\limits_{i=1}^{m}\frac{\lambda_i}{\sum\limits_{i=1}^{p}\lambda_j}$。

累计方差贡献率达到75%时的指标个数，即为要确定的主因子个数 m。取前 m 个特征值及相应的特征向量求出主因子载荷矩阵，为：

$$\boldsymbol{A}=\begin{bmatrix} a_{11} & a_{21} & \cdots & a_{1m} \\ a_{21} & a_{22} & \cdots & a_{2m} \\ \vdots & \vdots & \vdots & \vdots \\ a_{p1} & a_{p2} & \cdots & a_{pm} \end{bmatrix}=\begin{bmatrix} u_{11}\sqrt{\lambda_1} & u_{21}\sqrt{\lambda_2} & \cdots & u_{1m}\sqrt{\lambda_m} \\ u_{21}\sqrt{\lambda_1} & u_{22}\sqrt{\lambda_2} & \cdots & u_{2m}\sqrt{\lambda_m} \\ \vdots & \vdots & \vdots & \vdots \\ u_{p1}\sqrt{\lambda_1} & u_{p2}\sqrt{\lambda_2} & \cdots & u_{pm}\sqrt{\lambda_m} \end{bmatrix} \tag{8-20}$$

(4)对 $\boldsymbol{A}$ 实施方差最大正交旋转。

对因子载荷矩阵进行旋转的目的是使旋转后因子载荷矩阵结构简化，使系数在0和1两极间发生分化，以便于对主因子进行解释。因子载荷阵旋转方法很多，本书选择方差最大正交旋转法。

(5)计算各因子得分。

根据(4)所确定的因子得分系数矩阵和指标标准化后的数据,将主因子表示为指标变量的线性组合:

$$F_i=\beta_{i1}x_1+\beta_{i2}x_2+\beta_{i3}x_3+\cdots+\beta_{ip}x_p \tag{8-21}$$

8.3.4 城市生态安全风险预测

本章采用蒙特卡罗模拟法对城市未来生态安全进行了预测分析。蒙特卡罗模拟法是依据概率论及数理统计原理,通过模拟概率分布已知的随机变量数据,得到一定数量的随机变量抽样数据集。通过构建已知变量与目标变量之间的函数关系,将模拟得出的随机变量抽样数据集代入函数关系式中可以得到目标变量的频数分布,进而得出目标函数的概率分布函数,从而可以对目标函数的不确定性进行深入的分析与讨论。假定函数:

$$Z=f(x_1,x_2,\cdots,x_n) \tag{8-22}$$

其中,变量 $x_1,x_2,\cdots,x_n$ 的概率分布已知,将通过抽样的每一组随机变量 $x_1,x_2,\cdots,x_n$ 的随机数值($x_{i1},x_{i2},\cdots,x_{in}$)带入函数中,反复进行 N 次抽样,得到 N 个函数 $Z_i(i=1,2,\cdots,N)$和其概率分布、数学期望、方差等。当模拟的次数增加到较大规模时,目标变量的概率分布接近于理论值,则可以反映出不同取值区间对应的不确定性信息。

8.4 研究结果

本章首先根据构建的生态安全评价模型评估了深圳城市生态安全的演化特征,结果如图 8-1 所示;其次采用因子分析法得到了城市生态安全的主要成分因子及各主成分变化趋势,并依据因子分析结果筛选出 PSR 指标体系中的重要指标。

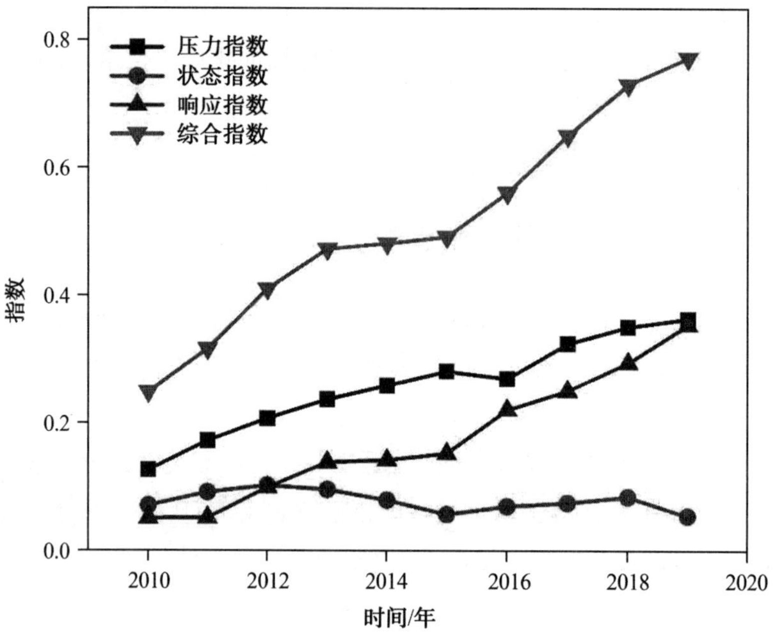

图 8-1　2010～2019 年深圳市生态安全压力—状态—响应趋势变化图

8.4.1　城市生态安全的演化特征分析

本章分别从生态安全综合特征以及 PSR 指标体系的压力子系统、状态子系统和响应子系统 3 个维度评估了 2010～2019 年深圳城市生态安全的变化。

8.4.1.1　综合指数

由图 8-1 分析可知，综合指数增长幅度最大，从 2010 年的 0.249 增长至 2019 年的 0.772。除 2013～2015 年稍增速较缓外，其余年份均以较快速度稳步递增，总体涨幅 210.1%，年均增长 13.4%。另外，通过表 8-3 中的城市生态安全等级划分可知，深圳城市生态安全等级由 2010 年的中警状态转变为 2020 年的良好状态，表明深圳市在经济、能源、环境等多层面均取得较快发展，城市综合实力显著提升，城市生态安全系统不断趋于完善。

表 8-3 城市生态安全系统等级划分

等级	综合安全指数	安全状态	意义
Ⅰ	≤0.2	重警状态	城市生态系统安全处于危机状态
Ⅱ	0.2～0.4	中警状态	城市生态系统安全面临较大风险
Ⅲ	0.4～0.6	预警状态	城市生态系统安全正常运作
Ⅳ	0.6～0.8	良好状态	城市生态系统安全功能基本完善，具有一定的抗风险能力
Ⅴ	≥0.8	舒适状态	城市生态系统安全结构功能完善，具有较强的抗风险能力

8.4.1.2 压力指数

由图 8-1 分析可知，压力指数总体呈现缓慢递增趋势，从 2010 年的 0.126 增长到 2019 年的 0.363，年均增长 12.5%，说明深圳市面临的生态环境压力不断增加。其原因是人口的不断增长以及居民对物质生活水平要求的提升，导致人均电力等资源的消耗量增大，加重了城市生态环境承载力的负担。但自 2015 年之后，压力指数增长幅度明显放缓，甚至在 2015～2016 年出现较为明显的下降态势，表明为应对日益增长的城市生态压力，深圳市政府在能源管控、环境治理等方面采取了相应的应对政策，提高了能源利用效率，减少了工业污染排放，缓和了城市生态环境压力。

8.4.1.3 状态指数

由图 8-1 分析可知，状态指数呈现波动趋势，整体围绕均值 0.08 上下波动。其中，状态指标选取了人均耕地面积、人均公共绿地面积、人均道路面积和人均住房面积等。由于区位优势，深圳的城市人口不断激增，人均资源占有量不断下降，最终导致深圳市人口与资源之间的矛盾依然突出。以上说明深圳市的城市生态状态亟须优化，以确保该城市绿色可持续发展。

8.4.1.4 响应指数

由图 8-1 分析可知，响应指数呈现明显的递增趋势，从 2010 年的 0.051 转变为 2019 年的 0.354，年均增长 23.9%。这是由于深圳环境保护支出、污水日处理量、生活垃圾无害化处理率等不断增加，说明深圳政府部门为有效应对城市生态安全风险，采取了增加环保、科技投资等多种措施，有效促进城市健康稳定发展。例如，2015 年深圳市政府印发《深圳市 2015 年改革计划》，从经济体制、生态文明、社会保障等多方面针对当前经济社会存在的有关问题实施有效的应对策略。此外，响应指数占综合指数的比重呈现逐渐上升的趋势，也同样说明政府正采取越来越多的应对策略来保障深圳市的可持续发展。

8.4.2 城市生态安全主因子分析

本章通过因子分析法，明确了城市生态安全的主要障碍因子以及生态安全综合得分在 2010～2019 年的变化趋势，具体结果如图 8-2 所示。有 6 个主成分因子旋转后的特征值大于 1，方差贡献率分别为 47.867%、23.606%、7.926%、5.678%、5.340%、3.476%，累积方差贡献率为 95.896%，其中前两个主成分因子累积方差贡献率为 72.774%，已经可以概括指标体系所含有的有效信息，因此重点分析前两个主成分因子对系统安全度的影响。第一个主成分因子 F_1 主要与 *PR*8、*PR*9、*PR*10、*PR*1、*PR*14、*CO*8、*CO*14、*CO*15 等指标相关，其中与 *PR*8、*PR*9、*PR*10 等呈负相关，与 *CO*8、*CO*14、*CO*15 等呈正相关。将 F_1 命名为综合发展因子，其权重高达 47.867%，是影响系统安全度提升的重要主成分因子。F_2 的权重高达 23.606%，其主要与 *CO*1、*CO*2、*CO*9、*PR*1、*ST*2、*ST*3 等指标有关，其中与 *ST*2、*ST*3 等呈负相关，与 *PR*1、*CO*1、*CO*2 等呈正相关。这些指标主要与居民生活环境和资源占有有关，因此将 F_2 命名为人居环境因子。

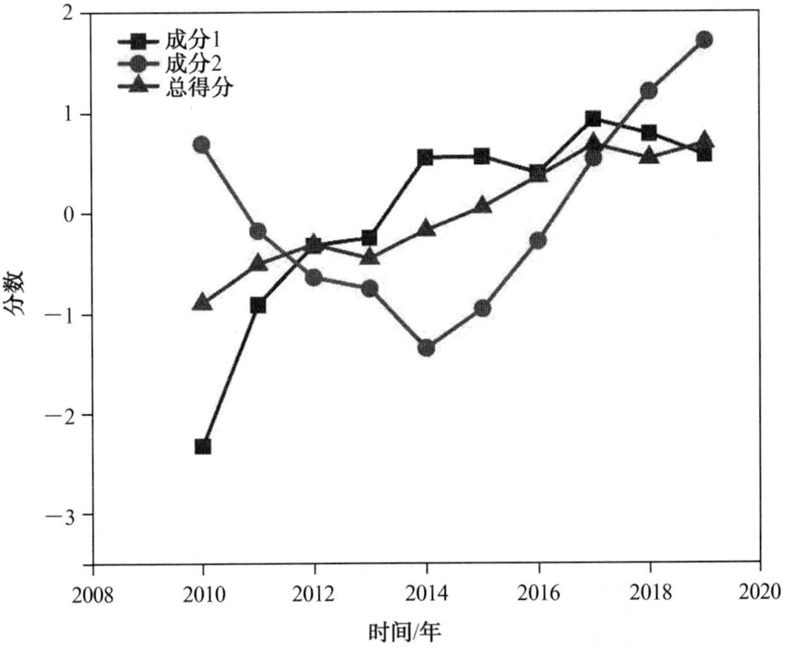

图 8-2　2010～2019 年深圳生态安全综合得分趋势变化图

因子载荷矩阵旋转后的方差贡献率为因子权重，根据公式(8-23)计算综合因子得分。

$$F=0.479\times F_1+0.256\times F_2+0.079\times F_3+0.057\times F_4+0.053\times F_5+0.035\times F_6 \tag{8-23}$$

由图 8-2 分析可知，深圳市生态综合安全得分 F 由 2010 年的－0.896 转变为 2019 年的 0.695，呈现稳步增长趋势，与综合安全指数变化趋势一致，进一步证明了深圳城市生态安全环境逐渐改善，朝着更加积极健康的方向发展。主成分因子 F_1 的变化趋势与综合得分 F 的变化趋势相似，说明 F_1 是影响 F 的关键制约因素，也是政府应持续高度关注的重要问题，与前面的分析结论一致。主成分因子 F_2 的变化趋势呈 U 形，2010～2014 年呈递减趋势，2014～2019 年呈快速递增趋势。这是由于人均耕地面积、电力及生活用水供应等在 2014 年之前有所下降，但在 2014 年之后开始快速提高。虽然 F_2 呈现 U 形变化，但并

未从根本上改变 F 的趋势走向，说明 F_2 是影响城市生态安全的次要因素，F_1 是影响城市生态安全的主要因素，所以政府应将主要着力点放在提高资源利用效率及环境综合治理水平上。

8.5 结果讨论

本章依照筛选出的重要指标，结合蒙特卡罗模拟法，预测出了深圳未来年生态安全因子综合得分频率分布，然后由敏感性分析得到这些重要指标的优先级顺序，结果如图 8-3 和图 8-4 所示。

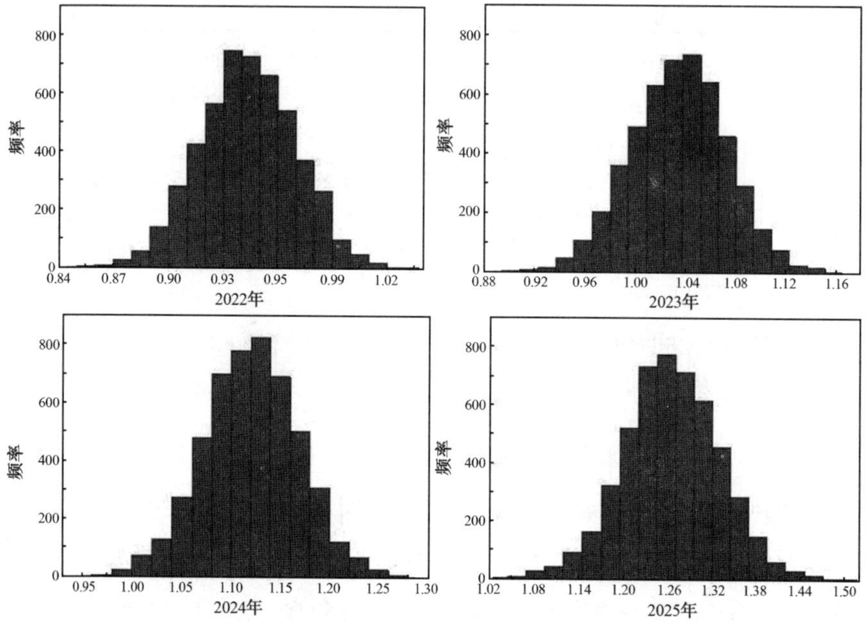

图 8-3　2022～2025 年深圳城市生态安全综合指数蒙特卡罗模拟频率分布图

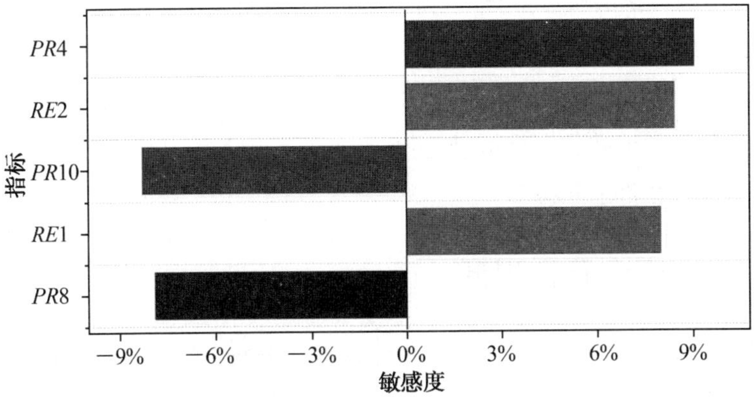

图 8-4　深圳市未来年城市生态安全综合指数敏感性分析(前五项指标)

8.5.1　城市生态安全预测

基于前文分析,筛选出影响深圳市城市生态安全的重要指标,采用多种预测方法耦合的方式,预测各项指标的未来波动范围,依据蒙特卡罗模拟并结合因子分析函数关系式,得到 F 值的未来规划年的变化范围。蒙特卡罗模拟结果如图 8-3 所示。

由图 8-3 分析可知,深圳市未来四年生态安全综合得分 F 在各年份呈近似正态分布。依据上下四分位点统计数据,2022 年深圳生态安全综合得分 F 所在区间为[0.926,0.962],2023 年 F 所在区间为[1.009,1.060],2024 年 F 所在区间为[1.088,1.153],2025 年 F 所在区间为[1.223,1.308]。由此分析可知,深圳未来四年城市生态安全指数呈现上升趋势,说明深圳生态安全在未来四年仍能保持持续的增长发展趋势。由于 2019 年深圳生态安全等级为良好状态,则由蒙特卡罗模拟可得 2022～2025 年深圳生态安全等级转变为舒适状态。F_1 是制约生态安全综合得分 F 的关键因素。在 F_1 相关的重要指标中,与能源、资源利用相关的指标占有较大比重。近年来深圳市政府凭借区位优势,大力吸引外来资本,全市经济发展速度更是达到了前所未有的高峰。同时,深圳市相关政策法规体系逐步完善,如自 2016 年以来,深圳市先后出台了《深圳市节能中长期规划》《深圳新能源产业振兴发展规划(2009～2015 年)》《深圳市单位

GDP 能耗考核体系实施方案》等。大力推进节能减排工作，可使经济活动对生态环境造成的负面影响降到最低，以达到节约资源、保护环境的目的，为可持续发展目标的实现奠定了良好的基础。因此，政府部门应进一步加强基础设施建设，保障居民日常消费物资供给，切实改善居民生活条件，以早日实现深圳城市生态安全等级的“舒适状态”。

8.5.2 生态安全路径提升

首先对城市生态安全风险指标进行敏感性分析，筛选得出前五项主要指标，具体如图 8-4 所示。由图 8-4 分析可知，城市生态安全风险指标敏感新由大到小分别为：GDP 总量（*PR*4）＞水利、环境基础设施投资（*RE*2）＞万元 GDP 工业用水量（*PR*10）＞科技投资占财政支出比重（*RE*1）＞万元 GDP 能耗（*PR*8）。同时，这也是通过因子分析法识别出的城市生态安全的主要障碍因子 F_1 和 F_2 的中的相关指标。由此，*PR*4、*PR*8、*PR*10、*RE*1、*RE*2 为深圳城市生态安全路径改善的关键因素。

其中，*PR*4 是敏感度绝对值最高的因素，且敏感度为正，说明 GDP 的增长对城市未来生态安全的提高具有良好的促进作用。通常来讲，GDP 的增长会引起能源消耗及污染排放的增加，进而对城市生态安全造成负面影响，但对深圳的城市生态安全却起到了正向促进作用，说明深圳市已实现经济发展与资源环境脱钩，已初步进入高质量发展阶段。董战峰等研究发现，深圳市已形成了较为完备的生态环境保护机制，实现了经济发展与资源环境的脱钩，并初步进入高质量发展阶段，这与本书得到的结论基本一致。此外，*PR*8 和 *PR*10 均为负值，其值越低越有利于促进城市生态安全发展，说明深圳市经济虽然已经步入高质量发展阶段，但单位 GDP 的能源与资源消耗的进一步降低对于城市生态安全调控依然具有重要作用。为此，节能减排应成为深圳市政府常抓不懈的一项重要工作。政府也陆续发布了一系列文件，如《深圳市建设中国特色社会主义先行示范区节水典范城市工作方案（2020～2025 年）》《深圳市城市供水水源规划（2020～2035 年）》和《深圳市生态环境保护“十四五”规划》等。同时，*RE*1 和 *RE*2 的敏感度均为正，说明科技与环保投资有利于城市生态风险调控，由此进一步证明了政府环保与科技投资对城市生态系统安全风险调控的重要意义。

综上所述，压力和响应指标是影响深圳城市生态安全的短板因素，改善以上五个指标是提升深圳城市生态安全的关键路径。具体路径如下：推动经济高质量发展，保持 GDP 总量的稳步增长；进一步加强节能减排工作的推进（即产业绿色化和绿色产业化），降低万元 GDP 能耗；作为水资源紧缺型城市，深圳应继续推进节水典范城市的建设，通过加强再生水的利用，精准分压供水调度调整管网供水水压，西江、东江水源互补等措施降低万元 GDP 工业用水量；通过共建广深港澳科技创新走廊、营造国际一流的人才发展环境和增加科技与环保投资，来积极促进技术创新。

8.6　结论

本章通过分析城市安全风险评价与调控机制，尤其是通过量化方式认清目前的城市生态安全现状及制约其发展的主要因素，由此提出针对性的对策和建议。以深圳市为案例分析城市生态安全调控路径具有一定的典型性，同时城市生态安全评价及风险调控的方法学体系能为其他大城市未来生态环境的可持续发展提供良好的借鉴。

实证分析表明，深圳的城市生态安全风险正朝着积极的方向转变。由于人口总量的剧增及资源需求的增长，状态指数呈现波动变化，压力指数呈现递增趋势但递增幅度逐渐变缓，说明政府正采取积极的措施应对城市生态压力。响应指数的快速增长印证了政府采取的各项积极措施取得了显著成效。通过因子分析法识别出影响深圳城市生态安全的关键因子分别为综合发展因子 F_1 和人居环境因子 F_2。通过蒙特卡罗模拟，预测得出未来年深圳生态安全等级将由现在的良好状态转变为舒适状态。另外，敏感性分析表明深圳市已初步进入高质量发展阶段，这非常契合深圳市目前发展的实际。利用综合主成分分析和敏感性分析，识别出制约深圳城市生态安全的五个关键指标，并由此提出了具体的提升路径，即政府在加强城市生态安全建设顶层制度设计的同时，保持 GDP 总量的稳步增长，降低万元 GDP 能耗和万元 GDP 工业用水量，增加科技与环保投资。

以上方法学体系的构建对于政府制定区域可持续发展战略或相关政策具有较好的参考价值，同时也为开展类似领域的研究提供了较好的方法学基础。此外，城市生态安全系统与周边城市的环境变化、经济发展等外部干扰关系密切，本章构建的城市生态安全评估框架仅局限于单个城市的独立评估，没有进行多城市之间的扩展性和系统性探究，这是本章研究的不足也是未来研究的重点方向。在计算区域生态安全指标时，应更多地考虑本地区的实际情况，获取并使用实地调研数据或遥感数据。此外，还需要结合其他因素对参数进行适当调整，才能得到适合该地区的生态安全指标计算，如区域自然条件、地理位置、生态环境等因素，进而减少计算结果与实际发展的差距，提高计算结果的准确性。同时，城市生态安全评价指标体系的标准化构建，以及综合考虑疫情影响和双碳目标影响的中长期预测也是未来需要探索的课题。通过对城市生态安全评价方法的不断完善，来构建一个完整描述自然系统、经济系统、能源系统和社会系统的综合指标体系和模型框架，以促进城市生态指标评价研究不断深入地发展。

参考文献

[1]KE X, WANG X, GUO H, et al. Urban ecological security evaluation and spatial correlation researc-based on data analysis of 16 cities in Hubei province of China[J]. Journal of cleaner production, 2021, 311: 127613.

[2]LIU C, LI W, XU J, et al. Global trends and characteristics of ecological security research in the early 21st century: A literature review and bibliometric analysis[J]. Ecological indicators, 2022, 137: 108734.

[3]LI Z, LI M, XIA B. Spatio-temporal dynamics of ecological security pattern of the Pearl River Delta urban agglomeration based on LUCC simulation[J]. Ecological indicators, 2020, 114: 106319.

[4]WANG H, BAO C. Scenario modeling of ecological security index using system dynamics in Beijing-Tianjin-Hebei urban agglomeration[J].

Ecological indicators, 2021, 125: 107613.

[5]LIU C, WANG C, LI Y, et al. Spatiotemporal differentiation and geographic detection mechanism of ecological security in Chongqing, China [J]. Global ecology and conservation, 2022, 35: e02072.

[6]ZHANG M, AO Y, LIU M, et al. Ecological security assessment based on ecosystem service value and ecological footprint in the Pearl River Delta urban agglomeration, China [J]. Ecological indicators, 2022, 144: 109528.

[7]LIN D, WHILE A H. Environmentalism and Chinese urban order: The ecological control line policy in Shenzhen, China[J]. Political geography, 2022, 97: 102685.

[8]CHEN H, HUANG F, HU W, et al. A procedure for comparing the ecological status and transformation measures in an anthropized coastal area[J]. Journal of environmental manage, 2022, 301: 113928.

[9]韩书成,熊建华,李丹. 珠三角城市群土地生态安全评价指标体系研究[J]. 广东农业科学,2016,43(2): 83-88.

[10]HU Z, GONG J, LI T, et al. Ecological security assessment and situation analysis of Pearl River Delta urban agglomeration[J]. Ecology and environmental sciences, 2018, 27(2): 304-312.

[11]KE X, SHI W, YANG C, et al. Ecological security evaluation and spatial-temporal evolution characteristics of natural resources based on wind-driven optimization algorithm [J]. International journal of environmental science and technology, 2022, 19(12):11973-11988.

[12]WANG S, WU M, HU M, et al. Integrating ecosystem services and landscape connectivity into the optimization of ecological security pattern: a case study of the Pearl River Delta, China[J]. Environmental Science and pollution research, 2022, 29(50): 76051-76065.

[13]JIAO M, WANG Y, HU M, et al. Spatial deconstruction and differentiation analysis of early warning for ecological security in the Pearl

River Delta, China[J]. Sustainable cities and society, 2021, 64: 102557.

[14]WEN J, HOU K. Research on the progress of regional ecological security evaluation and optimization of its common limitations[J]. Ecological indicators, 2021, 127(2): 107797.

[15]ZHOU S, YE J, LI J, et al. Identifying intrinsic drivers to changes in riparian ecosystem services by using PSR framework: A case study of the Grand Canal in Jiangsu, China [J]. Environmental development, 2022, 43: 100728.

[16] BOORI M S, CHOUDHARY K, PARINGER R, et al. Eco-environmental quality assessment based on pressure-state-response framework by remote sensing and GIS [J]. Remote sensing applications: society and environment, 2021, 23: 100530.

[17] LEKA A, LAGARIAS A, PANAGIOTOPOULOU M, et al. Development of atourism carrying capacity index (TCCI) for sustainable management of coastal areas in mediterranean islands: A case study naxos, greece[J]. Ocean and coastal management, 2022, 216: 105978.

[18]SU Y, LI W, LIU L, et al. Health assessment of small-to-medium sized rivers: Comparison between comprehensive indicator method and biological monitoring method[J]. Ecological indicators, 2021, 126: 107686.

[19]LI L, HUANG X, WU D, et al. Optimization of ecological security patterns considering both natural and social disturbances in China's largest urban agglomeration[J]. Ecological engineering, 2022, 180: 106647.

[20]QI Y, LIAN X, WANG H, et al. Dynamic mechanism between human activities and ecosystem services: A case study of Qinghai lake watershed, China[J]. Ecological indicators, 2020, 117: 106528.

[21] HU X, MA C, HUANG P, et al. Ecological vulnerability assessment based on AHP-PSR method and analysis of its single parameter sensitivity and spatial autocorrelation for ecological protection: A case of Weifang City, China[J]. Ecological indicators, 2021, 125: 107464.

[22]CHENG H, ZHU L, MENG J. Fuzzy evaluation of the ecological security of land resources in mainland China based on the Pressure-State-Response framework [J]. Science of the total environment, 2022, 804: 150053.

[23]GU D, GUO J, FAN Y, et al. Evaluating water-energy-food system of Yellow River Basin based on type-2 fuzzy sets and Pressure-State-Response model[J]. Agricultural water management, 2022, 267: 107607.

[24]WU Y, ZHANG T, ZHANG H, et al. Factors influencing the ecological security of island cities: A neighborhood-scale study of Zhoushan Island, China[J]. Sustainable cities and society, 2020, 55: 102029.

[25]LIU Y, QU Y, CANG Y, et al. Ecological security assessment for megacities in the Yangtze River basin: Applying improved emergy-ecological footprint and DEA-SBM model[J]. Ecological indicators, 2022, 134: 108481.

[26]ZHANG P, YE Q, YU Y. Research on farmers' satisfaction with ecological restoration performance in coal mining areas based on fuzzy comprehensive evaluation [J]. Global ecology and conservation, 2021, 32: e01934.

[27]LI Z, HU M, LI M, et al. Identification and countermeasures of limiting factors of regional sustainable development: A case study in the Pearl River Delta of China[J]. Environment, development and sustainability, 2019, 22: 4209-4224.

[28]FU X, LIU G, LIU Y, et al. Evaluation of the implementation of marine functional Zoning in China based on the PSR-AHP model[J]. Ocean and coastal management, 2021, 203: 105496.

[29]LIU Y, YANG P, ZHANG S, et al. Dynamic identification and health assessment of wetlands in the middle reaches of the Yangtze River Basin under Changing environment[J]. Journal of cleaner production, 2022, 345: 131105.

[30]WANG D, LI Y, YANG X, et al. Evaluating urban ecological

civilization and its obstacle factors based on integrated model of PSR-EVW-TOPSIS：A case study of 13 cities in Jiangsu province，China[J]. Ecological indicators，2021，133：108431.

[31]LI W，LIU C，SU W，et al. Spatiotemporal evaluation of alpine pastoral ecosystem health by using the Basic-Pressure-State-Response Framework：A case study of the Gannan region，northwest China [J]. Ecological indicators，2021，129：108000.

[32]LIU T，WANG H，WANG H，et al. The spatiotemporal evolution of ecological security in China based on the ecological footprint model with localization of parameters[J]. Ecological indicators，2021，126：107636.

[33] WU X，TANG S. Comprehensive evaluation of ecological vulnerability based on the AHP-CV method and SOM model：A case study of Badong County，China[J]. Ecological indicators，2022，137：108758.

[34]WANG D，SHEN Y，ZHAO Y，et al. Integrated assessment and obstacle factor diagnosis of China's scientific coal production capacity based on the PSR sustainability framework[J]. Resources policy，2020，68：101794.

[35] FAN Y，FANG C. Evolution process and obstacle factors of ecological security in western China：A case study of Qinghai province[J]. Ecological indicators，2020，117：106659.

[36]DU Y，GAO K. Ecological security evaluation of marine ranching with AHP-entropy-based TOPSIS：A case study of Yantai，China[J]. Marine policy，2020，122：104223.

[37]GAO L，NING J，BAO W，et al. A study on the marine ecological security assessment of Guangdong-Hong Kong-Macao Great Bay Area[J]. Mar pollut bull，2022，176：113416.

[38]SUN B，TANG J，YU D，et al. Ecosystem health assessment：A PSR analysis combining AHP and FCE methods for Jiaozhou Bay，China[J]. Ocean and coastal management，2019，168：41-50.

[39]MA X，SUN B，HOU G，et al. Evaluation and spatial effects of

tourism ecological security in the Yangtze River Delta [J]. Ecological indicators, 2021, 131: 108190.

[40]PENG C, LI B, NAN B. An analysis framework for the ecological security of urban agglomeration: A case study of the Beijing-Tianjin-Hebei urban agglomeration[J]. Journal of cleaner production, 2021, 315: 128111.

[41]SUN J, LI Y, GAO P, et al. A Mamdani fuzzy inference approach for assessing ecological security in the Pearl River Delta urban agglomeration, China[J]. Ecological indicators, 2018, 94(1): 386-396.

[42]WANG Q, LI S, LI R. Evaluating water resource sustainability in Beijing, China: Combining PSR model and matter-element extension method [J]. Journal of cleaner production, 2019, 206: 171-179.

[43]DAS M, DAS A, PANDEY R. Importance-performance analysis of ecosystem services in tribal communities of the Barind region, Eastern India[J]. Ecosystem services, 2022, 55: 101431.

[44]LIN K, CHEN H, XU C, et al. Assessment of flash flood risk based on improved analytic hierarchy process method and integrated maximum likelihood clustering algorithm[J]. Journal of hydrology, 2020, 584: 124696.

[45]LIANG W, YANG Y, QI K, et al. Quality evaluation of multi-path laser cladding coatings based on integrated fuzzy comprehensive evaluation and improved analytical hierarchy process method [J]. Surface and coatings technology, 2021, 427: 127816.

[46]GAO X, WANG G, INNES J, et al. Forest ecological security in China: A quantitative analysis of twenty five years[J]. Global ecology and conservation, 2021, 32: e01821.

[47]ZHANG R, LI P, XU L. Evaluation and analysis of ecological security based on the improved three-dimensional ecological footprint in Shanxi province, China[J]. Ecological indicators, 2022, 144: 109483.

[48]YANG W, ZHANG Z, SUN T, et al. Marine ecological and environmental health assessment using the pressure-state-response framework

at different spatial scales, China[J]. Ecological indicators, 2021, 121: 106965.

[49] YOUNES K, ABDALLAH M, HANNA E. The application of principal components analysis for the comparison of chemical and physical properties among activated carbon models [J]. Materials Letters, 2022, 325: 132864.

[50]XU Y, WU Z. Parameter identification of unsaturated seepage model of core rockfill dams using principal component analysis and multi-objective optimization[J]. Structures, 2022, 45: 145-162.

第9章　可持续发展路径与对策之企业可持续发展

9.1　研究背景

蓄电池是法国人普兰特在1859年发明的一种将化学能转换成电能的装置,至今已经有一百多年的历史。目前,常见的蓄电池有铅酸蓄电池、锂离子电池和镍氢电池等。近年来,中国蓄电池产量呈现快速增长的趋势,大型电池企业累计总产量已超过220.7 GW·h,占世界总产量的40%以上。随着蓄电池产业的快速发展,以资源消耗和重金属污染为代表的典型环境问题随之而来。因此,中国政府出台了许多关于蓄电池的政策文件,以进一步规范该行业的可持续发展。2012～2015年,中国政府相继出台了《铅蓄电池行业准入条件》《关于对电池涂料征收消费税的通知》《便携式电子产品用锂离子电池和电池组安全要求》《电池行业清洁生产评价指标体系》《锂离子电池行业规范公告管理暂行办法》等政策文件,提高蓄电池行业准入条件,规范蓄电池生产管理。2016年11月24日,国务院发布的《"十三五"生态环境保护规划》明确提出,加大重金属污染防治力度,要求制定铅蓄电池等行业工业园区综合整治方案,实施更严格的地方污染物排放标准和环境准入标准。由此分析可知,中国政府在环境保护、行业管理、标准体系等方面对蓄电池行业的发展提出了更高的要求，因此相关研究亟须进一步跟进，尤其针对蓄电池行业的环境影响问题进行全面分析和深入解读。

生命周期评价(Life Cycle Assessment，LCA)是对一种产品及包装物、生产工艺、原材料、能源或其他某种人类活动行为的全过程，包括原材料的采集、生产、运输、消费以及最终处理等，进行资源和环境影响的分析与评价。目前，LCA 在不同领域得到了广泛应用，已成为国际上环境管理和产品设计的一个重要决策工具。如在建筑领域，陈(Chen)等利用 LCA 定量分析了中国水泥生产过程的环境影响负荷，发现整体环境影响的关键因素是氮氧化物、二氧化碳和煤炭消耗。在运输领域，切斯特(Chester)和霍瓦特(Horvath)使用 LCA 对高速铁路车辆运行进行了直接和间接环境影响分析，发现高速轨道可以降低能源消耗和二氧化碳排放的影响，但会增加因二氧化硫排放引起的酸化和人类健康问题。在生产设计领域，洛佩斯(Lopes)利用 LCA 对两种造纸模型的环境影响负荷进行了比较，发现在生产阶段用天然气取代重油将有效减少对整体环境的影响。在蓄电池领域，梁(Liang)等分析了镍金属氢化物电池、太阳能电池和锂离子电池的碳足迹，发现由大到小排列的碳排放量顺序依次为镍金属氢化物电池、太阳能电池和锂离子电池。范德帕尔(Vandepaer)等利用 LCA 分析锂离子电池的环境影响，并将锂金属聚合物(LMP)固定电池与锂离子电池进行了比较，结果表明锂离子电池对气候变化和臭氧消耗的影响大于锂离子电池，而富营养化的影响大于锂离子电池。皮特(Peters)等利用 LCA 对锂离子电池生产的能耗和温室气体排放进行了研究，发现生产1 W·h电池消耗 328 W·h 电能并产生 110 kg 的温室气体。刘(Liu)等研究了电动车铅酸蓄电池对环境的影响，认为电池的使用阶段是对环境影响最大的环节。马西斯(Matheys)等利用 Simapro 软件中的 Eco-indicator 99 模型比较了铅酸蓄电池、镍镉电池、镍氢电池、锂离子电池和钠镍氯化物电池五种不同蓄电池的环境影响大小，发现锂离子电池和钠镍氯化物电池的环境性能最优。

总之，上述研究构建的生命周期清单及其相关研究结论，为蓄电池行业的 LCA 研究奠定了较好的基础。以上研究仅对一种或几种蓄电池行业的环境影响进行研究，发现造成环境影响的关键流程和关键物质，但未涉及对该行业的生产工艺进行优化设计。而《中华人民共和国国民经济和社会发展第十三个五年规划纲要》明确指出，大力发展循环经济，实施循环生产模式并建立绿色低碳回收行业体系。《国家战略新兴行业的第十三个五年发展计划》还提到了电池的回收问题，倡导在该行业大力发展循环经济。因此，基于源头减量化、过程再利用、末端再循环（“3R”）的原则，按照一个行业的废弃物有可能是另一个行业的生产材料的研究思路，探讨如何将循环经济理论在电池行业的工艺优化中发挥重要作用具有重要意义。本章以铅酸蓄电池、锰酸锂电池和磷酸铁锂电池为 LCA 研究对象，在对环境影响负荷进行比较和分析的基础上，识别造成环境影响的关键流程；采用追踪溯源的分析方式，查寻影响关键流程的关键物质及其在生产工艺中的位置，根据循环经济理论的“3R”原则，提出在现有技术水平和装备条件下可行的蓄电池生产工艺优化改进方案，为减小蓄电池行业的环境污染提供了有益的理论参考和实践依据。此外，本章进一步丰富了电池行业的生命周期清单数据库，追踪溯源的分析方法还可以为其他行业开展基于生产过程的优化研究提供借鉴。

9.2　研究方法

依据 LCA 分析方法，采用 ReCiPe midpoint (H)模型对铅酸蓄电池、锰酸锂电池和磷酸铁锂电池的环境影响进行评价。根据归一化分析结果，选择环境影响类别，并根据整体环境影响负荷大小识别关键流程和关键物质。工艺优化主要采用追踪溯源的分析方法，即根据关键物质在关键流程中的不同位置，基于源头减量化、过程再利用、末端再循环的循环经济理念，提出相应的优化建议。基于生命周期评价的蓄电池环境影响分析与工艺优化技术路线图如图 9-1 所示。

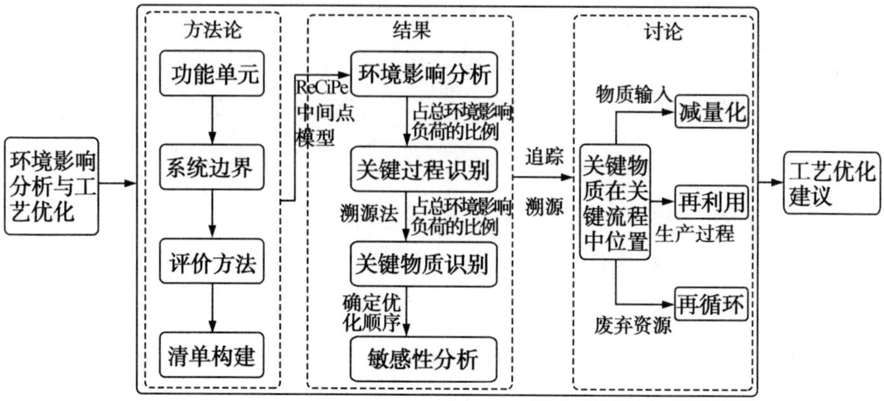

图 9-1　基于生命周期评价的蓄电池环境影响分析与工艺优化技术路线图

9.2.1　功能单位

将 1000 kW·h 电量的释放潜能作为功能单位来量化铅酸蓄电池、锰酸锂电池和磷酸铁锂电池生产工艺中物质和能源的输入和输出。蓄电池生产工艺中所有原材料输入、能源消耗、废弃物以及废水排放都以功能单位作为基准进行计算。

9.2.2　系统边界

蓄电池系统边界设定为“摇篮—工厂大门”,即仅仅考虑蓄电池的生产阶段以及所用原材料的获取阶段,不将蓄电池使用阶段和废弃处理阶段纳入系统边界。由于各生产工艺中只有蓄电池一种产品,所以系统边界中不涉及产品质量分配问题。此外,由于蓄电池生产工艺所用的原材料种类较多,采用的运输方式也各种各样,因此没有考虑原材料运输环节对环境造成的影响。系统边界如图9-2所示。

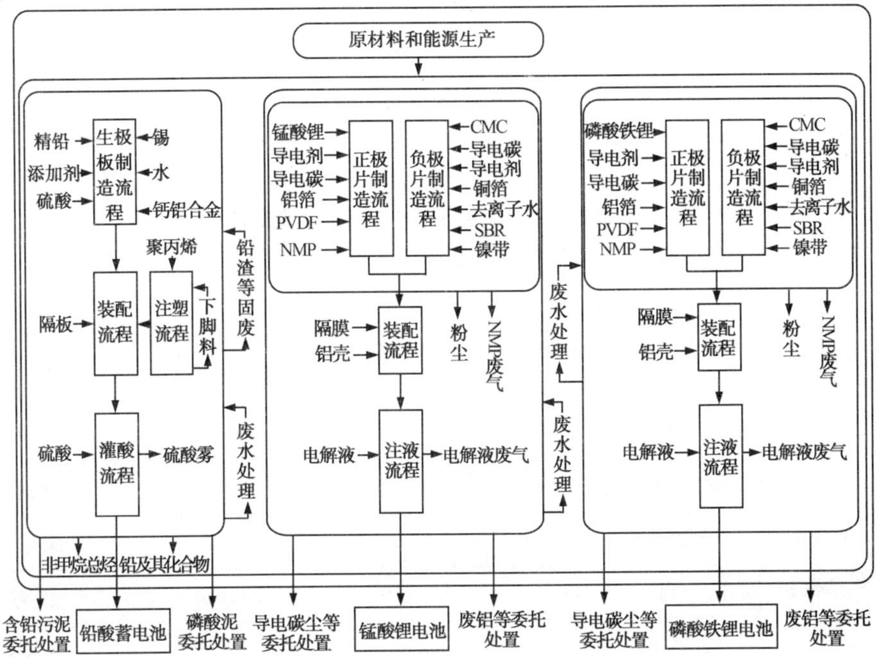

图 9-2　系统边界

9.2.3　评价方法

采用国外 ReCiPe 模型进行生命周期影响评价(LCIA)。ReCiPe 模型集 Eco-indicator 99 于一体,是国际上应用最为广泛的模型之一,也是最为可靠的一种环境影响评价模型。它包括 18 种中间点环境影响类别,即气候变化、臭氧消耗、人类毒性、光化学氧化剂形成、颗粒物形成、电离辐射、陆地酸性化、淡水水体富营养化、海水水体富营养化、陆地生态毒性、淡水生态毒性、海水生态毒性、农业土地占用、城镇土地占用、自然土地改造、水消耗、金属消耗、化石能源消耗。

9.2.4　生命周期清单构建

铅酸蓄电池、锰酸锂电池、磷酸铁锂电池生产能耗以及各种原材料输入和废水处理、废气排放的相关数据均来自中国某铅酸蓄电池与锂离子电池生产厂家。

参考有关研究，本章假设铅酸蓄电池的循环次数为400次。铅酸蓄电池生产工艺生命周期清单如表9-1所示。

表9-1　铅酸蓄电池生产工艺生命周期清单

类别	名称	单位	1 kW·h 电池产量	1功能单位（1000 kW·h 电量释放潜能）	数据来源
生极板制造流程	精铅	kg	10.98	27.45	厂家调研
	添加剂（木纤维）	kg	6.30×10^{-2}	0.16	厂家调研
	钙铝合金	kg	7.00×10^{-3}	1.75×10^{-2}	厂家调研
	锡	kg	3.90×10^{-2}	9.75×10^{-2}	厂家调研
	去离子水	kg	3.17	7.93	厂家调研
	硫酸	kg	0.64	1.63	厂家调研
装配流程	隔板	kg	1.68	4.20	厂家调研
灌酸流程	硫酸	kg	4.16	10.38	厂家调研
注塑流程	聚丙烯	kg	1.73	4.33	厂家调研
能源消耗	电力	kW·h	7.96	19.90	厂家调研
	蒸汽	kg	3.14	7.85	
废水处理	含铅废水	kg	4.70	11.75	监测分析
	无铅废水	kg	1.22	3.05	
废气排放	铅及其化合物	kg	1.00×10^{-4}	2.50×10^{-4}	监测分析
	硫酸雾	g	8.91	22.29	
	非甲烷总烃	kg	1.10×10^{-3}	2.75×10^{-3}	

根据有关研究，假设锰酸锂电池循环次数为1000次，磷酸铁锂电池循环次数为2000次。锰酸锂电池和磷酸铁锂电池生产工艺生命周期清单如表9-2和

表 9-3 所示。

表 9-2　锰酸锂电池生产工艺生命周期清单

类别	材料名称		单位	1 kW·h 电池产量	1 功能单位（1000 kW·h 电量释放潜能）	数据来源
正极片制造流程	锰酸锂		kg	2.40	2.40	厂家调研
	正极导电剂		kg	0.11	0.11	厂家调研
	铝箔		kg	0.34	0.34	厂家调研
	PVDF		kg	8.10×10^{-2}	8.10×10^{-2}	厂家调研
	NMP		kg	0.43	0.43	厂家调研
	正极导电碳		kg	0.20	0.20	厂家调研
负极片制造流程	负极导电剂		kg	0.01	0.01	厂家调研
	负极导电碳		kg	0.86	0.86	厂家调研
	CMC		kg	1.90×10^{-2}	1.90×10^{-2}	厂家调研
	SBR		kg	0.05	0.05	厂家调研
	铜箔		kg	0.60	0.60	厂家调研
	镍带		kg	1.9×10^{-2}	1.9×10^{-2}	厂家调研
	去离子水		kg	1.71	1.71	厂家调研
装配流程	隔膜		kg	3.24×10^{-1}	3.24×10^{-1}	厂家调研
	铝壳		kg	1.08	1.08	厂家调研
注液流程	电解液	六氟磷酸锂 19%	kg	0.24	0.24	厂家调研
		碳酸二甲酯 27%	kg	0.34	0.34	
		碳酸二乙酯 27%	kg	0.34	0.34	
		碳酸乙烯酯 27%	kg	0.34	0.34	
能源消耗	电力		kg	3.59	3.59	厂家调研
废水处理	废水		kg	10.81	10.81	监测分析

续表

类别	材料名称		单位	1 kW·h 电池产量	1 功能单位（1000 kW·h 电量释放潜能）	数据来源
废气排放	NMP		kg	2.49×10^{-2}	2.49×10^{-2}	监测分析
	粉尘		kg	1.24×10^{-3}	1.24×10^{-3}	监测分析
	电解液废气	碳酸二甲酯	kg	1.46×10^{-3}	1.46×10^{-3}	监测分析
		碳酸二乙酯	kg	3.24×10^{-4}	3.24×10^{-4}	
		碳酸乙烯酯	kg	6.49×10^{-7}	6.49×10^{-7}	

表 9-3　磷酸铁锂电池生产工艺生命周期清单

类别	材料名称	单位	1 kW·h 电池产量	1 功能单位（1000 kW·h 电量释放潜能）	数据来源
正极片制造流程	磷酸铁锂	kg	2.56	1.28	厂家调研
	正极导电碳	kg	0.30	0.15	厂家调研
	正极导电剂	kg	0.12	0.06	厂家调研
	铝箔	kg	0.39	0.20	厂家调研
	PVDF	kg	0.09	4.70×10^{-2}	厂家调研
	NMP	kg	0.50	0.25	厂家调研
负极片制造流程	负极导电碳	kg	0.92	0.46	厂家调研
	负极导电剂	kg	0.02	0.01	厂家调研
	CMC	kg	2.20×10^{-2}	1.10×10^{-2}	厂家调研
	SBR	kg	5.9×10^{-2}	0.03	厂家调研
	铜箔	kg	0.70	0.35	厂家调研
	镍带	kg	2.20×10^{-2}	1.10×10^{-2}	厂家调研
	去离子水	kg	1.97	0.99	厂家调研

续表

<table>
<tr><th>类别</th><th colspan="2">材料名称</th><th>单位</th><th>1 kW·h
电池产量</th><th>1 功能单位
（1000 kW·h
电量释放潜能）</th><th>数据来源</th></tr>
<tr><td rowspan="2">装配流程</td><td colspan="2">隔膜</td><td>kg</td><td>0.38</td><td>0.19</td><td>厂家调研</td></tr>
<tr><td colspan="2">铝壳</td><td>kg</td><td>1.25</td><td>0.63</td><td>厂家调研</td></tr>
<tr><td rowspan="4">注液流程</td><td rowspan="4">电解液</td><td>六氟磷酸锂 19%</td><td>kg</td><td>0.27</td><td>0.14</td><td rowspan="4">厂家调研</td></tr>
<tr><td>碳酸二甲酯 27%</td><td>kg</td><td>0.39</td><td>0.20</td></tr>
<tr><td>碳酸二乙酯 27%</td><td>kg</td><td>0.39</td><td>0.20</td></tr>
<tr><td>碳酸乙烯酯 27%</td><td>kg</td><td>0.39</td><td>0.20</td></tr>
<tr><td>能源消耗</td><td colspan="2">电力</td><td>kW·h</td><td>4.15</td><td>2.07</td><td>厂家调研</td></tr>
<tr><td>废水处理</td><td colspan="2">废水</td><td>kg</td><td>12.48</td><td>6.24</td><td>监测分析</td></tr>
<tr><td rowspan="5">废气排放</td><td colspan="2">NMP</td><td>kg</td><td>0.03</td><td>1.50×10^{-2}</td><td>监测分析</td></tr>
<tr><td colspan="2">粉尘</td><td>kg</td><td>1.31×10^{-3}</td><td>6.55×10^{-4}</td><td>监测分析</td></tr>
<tr><td rowspan="3">电解液废气</td><td>碳酸二甲酯</td><td>kg</td><td>1.69×10^{-3}</td><td>8.45×10^{-4}</td><td rowspan="3">监测分析</td></tr>
<tr><td>碳酸二乙酯</td><td>kg</td><td>3.75×10^{-4}</td><td>1.38×10^{-4}</td></tr>
<tr><td>碳酸乙烯酯</td><td>kg</td><td>7.50×10^{-7}</td><td>3.75×10^{-7}</td></tr>
</table>

蓄电池原材料和能源的生产背景数据取自 Simapro 软件的数据库以及国内外相关研究，如表 9-4 所示。

本章中的大部分清单数据是通过现场调研或当企业处于正常的全负荷运转时获得的。通过去掉不同时间的最大和最小数据来避免不确定性，然后再利用平均值进行分析。Sakar 等使用相同的方式来确保数据的准确性。其他背景数据来自 Simapro 软件的数据库。

表 9-4　生产背景数据来源

类别	名称	生产背景数据来源
铅酸蓄电池	精铅	白璐等研究
	添加剂	Ecoinvent 3 数据库
	钙铝合金	Ecoinvent 3 数据库
	锡	Ecoinvent 3 数据库
	硫酸	Ecoinvent 3 数据库
	绝缘隔板	Ecoinvent 3 数据库
	聚丙烯	解昊等研究
	电力	中国电力企业联合会等研究
	蒸汽	Ecoinvent 3 数据库
锂离子电池	正极负极导电剂(炭黑)	Ecoinvent 3 数据库
	PVDF	Ecoinvent 3 数据库
	NMP	Ecoinvent 3 数据库
	导电碳(石墨粉)	Ecoinvent 3 数据库
	电力	中国电力企业联合会等研究
	CMC	Ecoinvent 3 数据库
	SBR	Ecoinvent 3 数据库
	铜箔	樊欢欢等研究
	镍带	Ecoinvent 3 数据库
	隔膜	Ecoinvent 3 数据库
	铝壳	洪静兰等研究
	去离子水	Ecoinvent 3 数据库
	电解液	Ecoinvent 3 数据库
	铝箔	洪静兰等研究

9.3　研究结果

9.3.1　环境影响分析

应用 ReCiPe midpoint(H)模型对不同蓄电池生产工艺的环境影响进行分析，中间点环境影响特征化计算结果如表 9-5 所示。

表 9-5　中间点环境影响结果(功能单位:蓄电池 1000 kW·h 电量释放潜能)

影响类别	单位	铅酸蓄电池	锰酸锂电池	磷酸铁锂电池
气候变化	kg CO_2-eq	102.76	27.80	16.10
臭氧消耗	kg CFC-11-eq	2.41×10^{-6}	1.80×10^{-6}	1.28×10^{-6}
陆地酸性化	kg SO_2-eq	0.51	0.18	0.12
淡水水体富营养化	kg P-eq	1.29×10^{-2}	1.15×10^{-2}	1.07×10^{-2}
海水水体富营养化	kg N-eq	1.53×10^{-2}	1.06×10^{-2}	1.08×10^{-2}
人类毒性	kg 1,4-DB-eq	59.82	16.80	10.73
光化学氧化剂形成	kg NMVOC	0.41	9.30×10^{-2}	6.11×10^{-2}
颗粒物形成	kg PM_{10}-eq	0.21	6.91×10^{-2}	5.15×10^{-2}
陆地生态毒性	kg 1,4-DB-eq	1.13×10^{-2}	3.88×10^{-3}	2.21×10^{-3}
淡水生态毒性	kg 1,4-DB-eq	0.61	0.38	0.30
海水生态毒性	kg 1,4-DB-eq	0.62	0.38	0.28
电离辐射	kBq U235-eq	1.44	2.31	0.22
农业土地占用	m^2/a	0.88	1.22	3.40
城镇土地占用	m^2/a	0.58	0.31	0.25
自然土地改造	m^2	1.83×10^{-2}	3.99×10^{-3}	2.50×10^{-3}

续表

影响类别	单位	铅酸蓄电池	锰酸锂电池	磷酸铁锂电池
水消耗	m^3	1.00	2.04	0.60
金属消耗	kg Fe-eq	165.73	86.90	10.70
化石能源消耗	kg oil-eq	41.01	8.23	4.87

由表 9-5 分析可知，3 种蓄电池对 ReCiPe 模型的 18 种环境影响类别均有不同程度的影响。除电离辐射、农业土地占用和水消耗之外，铅酸蓄电池生产工艺对其余环境影响类别的影响均为最大。另外，锰酸锂电池生产工艺对电离辐射和水消耗影响最大。在 18 种环境影响类别中，磷酸铁锂电池生产工艺的环境影响最小。

为进一步分析各中间点环境影响类别对整体环境影响的贡献度，对特征化的中间点环境影响结果进行标准化计算，计算结果如图 9-3 所示。

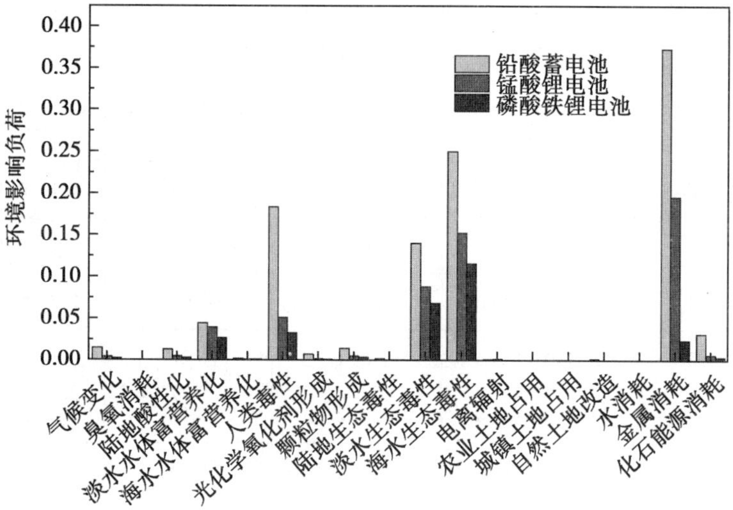

图 9-3　标准化的中间点影响结果

由图9-3分析可知，铅酸蓄电池生产工艺造成的环境影响明显大于锰酸锂电池和磷酸铁锂电池。蓄电池生产工艺对环境的影响主要集中于淡水水体富营养化、人类毒性、淡水生态毒性、海水生态毒性和金属消耗这5种环境影响类别。与锰酸锂和磷酸铁锂相比，除电离辐射和农业土地占用外，铅酸蓄电池对其他所有环境类别的影响都是最大的。相对于其他两种蓄电池来说，磷酸铁锂电池在金属消耗这一类别中的影响不明显。因此，就整体环境影响来说，铅酸蓄电池生产工艺的环境影响最大，锰酸锂电池次之，磷酸铁锂电池生产工艺对环境的影响最小。

9.3.2 关键流程识别

由图9-4分析可知，铅酸蓄电池生产工艺中对环境影响最大的关键流程是生极板制造流程，在总体环境影响负荷中占比为80.56%。而在5种主要环境影响类别中，生极板制造流程对环境的影响在5种影响类别环境影响负荷中占比分别为82.37%、79.23%、68.08%、66.47%和99.5%，均为最大。对于锰酸锂电池生产工艺而言，正极片制造流程、装配流程和负极片制造流程是造成环境影响的关键流程，在总体环境影响负荷中占比分别为61.19%、18.77%和15.92%。对环境影响最大的关键流程为正极片制造流程，其对环境的影响在5种影响类别环境影响负荷中占比分别为49.07%、45.31%、44.23%、42.55%和80.14%，均为最大。在磷酸铁锂电池生产工艺中，正极片制造流程、装配流程和负极片制造流程是造成环境影响的关键流程，占总体环境影响负荷的比重分别为52.98%、21.26%和17.68%。对环境影响最大的关键流程为正极片制造流程，在淡水水体富营养化、人类毒性、淡水生态毒性和海水生态毒性这4种影响类别的环境影响负荷中占的比重分别为69.31%、52.23%、59.7%和57.7%，均为最大。而负极片制造流程在金属消耗这一影响类别的环境影响负荷中占比最大，为81.38%。

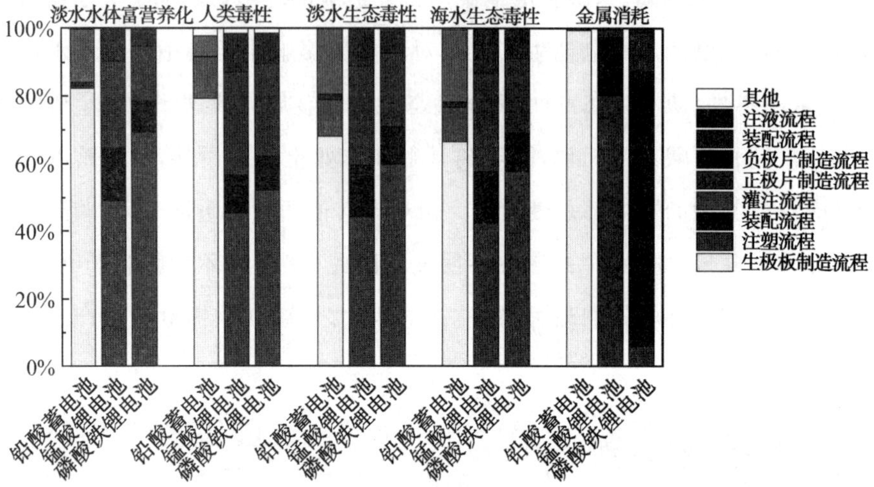

图 9-4 环境影响的关键流程分析

9.3.3 关键物质识别

为深入分析造成蓄电池生产工艺环境影响的各种关键物质，本章采用追根溯源的思路，首先寻找对关键流程造成环境影响的主要物质，然后分析这些主要物质在总体环境影响负荷中所占的比重，根据比重大小，筛选确定造成蓄电池生产工艺环境影响的关键物质。

由表 9-6 分析可知，精铅和锡是造成铅酸蓄电池生极板制造流程环境影响的主要物质，占生极板制造流程环境影响负荷的比重分别为 57.47%和40.23%。在锰酸锂电池生产工艺中，锰酸锂和 NMP 是主要物质，其在正极片制造流程中所占环境影响负荷比重分别为 76.7%和 10.12%；铝壳是造成装配流程环境影响的主要物质，占装配流程环境影响负荷的 97.12%；负极片制造流程中的铜箔和负极导电碳是其主要物质，占其环境影响负荷的比重分别为 39.34%和 25.51%。磷酸铁锂电池生产工艺中的磷酸铁锂、NMP、铝壳、铜箔和负极导电碳是造成各关键流程环境影响的主要物质，分别在所在关键流程环境影响负荷中的占比为 78.15%、13.18%、96.98%、40.08%和 24.01%。

表 9-6　主要物质在关键流程环境影响负荷中的占比

铅酸蓄电池	生极板制造流程		
环境影响负荷	精铅 57.47%＋锡 40.23%		
锰酸锂电池	正极片制造流程	装配流程	负极片制造流程
环境影响负荷	锰酸锂 76.7%＋NMP 10.12%	铝壳 97.12%	铜箔 39.34%＋负极导电碳 25.51%
磷酸铁锂电池	正极片制造流程	装配流程	负极片制造流程
环境影响负荷	磷酸铁锂 78.15%＋NMP 13.18%	铝壳 96.86%	铜箔 40.08%＋负极导电碳 24.01%

为将表 9-6 中的主要物质进一步筛选确定为关键物质，需对其产生的环境影响负荷占比进行分析，计算结果如表 9-7 所示。

表 9-7　各主要物质产生的环境影响负荷占比

影响类别	单位	铅酸蓄电池	锰酸锂电池	磷酸铁锂电池
淡水水体富营养化	kg P-eq	精铅 72.11%＋硫酸 15.59%＋锡 7.16%	锰酸锂 32.28%＋铝壳 25.73%＋负极导电碳 9.93%＋NMP 9.45%＋电解液 9.42%	磷酸铁锂 58.38%＋铝壳 16.17%＋NMP 5.92%＋负极导电碳 5.79%
人类毒性	kg 1,4-DB-eq	精铅 76.95%＋聚丙烯 12.33%＋硫酸 5.94%	锰酸锂 34.63%＋铝壳 28.38%＋电解液 11.47%＋NMP 6.4%	磷酸铁锂 42.23%＋铝壳 25.87%＋电解液 8.96%＋NMP 5.81%
淡水生态毒性	kg 1,4-DB-eq	精铅 61.31%＋硫酸 19.4%＋聚丙烯 10.8%	铝壳 28.52%＋锰酸锂 27.26%＋电解液 11.04%＋NMP 10.59%＋镍带 8.32%	磷酸铁锂 46.74%＋铝壳 21.44%＋NMP 7.93%＋电解液 7.11%＋镍带 6.21%

续表

影响类别	单位	铅酸蓄电池	锰酸锂电池	磷酸铁锂电池
海水生态毒性	kg 1,4-DB-eq	精铅 60.24%+硫酸 21.45%+聚丙烯 10.26%	铝壳 28.14%+锰酸锂 27.07% + 电解液 13.1%+NMP 9.57%+镍带 8.53%	磷酸铁锂 45.58%+铝壳 21.64%+电解液 8.63%+NMP 7.33%
金属消耗	kg Fe-eq	锡 87.44%+精铅 11.97%	锰酸锂 79.89%+铜箔 16.32%	铜箔 77.35%+铝壳 11.56%
总体环境影响负荷	—	精铅 46.3%+锡 32.41%+聚丙烯 7.19%	锰酸锂 46.93%+铝壳 18.23%+铜箔 6.26%+NMP 6.19%	磷酸铁锂 41.4%+铝壳 20.6%+铜箔 7.09%+NMP 6.98%

由表 9-7 分析可知，精铅在 5 种关键环境影响类别中所占环境影响负荷比重分别为 72.11%、76.95%、61.31%、60.24%和 12.03%；在总体环境影响负荷中所占比重为 46.3%。锡在金属消耗这一影响类别中所占环境影响负荷的比重达到了 87.44%，在总体环境影响负荷中所占比重为 32.41%。相对于其他物质而言，精铅和锡在总体环境影响负荷中所占比重较大，因此生极板制造流程中的精铅和锡是造成铅酸蓄电池生产工艺主要环境影响的关键物质。

锰酸锂在 5 种关键环境影响类别的环境影响负荷中所占比重分别为 32.28%、34.63%、27.26%、27.07%和 79.89%，在总体环境影响负荷中所占比重较大，为 46.93%，因此正极片制造流程中的锰酸锂是造成锰酸锂电池生产工艺环境影响的关键物质。锰酸锂电池中的铝壳在淡水水体富营养化、人类毒性、淡水生态毒性和海水生态毒性的环境影响负荷中所占比重分别为25.73%、28.38%、28.52%和 28.14%，占总体环境影响负荷的比重为 18.23%，因此装配流程中的铝壳也是造成锰酸锂电池生产工艺环境影响的关键物质。

磷酸铁锂在淡水水体富营养化、人类毒性、淡水生态毒性和海水生态毒性的环境影响负荷中所占比重分别为 58.38%、42.27%、46.74%和 45.58%，占总体环境影响负荷的比重为 41.4%，因此正极片制造流程中的磷酸铁锂是造成磷酸铁锂电池生产工艺环境影响的关键物质。磷酸铁锂电池中的铝壳在 5 种关键环境影响类别中所占环境影响负荷比重分别为 16.17%、25.87%、21.44%、21.64%和 11.56%，在总体环境影响负荷中所占比重为 20.6%，因此装配流程中的铝壳也是造成磷酸铁锂电池生产工艺环境影响的关键物质。

9.3.4　敏感性分析

为深入分析 3 种蓄电池关键流程的数据变化对环境影响评价结果的影响程度，从而确定关键流程优化顺序，参考相关研究，分别按照关键流程输入输出变化 5%的原则，对蓄电池若干关键流程环境负荷的敏感性进行分析，分析结果如表 9-8 所示。

表 9-8　关键流程敏感性分析

铅酸蓄电池	单位	生极板制造流程(5%)		
淡水水体富营养化	kg P-eq	5.32×10^{-4}		
人类毒性	kg 1,4-DB-eq	2.37		
淡水生态毒性	kg 1,4-DB-eq	2.06×10^{-2}		
海水生态毒性	kg 1,4-DB-eq	2.04×10^{-2}		
金属消耗	kg Fe-eq	8.25		
总体环境影响负荷	—		4.35×10^{-2}	

锰酸锂电池	单位	正极片制造流程(5%)	负极片制造流程(5%)	装配流程(5%)
淡水水体富营养化	kg P-eq	2.34×10^{-4}	8.99×10^{-5}	1.48×10^{-4}
人类毒性	kg 1,4-DB-eq	0.38	9.52×10^{-2}	0.26
淡水生态毒性	kg 1,4-DB-eq	8.42×10^{-3}	2.923×10^{-3}	5.55×10^{-3}
海水生态毒性	kg 1,4-DB-eq	8×10^{-3}	2.88×10^{-3}	5.45×10^{-3}
金属消耗	kg Fe-eq	3.48	0.75	0.11
总体环境影响负荷	—	1.52×10^{-2}	4.13×10^{-3}	5.03×10^{-3}

续表

磷酸铁锂电池	单位	正极片制造流程（5%）	负极片制造流程（5%）	装配流程（5%）
淡水水体富营养化	kg P-eq	3.70×10^{-4}	5.00×10^{-5}	8.66×10^{-5}
人类毒性	kg 1,4-DB-eq	0.28	5.37×10^{-2}	0.15
淡水生态毒性	kg 1,4-DB-eq	8.81×10^{-3}	1.65×10^{-3}	3.24×10^{-3}
海水生态毒性	kg 1,4-DB-eq	8.23×10^{-3}	1.63×10^{-3}	3.16×10^{-3}
金属消耗	kg Fe-eq	0.03	0.44	0.06
总体环境影响负荷	—	7.09×10^{-3}	2.36×10^{-3}	2.93×10^{-3}

由表 9-8 分析可知，对于铅酸蓄电池来说，生极板制造流程输入输出数据5%的变化会导致淡水水体富营养化、人类毒性、淡水生态毒性、海水生态毒性和金属消耗分别产生 5.32×10^{-4} kg P-eq、2.37 kg 1,4-DB-eq、2.06×10^{-2} kg 1,4-DB-eq、2.04×10^{-2} kg 1,4-DB-eq 和 8.25 kg Fe-eq 的变化，总体环境影响负荷的变化为 4.35×10^{-2}，变化均为最大。因此，要优先对生极板制造流程进行优化设计。

锰酸锂电池生产工艺中，正极片制造流程输入输出数据 5%的变化导致淡水水体富营养化、人类毒性、淡水生态毒性、海水生态毒性和金属消耗分别产生 2.34×10^{-4} kg P-eq、0.38 kg 1,4-DB-eq、8.42×10^{-3} kg 1,4-DB-eq、8×10^{-3} kg 1,4-DB-eq 和 3.48 kg Fe-eq 的变化，均为最大；导致的总体环境影响负荷变化最大，为 1.52×10^{-2}。装配流程和负极片制造流程输入输出 5%的变化导致总体环境影响负荷分别变化 5.03×10^{-3} 和 4.13×10^{-3}。因此，按照敏感度由大到小的顺序，关键流程的优化顺序为正极片制造流程、装配流程和负极片制造流程。

磷酸铁锂电池正极片制造流程输入输出数据 5%的变化导致淡水水体富营养化、人类毒性、淡水生态毒性、海水生态毒性分别产生 3.7×10^{-4} kg P-eq、0.28 kg 1,4-DB-eq、8.81×10^{-3} kg 1,4-DB-eq、8.23×10^{-3} kg 1,4-DB-eq 的变

化，变化均为最大。而负极片制造流程输入输出数据 5%的变化导致金属消耗这一影响类别产生 0.44 kg Fe-eq 的变化，影响最大。按从大到小的顺序，正极片制造流程、装配流程和负极片制造流程输入输出数据 5%的变异造成总体环境影响负荷的变化分别为 7.09×10^{-3}、2.93×10^{-3}和 2.36×10^{-3}。因此，正极片制造流程为优先优化的关键流程，其次是装配流程和负极片制造流程。

9.4　结果讨论

9.4.1　铅酸蓄电池优化建议

铅酸蓄电池关键流程敏感性分析结果表明，需要优化的关键流程为生极板制造流程，精制铅和锡是生极板制造过程中的关键物质。由图 9-5 分析可知，精铅对于生极板制造流程来讲，属于原材料输入，按照循环经济理论中“3R”原则，为减轻环境污染，建议采用原材料减量化或原材料替代的优化方案。经计算，如果精铅用量减少 5%，则铅酸蓄电池的环境影响减小 2.31%。若采用废弃物资源化利用的方式，将生产工艺产生的铅渣、铅瘤和铅尘等含铅废物进行处理后再利用，则可在一定程度上实现精铅减量化的环境收益。此外，如果能将生极板制造流程中产生的淋酸泥进行处置后回收再利用，则每年可回收 16.15 t 精铅，相当于一个功能单位的电池产量节约精铅 0.08 kg，总体环境影响降低约 0.13%。因此，若能降低精铅用量，提高精铅的利用率和回收率，可以有效降低整体环境影响。这与刘(Liu)等的研究结果基本保持一致。然而，考虑到精制铅的生产过程会产生重大污染，将再生铅作为精制铅的替代品可能是未来不能忽略的又一优化建议。

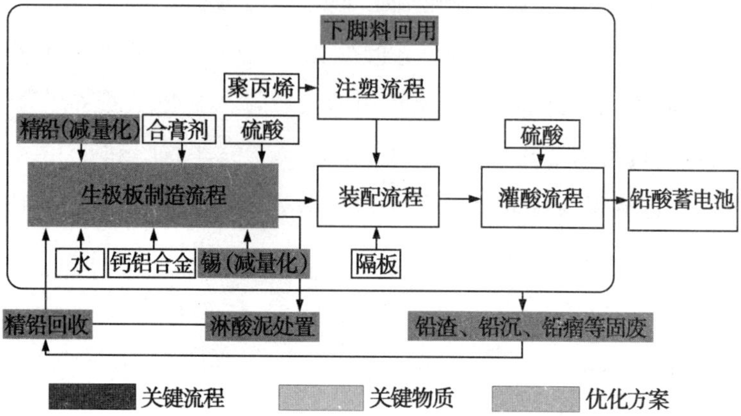

图 9-5 铅酸蓄电池工艺优化

原材料锡属于生极板制造流程中的物质输入,根据“3R”原则,可采用原材料减量化或原材料替代的优化方案。经计算,若其消耗量减少5%,则整体环境影响约降低1.62%。经文献检索可知,目前尚没有发现其他物质在上述工艺中可以替代精铅和锡。若未来出现对环境影响较小的精铅和锡的替代品,则将对该产业的绿色发展产生积极的推动作用。

9.4.2 锰酸锂电池优化建议

锰酸锂电池关键流程敏感性分析结果表明,关键流程的优化顺序为正极片制造流程、装配流程和负极片制造流程,造成正极片制造流程中环境影响较大的关键物质是锰酸锂。由图9-6分析可知,锰酸锂属于正极片制造流程中的物质输入,根据“3R”原则,建议采用原材料减量化的优化方案。经计算,若减少5%的锰酸锂消耗量,总体环境影响负荷约降低2.35%。造成装配流程环境影响较大的关键物质是铝壳,属于原材料输入,建议采用原材料减量化的优化方案。经计算,若铝壳消耗量减少5%,总体环境影响负荷约降低0.91%。若将工艺中每年产生的0.21 t废铝进行废弃物资源化回收利用,则相当于一个功能单位电池产量的铝消耗量减少2.84×10^{-2} kg,整体环境影响约降低0.2%。随着科技进步,若能找到对环境影响较小的替代品来替代铝壳,则可有效推动该产业的绿色发展。

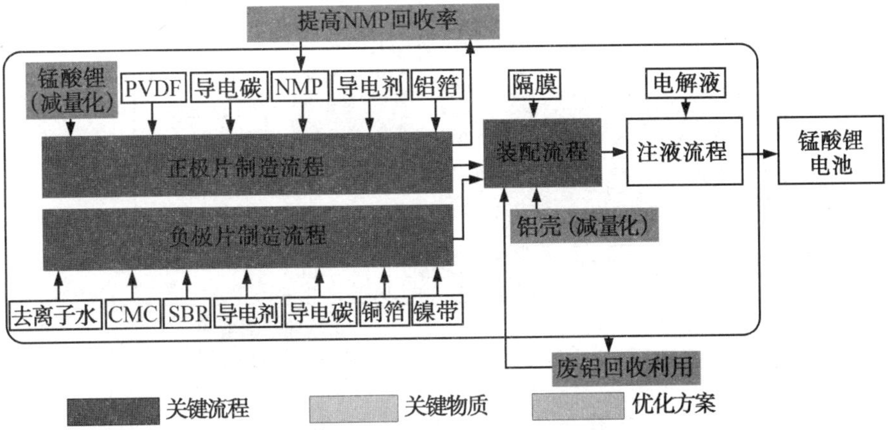

图 9-6　锰酸锂电池工艺优化

9.4.3　磷酸铁锂电池优化建议

磷酸铁锂电池关键流程敏感性分析结果表明，关键流程的优先优化顺序为正极片制造流程、装配流程和负极片制造流程，造成正极片制造流程中环境影响较大的关键物质是磷酸铁锂。由图 9-7 分析可知，磷酸铁锂作为原材料属于正极片制造流程中的物质输入，根据“3R”原则，建议采用减量化的优化方案。经计算，若磷酸铁锂消耗量减少 5%，则总体环境影响降低 2.07%。装配流程中对环境影响较大的关键物质是铝壳，属于原材料输入，建议采用原材料减量化或原材料替代的优化方案。若使铝壳消耗量减少 5%，则总体环境影响降低 1.03%。如果对工艺中每年产生的 4.3 t 废铝进行资源化回收利用，相当于一个功能单位电池产量的铝消耗量减少 1.34×10^{-3} kg，则总体环境影响约降低 0.04%。因此，提高铝壳利用率，降低消耗量，将有效减小生产工艺对环境的不利影响。

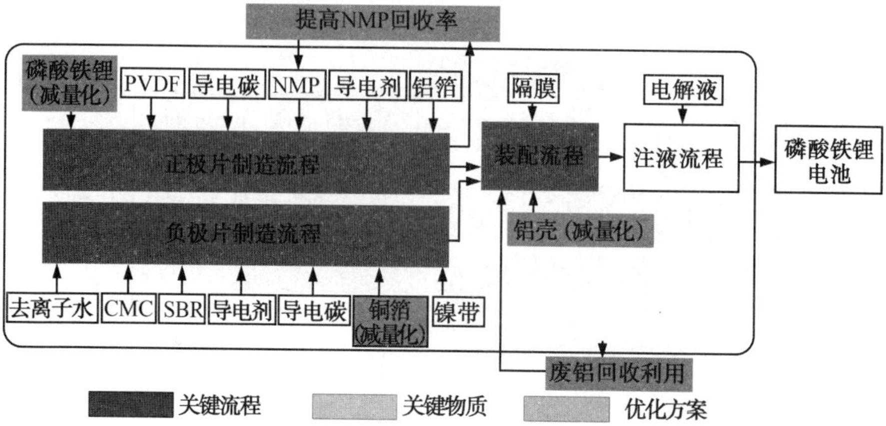

图 9-7 磷酸铁锂电池工艺优化

对于锰酸锂电池和磷酸铁锂电池来说，环境影响的关键过程是正极片制造流程，关键物质是铝壳，与陆（Lu）和邓（Deng）等的研究结论基本保持一致，工艺优化建议为减少铝壳输入。陆（Lu）的研究表明，用塑料壳代替铝壳，能量消耗和温室气体排放分别比使用铝壳低 77％和 85％。盛（Shen）等和扎卡伊奥斯（Zackrisson）等认为，由于在锂离子电池阴极和阳极的浆料中使用水作为溶剂，可能对锂离子电池的整个生命周期产生较小的环境影响。这与本章提出的提高 NMP 回收率具有相同的效果，其目的都是采用不同方式来降低 NMP 消耗量。

9.5 结论

本章运用 LCA 对铅酸蓄电池、锰酸锂电池和磷酸铁锂电池 3 种典型蓄电池“摇篮—工厂大门”阶段的环境影响负荷进行了分析和比较，首先识别造成蓄电池环境影响的关键流程，然后根据各物质在关键流程和整体环境影响负荷中的占比情况，识别了造成环境影响的关键物质；根据敏感性分析结果确立各关键流程优先优化顺序，针对关键流程中关键物质在生产工艺中所处的位置，基于“3R”原则提出有针对性的优化建议。

在系统边界内，铅酸蓄电池生产工艺的环境影响最大，磷酸铁锂电池生产工艺的环境影响最小，锰酸锂电池生产工艺的环境影响在两者之间。生极板制造流程是造成铅酸蓄电池环境影响的关键流程，其中关键物质是精铅和锡；正极片制造流程、装配流程和负极片制造流程是造成锰酸锂电池和磷酸铁锂电池环境影响的关键流程，其中锰酸锂电池的关键物质是锰酸锂和铝壳，磷酸铁锂电池的关键物质为磷酸铁锂和铝壳。通过优化关键工艺流程中的关键物质，提高精制铅、锡、锂锰氧化物、磷酸铁锂和铝壳的利用效率，可有效降低电池生产过程的环境影响。此外，对铅酸蓄电池提出了使用再生铅替代精制铅的优化建议，对锰酸锂电池和磷酸铁锂电池分别提出了增加铝壳中再生铝或塑料的优化建议。这些研究结论可为电池行业实现可持续发展提供重要的理论参考和实践依据。

由于废弃物处置阶段没有清单数据，因此本章的系统边界不包括此阶段。可以在未来的研究中，加强对上述阶段清单数据的统计，将系统边界确定为“摇篮—坟墓”。此外，如果电池行业采用本章提出的优化建议，则将显著降低生产过程中的环境影响。

参考文献

[1] KURZWEIL P. Gaston Plante and his invention of the lead-acid battery: The genesis of the first practical rechargeable battery[J]. Journal of power sources, 2010, 195: 4424-4434.

[2]HU X, JIANG J, CAO D, et al. Battery health prognosis for electric vehicles using sample entropy and sparse bayesian predictive modeling[J]. IEEE transactions on industrial electronics, 2016, 63: 2645-2656.

[3] HU X, Li S, YANG Y. Advanced machine learning approach for lithiumion battery state estimation in electric vehicles[J]. IEEE transactions on transportation electrification, 2017, 2(2):140-149.

[4]LIU W, SANG J, CHEN L, et al. Life cycle assessment of lead-acid

batteries used in electric bicycles in China[J]. Journal of cleaner production, 2015, 108: 1149-1156.

[5]SUN Z, CAO H, ZHANG X, et al. Spent lead-acid battery recycling in China: A review and sustainable analyses on mass flow of lead[J]. Waste management, 2017, 64: 190-201.

[6]工业和信息化部，环境保护部. 铅蓄电池行业准入条件[EB/OL]. [2015-01-22]. http://www. miit. gov. cn/n1146295/n1652858/n1653100/n3767750/c3770128/content.html.

[7]财政部. 关于对电池涂料征收消费税的通知[EB/OL].[2015-01-22]. http://szs. mof. gov. cn/zhengwuxinxi/zhengcefabu/201501/t20150127_1184863.html.

[8]国家标准化管理委员会. 便携式电子产品用锂离子电池和电池组安全要求[EB/OL].[2015-01-22]. http://www. sac. gov. cn/gzfw/ggcx/wtotb/tbttb/201312/t20131223_149208.html.

[9]国家发展和改革委员会，环境保护部，工业和信息化部. 电池行业清洁生产评价指标体系[EB/OL].[2015-01-22]. http://www. sdpc. gov. cn/zcfb/zcfbgg/201601/t20160111_771052.html.

[10]工业和信息化部. 锂离子电池行业规范公告管理暂行办法[EB/OL]. [2015-01-22]. http://www. miit. gov. cn/n1146295/n1652858/n1652930/n3757016/c4564651/content.html.

[11]ISO 14040. International Standard. Environmental management-life cycle assessment-principles and framework [EB/OL].[2015-01-22]. http://www.iso.org/iso/home/store/ca talogue_tc/catalogue_detail. htm? csnumber=37456.

[12]CHEN W, HONG J, XU C. Pollutants generated by cement production in China, their impacts, and the potential for environmental improvement[J]. Journal of cleaner production, 2014, 103: 61-69.

[13]CHESTER M, HORVATH A. Life-cycle assessment of high-speed rail: The case of California[J]. Environmental research letters, 2010, 5: 123-129.

[14]LOPES E, DIAS A, ARROJA L, et al. Application of life cycle assessment to the portmguese pulp and paper industry[J]. Journal of cleaner production, 2003, 11(1): 51-59.

[15]LIANG Y, SU J, XI B, et al. Life cycle assessment of lithium-ion batteries for greenhouse gas emissions [J]. Resources conservation and recycling, 2016, 117: 285-293.

[16]VANDEPAER L, CLOUTIER J, AMOR B. Environmental impacts oflithium metal polymer and lithium-ion stationary batteries[J]. Renewable and sustainable energy reviews, 2017, 78: 46-60.

[17]PETERS J F, BAUMANN M, ZIMMERMANN B, et al. The environmental impact of li-ion batteries and the role of key parameters-a review[J]. Renewable and sustainable energy reviews, 2017, 67: 491-506.

[18]MATHEYS J A, TIMERMMANS J M A, MIERLO J A V, et al. Comparison of the environmental impact of 5 electric vehicle battery technologies using LCA [J]. International journal of sustainable manufacturing, 2009, 1(3): 318-329.

[19]新华网. 中华人民共和国国民经济和社会发展第十三个五年规划纲要[EB/OL]. [2015-01-22]. http://news.xinhuanet.com/politics/2016lh/2016-03/17/c_1118366322.html.

[20]国务院. 关于印发"十三五"国家战略性新兴产业发展规划的通知[EB/OL]. [2015-01-22]. http://www.gov.cn/zhengce/content/2016-12/19/content_5150090.html.

[21]TRAN H P, SCHAUBROECK T, SWART P, et al. Recycling portable alkaline/ZnC batteries for a circular economy: An assessment of natural resource consumption from a life cycle and criticality perspective[J]. Resources conservation and recycling, 2018, 135: 265-278.

[22]SCHRYVER A M D, BRAKKEE K W, GOEDKOOP M J, et al. Characterization factors for global warming in life cycle assessment based on damages to humans and ecosystems [J]. Environmental science and technology, 2009, 43: 1689-1695.

[23] ZHAO J, HONG J, SONG Z, et al. Cost combined life cycle assessment of lignite-based electricity generation [J]. Fuel, 2015, 159: 666-674.

[24]DENG Y, LI J, LI T, et al. Life cycle assessment of lithium sulfur battery for electric vehicles[J]. Journal of power sources, 2017, 343: 284-295.

[25]郭自强. 铅酸蓄电池的经济寿命[J]. 船电技术,2014,34(2): 13-16.

[26]吴宁宁,雷向利,徐华,等. 锰酸锂动力电池体系研究[J]. 北京大学学报: 自然科学版,2006,42(s1): 67-71.

[27]闫金定. 锂离子电池发展现状及其前景分析[J]. 航空学报,2014,35(10): 2767-2775.

[28] SAKAR C O, KURSUN O, GURGEN F. A feature selection method based on kernel canonical correlation analysis and the minimum Redundancy-Maximum Relevance filter method [J]. Expert systems with applications, 2012, 39: 3432-3437.

[29]BAI L, QIAO Q, LI Y, et al. Substance flow analysis of production process: A case study of a lead smelting process [J]. Journal of cleaner production, 2015, 104(oct.1): 502-512.

[30]解昊,刘海敏,丘秉焕,等. 聚丙烯原料生产的生命周期评价及与聚乳酸的比较[J].化纤与纺织技术,2011,40(2):28-32.

[31]中国电力企业联合会. 中国电力工业现状及展望[EB/OL].[2015-01-22]. http://www.cec.org.cn/yaowenkuaidi/2015-03-10/134972.html.

[32]CUI X, HONG J, GAO M. Environmental impact assessment of three coal based electricity generation scenarios in China[J]. Energy, 2012, 45(1):952-959.

[33]胡志峰,马晓倩,李双双,等. 水力发电技术的生命周期评价[J]. 环境污染与防治,2013,35(6):93-97.

[34]李龙军,马晓倩,谢明超,等. 风力发电系统的全生命周期分析[J]. 风机技术,2015,57(2):65-70.

[35]ZHANG Y, SUN M, HONG J, et al. Environmental footprint of aluminum production in China[J]. Journal of cleaner production, 2016, 133:

1242-1251.

[36]樊欢欢，王洪涛，谢阿弟，等. 精炼铜行业的生命周期节能减排目标评价[J]. 生态毒理学报，2014，9(4)：737-743.

[37]WANG Q，LIU W，YUAN X，et al. Future of lignite resources：A life cycle analysis[J]. Environmental science and pollution research，2016，23：24796-24807.

[38]HONG J，ZHOU J，HONG J. Environmental and economic impact of furfural cohol production using corncob as a raw material[J]. International journal of life cycle assessment，2015，20(5)：1-9.

[39]LIU W，SANG J，CHEN L，et al. Life cycle assessment of lead-acid batteries used in electric bicycles in China[J]. Journal of cleaner production，2015，108：1149-1156.

[40]LU Q. Life cycle assessment of electric vehicle power battery [M]. ChangChun：Jilin University press，2014.

[41]SHEN W，ZHANG B，DING N，et al. Energy consumption and global warming potential related to production and operation of battery electric vehicles[J]. Acta scientiae circumstantiae，2017，8(29)：1-17.

[42]ZACKRISSON M，AVELLAN L，ORLENIUS J. Life cycle assessment of lithium-ion batteries for plug-in hybrid electric vehicles：Critical issues[J]. Journal of cleaner production，2010，18：1519-1529.

第10章　可持续发展路径与对策之改进方法模型

10.1　研究背景

随着全球农业的飞速发展，农作物产量急剧增长，随之产生大量的秸秆，然而传统的焚烧秸秆处理方式会释放大量颗粒物等污染物，对生态环境和人类健康造成严重威胁。何(He)等的研究印证了上述观点，他们认为若一个县域在一个月内秸秆焚烧数量每增加10%，会导致该区域内死亡人数增加1.6%。秸秆作为重要的农业资源，合理利用将会带来良好的经济环境效益。许多国家已形成了典型的秸秆利用模式。韩国采用种养结合的方式，将秸秆转化为饲料，实现了秸秆的饲料化利用；丹麦则将秸秆转化为供热能源，实现了秸秆的能源化利用。中国是世界农业大国，每年都会产生大量秸秆，2021年秸秆生产总量为6.47亿吨。合理利用秸秆资源是促进中国农业可持续发展及碳达峰的必然要求，国家层面也高度重视秸秆利用问题，先后出台了一系列政策推进秸秆资源化利用。2021年，中国政府印发《2030年前碳达峰行动方案》，明确提出加强秸秆禁烧管控，大力推进秸秆高价值利用模式，目前已形成秸秆还田、秸秆发电、秸秆制成型燃料等多元化利用方式。秸秆资源化利用也需要物质、能源投入并产生一定量的污染排放。如何科学准确地评估不同利用方式的综合环境效益，促进秸秆资源可持续利用是实现秸秆综合利用的先决条件。

选择科学合理的评价方法对秸秆资源化利用综合环境效益进行量化，是实现秸秆资源可持续发展的关键所在。能值分析(EMA)作为一种能够考虑自然资源贡献、连接自然资源与人类社会的可持续发展评价方法，能够将不同形式的物质流、能量流等转换为统一的太阳能值，分析生态环境对系统的贡献度大小，并在农业、畜牧业、制造业、城市等多个领域进行了广泛应用。秸秆资源化利用兼具自然与人工双重属性，适合使用EMA方法进行环境效益评价。刘(Liu)等利用能值分析方法对4种秸秆资源化利用方式进行了评价，发现秸秆资源化利用产业链越长，其可持续性能指标越优。王(Wang)等构建了能值评价指标体系，对人工与机械2种秸秆收集利用模式进行对比分析，发现机械收集具有相对较高的可持续性。

仅使用EMA方法评估秸秆资源化利用具有较大局限性。EMA虽然能够评估自然生态系统对秸秆资源化利用的隐含贡献，但缺乏对污染物排放环境影响的度量。LCA能够通过考虑原材料开采、加工、运输、使用等全生命周期过程评估系统污染物产生的环境影响，已在能源、化工、建筑等领域进行了广泛应用。部分学者利用LCA对秸秆资源化利用模式进行了评价。斯里库马尔(Sreekumar)等利用LCA方法对印度秸秆生产乙醇进行了评价，结果显示电力使用是影响其可持续发展的关键要素。劳埃(Loy)等对秸秆制备催化剂过程进行了LCA评价，发现秸秆制催化剂与金属制催化剂的性能相当但具有较低的环境影响。以上研究进展为本章奠定了良好的方法学基础。

综上所述，EMA与LCA均被作为秸秆资源化利用可持续性评价的主要方法。EMA侧重于从“上游”的视角量化生态环境对系统的贡献度大小，却忽视了系统生命周期污染排放造成的环境影响。LCA侧重于从“下游”的视角评估系统生命周期污染物排放对人体、生态、资源等造成的影响程度，却无法客观评价生态环境对系统的真实贡献。将EMA与LCA进行耦合可以较好地弥补两者的不足，全面评价系统的环境贡献及污染排放。目前采用的耦合方法主要有以下两类：一类耦合方式为分别使用EMA与LCA方法对同一研究对象进行评价，这种类型的耦合方法优点是结构清晰简单，不足之处是评价过于分散，难以形成一个有机整体；另一类耦合方式是将LCA与EMA的优点相融合，形成一种新的研究框架。在第二类耦合方法中，不同学者提出了多种耦合形式。雷扎(Reza)等将 LCA 融入 EMA 框架，构建了 EmLCA 模型，得到了学界的广泛认可及应用。江(Jiang)等利用能值分析与生命周期评价耦合模型研究了激光工程化净成形与数控加工两种不同制造方式的可持续性，发现前者的可持续性远高于后者。

尽管目前该类耦合方法的研究得到了较快的发展，但其依然存在一些不足。一是通过追溯产品多级生产关系获得生命周期排放清单，由于边界的有限性并且未考虑边界之外部门间的依存关系，致使清单存在一定程度的截断误差。沃德(Ward)等的研究发现，截断误差最高可达 50%，影响评价结果的准确性。二是由于模型本身的问题，其仅量化了劳动力的总太阳能值投入量，未考虑这些太阳能值投入过程中所产生的污染物排放。基于以上问题，本章构建了 EmLCA-Ⅱ模型，在完善系统研究边界的基础上，进一步量化劳动力造成的间接环境影响，还以 5 种秸秆能源化利用模式为例对模型的可靠性进行验证。构建的模型可为开展其他类似领域的研究提供方法学借鉴，得到的相关研究结论可为决策者制定秸秆资源化利用政策提供参考。

10.2 研究方法

首先，本章分析了传统 EMA 与 EmLCA 模型的基本思路框架。EmLCA 模型是对传统 EMA 模型的改进。本章对 EmLCA 模型进行改良，构建了 EmLCA-Ⅱ模型。其次，本章利用 EmLCA-Ⅱ模型对 5 种秸秆能源化利用方式的可持续性进行评价，并与 EMA、EmLCA 模型的评价结果进行对比分析。最后，本章利用 3 种模型识别每种秸秆资源化利用模式中影响其可持续发展的关键物质，根据循环经济“3R”原则，提出有助于提高秸秆资源化利用工艺可持续性的改进措施与建议。秸秆资源化利用模式评价与优化研究框架图如图10-1所示。

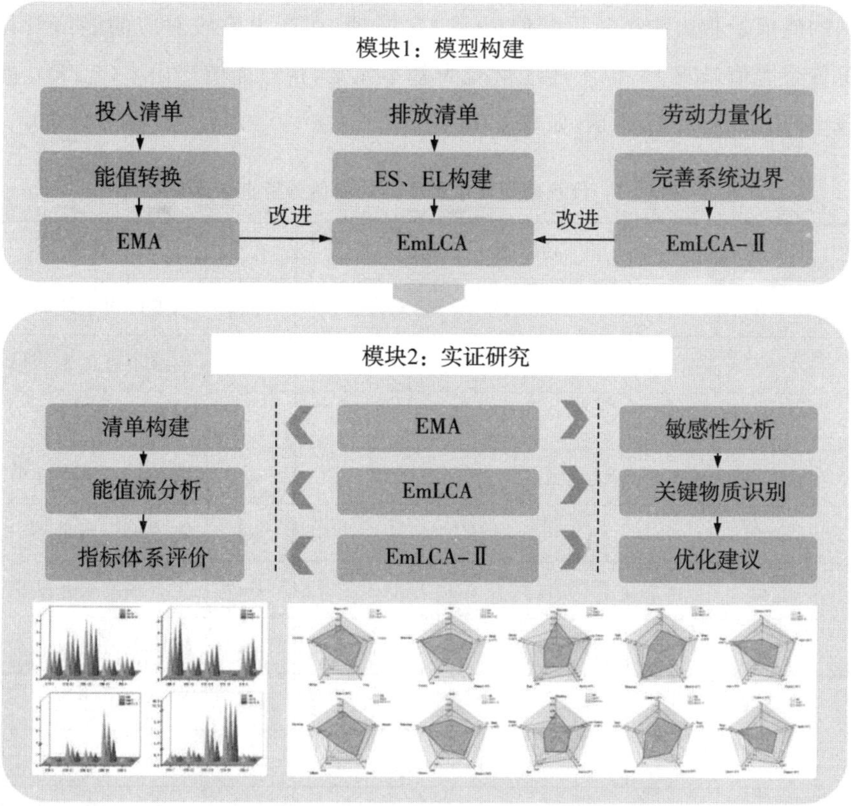

图 10-1　秸秆资源化利用模式评价与优化研究框架图

10.2.1　能值体系构建

能值是产品或服务直接或间接包含的太阳能总量，可以将具有不同单位的物质或能量流通过能值转换率（*UEV*）转变为统一的单位。一个系统通常由多种不同来源、不同性质的能值流构成。来自系统内部的能值流投入可分为本地可再生能值（*R*）、本地不可再生能值（*N*）。来自系统外部的能值投入为购买能值（*F*）。根据购买物质的属性可将购买能值分为购买可再生能值（*FR*）与购买不可再生能值（*FN*）两部分。市场交易发生在购买系统所需物质与售卖系统产出物质两个阶段，在购买系统物质阶段所产生的现金流经能值货币转换率换算得到的能值量称为购买货币能值（$F\$$）。同理，在产出阶段对应的能值量称为产出货币能值（$Y\$$）。以上述能值流为基本元素，构建能值产出率（EYR）、能值负载率（ELR）等指标体系，如表 10-1 所示。

表 10-1　传统模型与改进模型的能值分析指标体系

EMA	EmLCA / EmLCA-Ⅱ	单位	说明
R	R	sej	当地可再生能值
N	N	sej	当地不可再生能值
FR	FR	sej	购买可再生能值
FN	FN	sej	购买不可再生能值
—	EL	sej	能值损失当量
—	ES	sej	生态系统服务能值
Y	Y	sej	输出能值
$Y\$$	$Y\$$	sej	产出货币能值
$F\$$	$F\$$	sej	购买货币能值
$EERI=(FR+FN)/F\$$	$EERI=(FR+FN)/F\$$	—	输入能值交换率
$EERY=Y\$/Y$	$EERY=Y\$/Y$	—	产出能值交换率
$EYR=Y/(R+N+FR+FN)$	$EYR=Y/(R+N+FR+FN+ES+EL)$	—	能值产出率
$ELR=(FN+N)/(FR+R)$	$ELR=(FN+N+ES+EL)/(FR+R)$	—	能值负载率
$ESI=EYR/ELR$	$ESI=EYR/ELR$	—	可持续性指数
$EISD=EERI\times EERY\times ESI$	$EISD=EERI\times EERY\times ESI$	—	可持续发展性能指数

10.2.2 能值生命周期耦合评价方法(EmLCA)

EMA模型通过太阳能值的形式量化了自然环境对系统的隐含贡献,但未考虑系统生命周期污染物的量化。排放的污染物通过影响气候变化、富营养化、生态毒性等对人体和生态环境造成一定程度的损害。此外,将污染物稀释至可接受浓度也需要一定量的生态系统服务支持。

雷扎(Reza)等参考Eco-indicator 99方法构建了EmLCA模型,在传统EMA模型基础上引入了能值当量损失(EL)和生态系统服务能值(ES)两种能值流,并将其应用于EYR、ELR、能值负载率(ESI)、可持续发展性能指标($EISD$)指标中,如表10-1所示。EL通过能值的形式量化了污染物排放通过气候变化、酸雨等中间过程对人体、生态造成的危害。ES通过能值的形式量化了为稀释污染物到可接受浓度所需的生态系统贡献。

10.2.2.1 能值当量损失(EL)

污染物对人体、生态、土壤的损害可通过生态损失能值(EL_{EQ})、人体健康损失能值(EL_{HH})表示。EL为影响的加总。

$$EL = EL_{HH} + EL_{EQ} \tag{10-1}$$

EL_{EQ}可通过物种潜在消失分数(PDF)得到。

$$EL_{EQ} = \sum m_i \times PDF_i \times E_{bio} \tag{10-2}$$

其中,PDF表示单位时间单位土地面积物种消失比例,可解释为一个地区受到潜在污染危害导致的物种不再出现的比例;m_i为第i种污染物的排放量;E_{bio}表示分配给该区域自然资本的年度能值单位,取值为4.2×10^8 sej/a。

EL_{HH}可通过残疾调整生命年得到。

$$EL_{HH} = \sum m_i \times DALY_i \times E_p \tag{10-3}$$

其中,$DALY_i$表示按单位污染物排放计算的残疾调整生命年;m_i为第i种污染物的排放量;E_p表示人均年度能值量,其值为1.31×10^{17} sej/(a/pop)。

10.2.2.2 生态系统服务能值(ES)

生态系统为降解空气或水体污染物提供给目标系统的能值称为生态系统

服务能值(ES),详细计算方法见公式(10-4)至公式(10-7)。

$$M_{air/water} = d \times (k/c) \tag{10-4}$$

$$ES_{air} = 0.5 \times M_{air} \times v^2 \times UEV_{air} \tag{10-5}$$

$$S_{water} = M_{water} \times \rho \times UEV_{water} \tag{10-6}$$

$$ES = \max(ES_{air}) + \max(ES_{water}) \tag{10-7}$$

其中,$M_{air/water}$表示将某种污染物稀释至可接受浓度所需的空气或水体质量;d 表示空气或水体密度;k 表示某种污染物排放量;c 表示某种污染物可接受浓度;v 表示当地平均风速;ρ 表示水体的内能转换系数;UEV_{air}表示空气的能值转换率,其值为 1.91×10^3 sej/J;UEV_{water}表示水体的能值转换率,其值为 2.31×10^4 sej/J;$\max(ES_{air})$表示排放到空气中的污染物对应 ES 的最大值;$\max(ES_{water})$表示排放到水体中的污染物对应 ES 的最大值。

10.2.3 改进的能值生命周期耦合评价方法(EmLCA-Ⅱ)

为进一步量化因劳动力引起的间接污染物排放量,及降低 EmLCA 模型在量化因能源或物质输入造成的间接污染物排放过程中产生的截断误差,本章构建了 EmLCA-Ⅱ模型。

首先,EmLCA 模型通过层层追溯的方式量化物质或能源生产过程中的间接排放。由于溯源的每个层级中均忽略一些排放相对较小的污染物且无法追溯至间接排放的根源,由此产生了截断误差。为降低 EmLCA 产生的截断误差,EmLCA-Ⅱ模型依据投入产出分析原理,以国民经济系统为边界对输入系统的物质、能源等产生的间接污染物排放进行了量化,见式(10-8)。同时,由于所依据的投入产出表为研究对象所在区域的当地数据,降低了由于使用非本地背景数据对结果造成的不确定性。

$$m_{indirect,i} = |\boldsymbol{R}_i (\boldsymbol{I} - \boldsymbol{A})^{-1} \boldsymbol{P}| \tag{10-8}$$

其中,$m_{indirect,i}$为第 i 种污染物物料生产间接排放;$\boldsymbol{I}$ 表示单位矩阵;$\boldsymbol{A}$ 为直接消耗系数矩阵;$\boldsymbol{P}$ 为各部门对应系统投入价格的列向量;$\boldsymbol{R}_i$ 表示各部门对应的第 i 种污染物排放向量。

其次,EmLCA 模型仅考虑了劳动力的总太阳能值投入量,未考虑这些太阳能值投入过程中所产生的污染物排放。在劳动力间接排放量化方面,

EmLCA-Ⅱ模型将劳动力报酬的用途分为消费与储蓄两部分，消费部分产生的间接排放为从原材料获取到产出产品全过程中的污染物排放，储蓄部分通过金融机构中介作用转化为社会投资，产生的间接排放为固定资产生产过程中所隐含的间接排放量，见公式(10-9)至公式(10-13)。

$$m_{\text{labour},i}=|\boldsymbol{R}_i(\boldsymbol{I}-\boldsymbol{A})^{-1}p(\beta\boldsymbol{F}_1+\alpha\boldsymbol{F}_2)| \tag{10-9}$$

$$\beta=1-\alpha \tag{10-10}$$

$$|\boldsymbol{R}_i|=\frac{r_{i,j}}{x_j} \tag{10-11}$$

$$\boldsymbol{F}_1=\frac{\boldsymbol{F}_{\text{consum}}}{f_{\text{consum}}} \tag{10-12}$$

$$\boldsymbol{F}_2=\frac{\boldsymbol{F}_{\text{invest}}}{f_{\text{invest}}} \tag{10-13}$$

其中，$m_{\text{labour},i}$表示第 i 种劳动力间接排放污染物量；$\boldsymbol{R}_i$ 表示各部门对应的第 i 种污染物排放向量；$\boldsymbol{I}$ 表示单位矩阵；$\boldsymbol{A}$ 为直接消耗系数矩阵；$\boldsymbol{F}_1$ 表示归一化后的最终消费列向量；$\boldsymbol{F}_2$ 表示归一化后的固定资产投资列向量；$\boldsymbol{F}_{\text{consum}}$为投入产出表中最终消费列向量；$\boldsymbol{F}_{\text{invest}}$为投入产出表中固定资产投资列向量；$p$ 表示劳动报酬；α 表示居民储蓄率；$r_{i,j}$表示 j 部门第 i 种污染物排放量；x_j 表示 j 部门的经济总产出；f_{consum}为最终消费总量；f_{invest}为固定资产投资总量。

通过将物料生产间接排放、劳动力间接排放、直接碳排放相加即可得到总的污染物排放量。

$$m_i'=m_{\text{direct},i}+m_{\text{indirect},i}+m_{\text{labour},i} \tag{10-14}$$

其中，m_i'为第 i 种污染物生命周期污染物排放；$m_{\text{direct},i}$为第 i 种污染物直接排放，指系统在定义的边界内直接测得的污染排放量；$m_{\text{indirect},i}$为第 i 种污染物物料生产间接排放；$m_{\text{labour},i}$为第 i 种污染物劳动力间接排放。

将改进后的污染物排放量通过公式(10-2)至公式(10-8)重新求得 EL、ES，进而求得 EYR、ELR 等能值指标。

10.2.4　敏感性分析

敏感性分析是通过输入数据的变动反映相关指标变化程度的分析方法。采用敏感性分析可诊断并识别系统的关键物质。

$$SC=\left|\frac{\dfrac{EE_2-EE_1}{EE_1}}{\dfrac{C_2-C_1}{C_1}}\right| \tag{10-15}$$

其中，SC 为输入量对应的敏感性系数；EE_1 和 EE_2 分别为输入参数变化前后系统输出指标；C_1 和 C_2 分别表示变更前后对应的参数变更量。

10.3 研究结果

10.3.1 研究案例

山东省是中国重要的农业大省，每年产生大量的小麦、玉米等作物秸秆，拥有丰富的可利用秸秆资源。山东省政府高度重视秸秆资源化利用潜力，先后出台了《山东省秸秆综合利用专项规划》《关于做好 2022 年全省秸秆综合利用工作的通知》等一系列相关政策鼓励秸秆资源化利用。经过长期技术沉淀，山东省在秸秆利用方面形成了直接还田、饲料化、能源化、基料化、原料化等多种利用方式并存的多元化利用格局，建立了多个秸秆资源化利用示范区，对其他地区的秸秆综合利用起到了积极的辐射引领作用。以山东省为研究地区，以秸秆制燃料乙醇（STR-Ⅰ）、秸秆制沼气（STR-Ⅱ）、秸秆热解气化（STR-Ⅲ）、秸秆制成型颗粒燃料（STR-Ⅳ）、秸秆直燃发电（STR-Ⅴ）5 种秸秆资源化利用方式为案例，具有良好的代表性与典型性。研究的功能单元为资源化处理 1 吨秸秆，秸秆运输及资源化处理过程中产生的现场排放为直接排放，生产运输及处理过程所需原材料（不含秸秆）的全生命周期过程产生的排放为间接排放。

案例研究过程中所需的各类数据通过多样化途径获取。其中，物料背景排放数据主要来自 Ecoinvent 3.9.1 数据库；投入产出表及各部门对应的直接污染物排放量数据来自中国环境拓展的投入产出数据网；工艺流程研究数据主要来自现场调研，部分数据通过文献调研、专家咨询、经验估算等方式获取。数据来源的多样性有助于降低研究结果的不确定性。

10.3.2 对比评价

参考布朗（Brown）等的研究成果，使用 12×10^{24} sej/a 作为能值转换率基准线。根据系统投入产出状况，得到各系统能值流量表。根据公式(10-1)至公式(10-14)，得到系统各排放物 *ES*、*EL* 值。各系统能值指标体系评价结果如表 10-2 和图 10-2 所示。

表 10-2　5 种秸秆资源化利用模式评价结果

类型	指标	EMA	EmLCA	EmLAC-Ⅱ
STR-Ⅰ	*EYR*	2.594	2.282	2.007
STR-Ⅰ	*ELR*	7.410	8.562	9.869
STR-Ⅰ	*ESI*	0.350	0.266	0.203
STR-Ⅰ	*EERI*	2.070	2.070	2.070
STR-Ⅰ	*EERY*	0.258	0.258	0.258
STR-Ⅰ	*EISD*	0.187	0.143	0.109
STR-Ⅱ	*EYR*	3.968	3.558	3.091
STR-Ⅱ	*ELR*	2.301	2.680	3.236
STR-Ⅱ	*ESI*	1.725	1.328	0.955
STR-Ⅱ	*EERI*	3.169	3.169	3.169
STR-Ⅱ	*EERY*	0.052	0.052	0.052
STR-Ⅱ	*EISD*	0.285	0.219	0.158
STR-Ⅲ	*EYR*	4.872	4.507	4.066
STR-Ⅲ	*ELR*	4.440	4.880	5.518
STR-Ⅲ	*ESI*	1.097	0.924	0.737
STR-Ⅲ	*EERI*	3.253	3.253	3.253
STR-Ⅲ	*EERY*	0.410	0.410	0.410
STR-Ⅲ	*EISD*	1.462	1.231	0.982
STR-Ⅳ	*EYR*	1.441	1.395	1.320
STR-Ⅳ	*ELR*	0.219	0.259	0.331
STR-Ⅳ	*ESI*	6.594	5.380	3.992

续表

类型	指标	EMA	EmLCA	EmLAC-Ⅱ
STR-Ⅳ	*EERI*	6.215	6.215	6.215
STR-Ⅳ	*EERY*	1.000	1.000	1.000
STR-Ⅳ	*EISD*	40.980	33.439	24.813
STR-Ⅴ	*EYR*	1.730	1.606	1.329
STR-Ⅴ	*ELR*	4.793	5.242	6.543
STR-Ⅴ	*ESI*	0.361	0.306	0.203
STR-Ⅴ	*EERI*	1.161	1.161	1.161
STR-Ⅴ	*EERY*	0.362	0.362	0.362
STR-Ⅴ	*EISD*	0.152	0.129	0.085

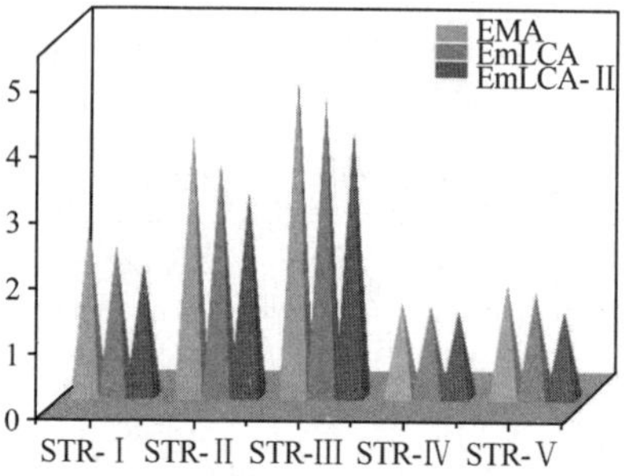

(a)*EYR*

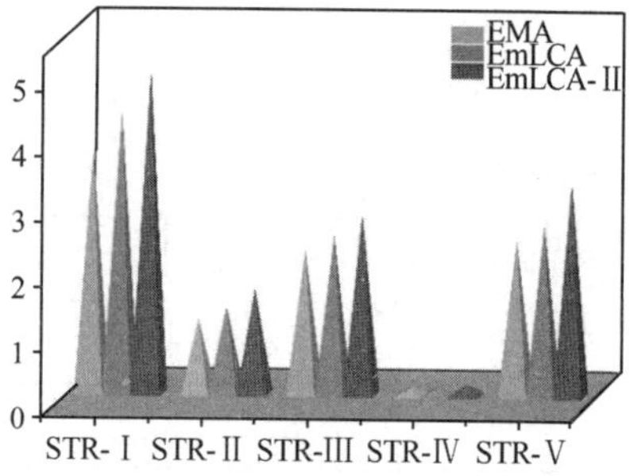

(b)*ELR*

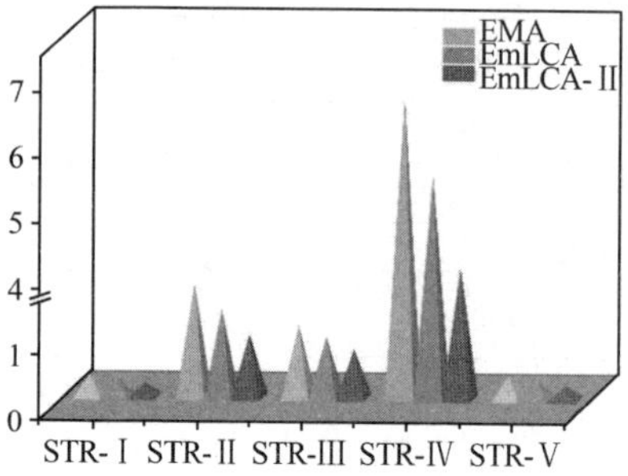

(c)*ESI*

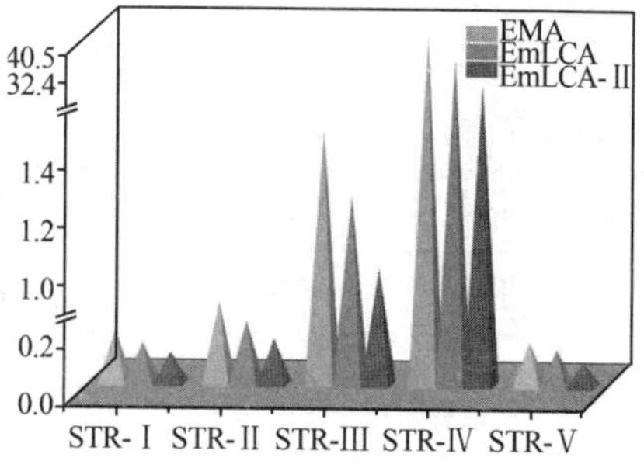

(d)*EISD*

图 10-2　3 种模型能值评价结果对比

10.3.2.1　能值产出率

EYR 表征为系统产出能值与投入能值的比，其值越高代表系统整体经济性能越优。由表10-2分析可知，3种模型对4种秸秆资源化利用方式的评价结果均为：STR-Ⅲ＞STR-Ⅱ＞STR-Ⅰ＞STR-Ⅴ＞STR-Ⅳ。究其原因，秸秆热解气化可产出较多的工业产品，工艺流程复杂，具有更高的经济性。秸秆制成型燃料是对秸秆的初加工过程，工艺流程多为破碎、压缩等物理过程，制作过程相比热解气化简易，产生的经济效益也相对较低。3种模型对5种秸秆利用方式 *EYR* 的评价顺序是一致的，但每种利用方式的评价值却各不相同。EmLCA模型评价值相比EMA低3.2%～12.1%，EmLCA-Ⅱ模型评价值相比EmLCA低5.4%～17.2%。这是因为相比EMA，EmLCA模型将 *ES* 与 *EL* 作为生态系统贡献，进而视为系统的能值投入，致使 *EYR* 值降低。EmLCA-Ⅱ模型相比EmLCA对污染物排放的量化更加完善，致使 *EYR* 值更进一步下降。因此，模型的改进有助于在一定程度上增强 *EYR* 指标量化的准确性。

10.3.2.2　能值负载率

ELR 表示为投入系统的不可更新能值与可更新能值的比例，其值越高表示系统对不可更新资源的依赖程度越大，系统的环境负荷越高。由表10-2分析可知，无论采用哪种模型，针对5种秸秆资源化利用方式的评价排序均为：STR-Ⅰ＞STR-Ⅴ＞STR-Ⅲ＞STR-Ⅱ＞STR-Ⅳ。根据布朗(Brown)等的研究，当 *ELR*＞5时，表示该系统对生态环境产生较大压力。STR-Ⅳ和STR-Ⅱ无论采用哪种模型评价，都拥有较大的环境压力。STR-Ⅰ无论采用哪种模型评价，都拥有较大的环境压力。究其原因，秸秆制燃料乙醇过程中需要石灰、硫酸等工业原材料的投入，这些原材料具有较高的不可更新属性，致使 *ELR* 值偏高。秸秆制固体成型燃料过程中无需太多化工原材料，对不可更新资源投入的依赖程度较低，因此具有较低的环境负荷。对于每种秸秆资源化利用方式，不同模型的评价结果存在一定的差异。EmLCA模型评价值相比EMA高9.6%～18.6%，EmLCA-Ⅱ模型评价值相比EmLCA高13.1%～27.5%。尤其是对于STR-Ⅴ和STR-Ⅲ的评价结果，影响更为显著。当采用EmLCA-Ⅱ模型进行

评价时,STR-Ⅴ和STR-Ⅲ拥有较高的环境压力($ELR>5$),采用另外两种模型进行评价时则环境压力较低。这是由于EmLCA模型相比EMA,将污染物造成的环境损害转化为一种不可更新的能值投入,造成*ELR*值偏高。与EmLCA相比,EmLCA-Ⅱ对污染物排放的量化更加全面,致使不可更新资源的投入量进一步增大。

10.3.2.3 可持续发展性能指标

*EISD*表征为*ESI*与*EER*的乘积。*ESI*为*EYR*与*ELR*的比值,代表系统的可持续性。*EER*包含输入能值交换率(*EERI*)与产出能值交换率(*EERY*)两个指标,代表系统进口端与出口端的市场交换效益。因此,*EISD*是一项综合了系统产出性能、环境负荷、市场效益的综合性指标。由表10-2分析可知,3种模型针对5种秸秆资源化利用方式的评价排序均为:STR-Ⅳ>STR-Ⅲ>STR-Ⅱ>STR-Ⅰ>STR-Ⅴ。一些学者也对秸秆能源化利用方式的可持续性进行了研究。苏(Su)等的研究表明,秸秆制固体成型燃料相比热解气化和生产沼气表现出更小的环境可持续性。德利万德(Delivand)等的研究发现,秸秆用于制乙醇所产生的负面环境影响低于燃烧发电。这些成果在一定程度上印证了本章的研究结论。究其原因,秸秆制固体成型燃料虽然投入产出效益较低但对环境负荷产生的影响较小,综合分析后其具有较优的可持续性,并且由于生产工艺流程简易可适用于广泛推广。秸秆燃烧发电需要的建筑、机械设备等初投资较大,整体经济性与环境友好性相对较差,因而在推广过程中应注意周围可获取的秸秆资源量,以增强秸秆燃烧发电产生的综合效益。对于每种秸秆资源化利用方式,不同模型的评价结果存在一定的差异。EmLCA模型评价值相比EMA高15.1%~23.9%,EmLCA-Ⅱ模型评价值相比EmLCA高20.2%~33.7%。这是由于3种模型对于相同的利用方式*EYR*和*ELR*评价值存在差异,而*EISD*是一项综合性指标,其考虑的系统维度较多,进而会因模型选择产生较大的差异。EmLCA-Ⅱ模型通过拓展污染物排放边界和量化劳动力间接排放使得到的研究结果可能更加全面。结合前文分析,模型的改进对于可持续性能相差较大的研究对象对比评价影响较小,但对可持续性能相差较小或可持续性介于某些评价标准临界值附近的系统对比评价影响较大。

10.4　讨论

10.4.1　关键物质识别

根据公式(10-15)计算各关键指标的敏感性。鉴于 $EISD$ 是一项综合性可持续发展指标，以 $EISD$ 为例探究敏感性分析结果。利用 EMA、EmLCA、EmLCA-Ⅱ3 种模型对 5 种秸秆资源化利用方式的 $EISD$ 敏感性进行分析，结果如图 10-3 和图 10-4 所示。其中，左边表示物质流减小 5%时的敏感性分析结果，右边表示物质流增大 5%时的敏感性分析结果。

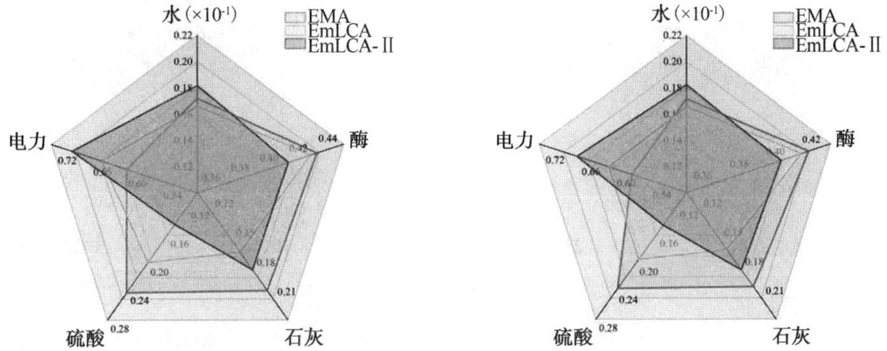

(a)STR-Ⅰ

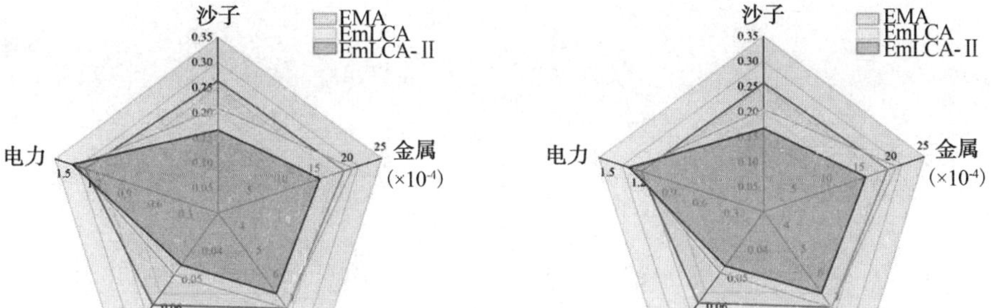

(b)STR-Ⅱ

图 10-3　3 种模型 $EISD$ 敏感性分析结果(一)

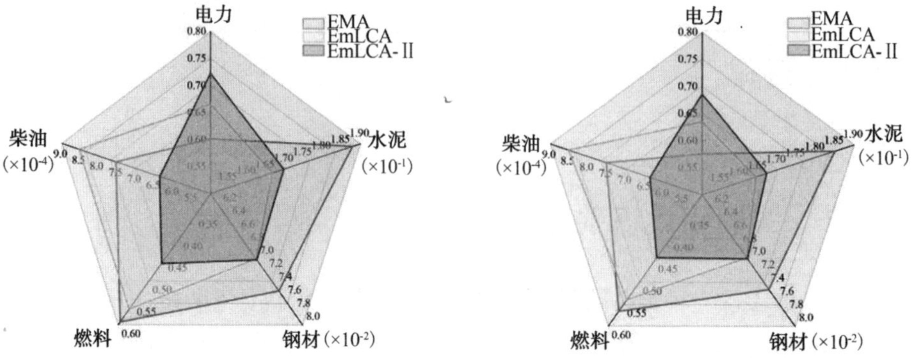

(c)STR-Ⅲ

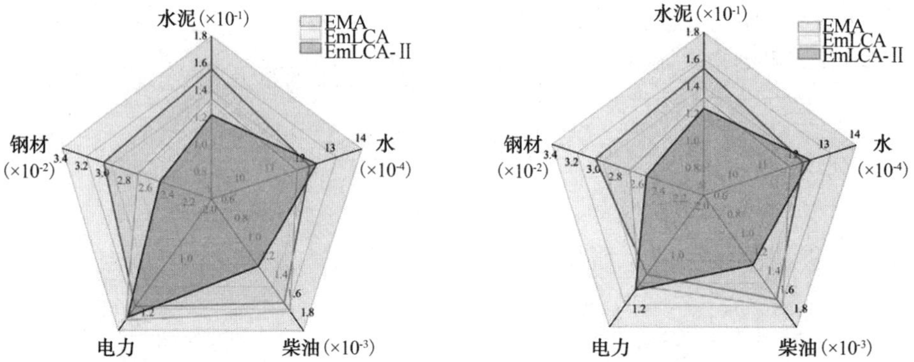

(d)STR-Ⅳ

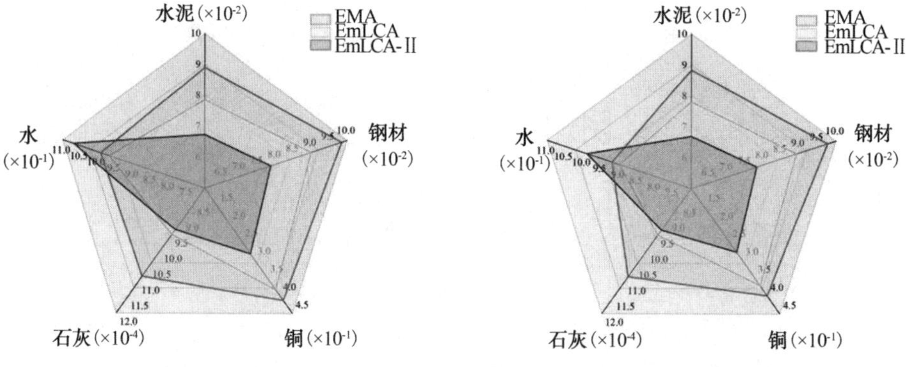

(e)STR-Ⅴ

图 10-4　3 种模型 *EISD* 敏感性分析结果(二)

由图 10-3 和图 10-4 分析可知,以物质投入降低 5%的情况为例,不同模型对同种物质的敏感性存在差异，EmLCA 模型敏感值比 EMA 模型平均相差 9.1%，EmLCA-Ⅱ模型与 EmLCA 模型平均相差 11.7%。由表 10-3 和表 10-4 分析可知，EmLCA-Ⅱ模型的 *EISD* 平均值为 0.297，中位数为 0.122，相比另外两个模型的值均较低，表明投入物料的波动对评价结果的影响相对较低。究其原因，与传统的 EmLCA 模型相比，EmLCA-Ⅱ模型具有较好的稳定性，降低了研究结果的不确定性。对于给定秸秆资源化利用模式，物质的敏感性排序相似但并非完全一致。如在 STR-Ⅰ敏感性分析中，EMA 模型与 EmLCA 模型的分析结果的物质敏感性排序为：电＞酶＞硫酸＞石灰＞水；而 EmLCA-Ⅱ模型的物质敏感性排序为：电＞酶＞石灰＞硫酸＞水，对硫酸与石灰两种物质的敏感性排序略有差异。除此之外，STR-Ⅳ也存在类似的差异，这是由于不同物质污染物量化的截断误差占该物质间接排放量的比重各不相同。

结合前文研究结论，STR-Ⅰ与 STR-Ⅴ是可持续性较低的 2 种秸秆利用方式，电力和酶是对 STR-Ⅰ影响较大的关键物质，水和铜是对 STR-Ⅴ影响较大的物质。横向对比分析，STR-Ⅰ～STR-Ⅳ敏感性最高的物质均为电力，STR-Ⅴ敏感性最高的物质为工业用水，3 种模型得到的研究结论基本一致。

表 10-3　物质投入减少 5%时 3 种模型敏感性分析描述性统计

模型	指标	平均值	标准差	中位数
EMA	*EYR*	0.126	0.138	0.069
EmLCA	*EYR*	0.126	0.144	0.065
EmLAC-Ⅱ	*EYR*	0.128	0.15	0.061
EMA	*ELR*	0.185	0.218	0.144
EmLCA	*ELR*	0.182	0.224	0.123
EmLAC-Ⅱ	*ELR*	0.176	0.221	0.109
EMA	*ESI*	0.318	0.349	0.171
EmLCA	*ESI*	0.315	0.364	0.149
EmLAC-Ⅱ	*ESI*	0.311	0.369	0.137
EMA	*EISD*	0.304	0.385	0.156

续表

模型	指标	平均值	标准差	中位数
EmLCA	*EISD*	0.301	0.403	0.134
EmLAC-Ⅱ	*EISD*	0.297	0.417	0.122

表 10-4　物质投入增大 5%时三种模型敏感性分析描述性统计

模型	指标	平均值	标准差	中位数
EMA	*EYR*	0.122	0.132	0.069
EmLCA	*EYR*	0.123	0.138	0.065
EmLAC-Ⅱ	*EYR*	0.125	0.144	0.061
EMA	*ELR*	0.185	0.218	0.144
EmLCA	*ELR*	0.182	0.224	0.123
EmLAC-Ⅱ	*ELR*	0.176	0.221	0.109
EMA	*ESI*	0.302	0.324	0.169
EmLCA	*ESI*	0.299	0.336	0.147
EmLAC-Ⅱ	*ESI*	0.295	0.341	0.135
EMA	*EISD*	0.287	0.354	0.153
EmLCA	*EISD*	0.284	0.369	0.132
EmLAC-Ⅱ	*EISD*	0.279	0.382	0.12

10.4.2　优化建议

由可持续性评价结果分析可知，秸秆产乙醇与秸秆燃烧发电 2 种秸秆利用方式的综合可持续性相对较差，需要进一步优化提升。结合敏感性分析结果，制约秸秆产乙醇的关键物质为电能和酶，制约秸秆燃烧发电的关键物质为水和铜。为进一步促进秸秆资源化利用可持续发展，针对制约秸秆资源化利用的关键因素，本章从不同的角度给出优化建议。

电能是对秸秆产乙醇可持续性影响最大的物质之一，相关研究也证实了这一结论。一方面要通过优化秸秆产乙醇工艺，提高电能的综合利用效率。如袁（Yuan）等利用氢氧化钠—甲醇溶液（SM）对玉米秸秆进行预处理，显著减少了能源消耗量并降低了糖聚合物的降解。另一方面可以通过提高电能利用的清洁化程度来减少电能的间接污染。其中，采购绿色电力是促进用电绿色化的一种重要措施，有助于促进新能源电力消纳，提高工艺用电清洁化水平。酶是影响秸秆产乙醇可持续性的另一重要物质，应开发环境影响更小、效率更高的酶或优化工艺流程以减少对酶的依赖。如卞（Byun）等的研究表明，基于非酶的糖策略生产工艺比基于酶的糖策略生产工艺具有较高的环境友好性。

水是影响秸秆直燃发电可持续性的关键物质。秸秆燃烧发电在锅炉的冷却、蒸汽的产生、凝汽器的冷凝等过程中需要消耗一定的水资源。朱（Zhu）等认为，秸秆直燃发电消耗的水资源量远高于风力、光伏等新能源发电方式，要加强发电技术研发、加强设备维护、提高电能利用效率。钢和铜也是影响秸秆燃烧发电的重要物质，锅炉、管道、发电机等需要消耗大量的金属物质。通过加强废旧金属回收再制造的方式可以减少设备制造过程中的金属消耗，有效降低金属开发产生的负面环境影响。

10.5　结论

本章通过完善系统生命周期研究边界及量化劳动力投入间接环境影响，对传统 EmLCA 模型进行了改良，构建了 EmLCA-Ⅱ模型。以 5 种秸秆能源化利用方式为案例，对比分析了 EmLCA-Ⅱ、EmLCA、EMA 3 种模型的可持续发展评级及敏感性分析结果，以验证模型的科学性与准确性。

实证研究发现，3 种模型对 5 种秸秆资源化利用方式的可持续性排序均为：STR-Ⅳ＞STR-Ⅲ＞STR-Ⅱ＞STR-Ⅰ＞STR-Ⅴ。3 种模型对 5 种秸秆资源化利用方式的可持续发展性能指标评价排序虽然基本一致但评价值存在一定的差异。EmLCA-Ⅱ模型拓展了污染物排放边界和量化劳动力间接排放，使评价结果更具准确性，与 EmLCA 模型相比，其评价值变化 20.2%～33.7%。模型的改进对于可持续性能相差较大的研究对象对比评价影响较小，但对可持续性能相差较小或可持续性介于某些评价标准临界值附近的系统对比评价影响较大。此外，通过敏感性分析，识别出制约 5 种秸秆资源化利用方式的关键物质。在敏感性分析中，EmLCA-Ⅱ模型的 *EISD* 平均值为 0.297，中位数为 0.122，相比另外两个模型的 *EISD* 均较低，模型表现出良好的稳定性。

本章还存在一些不足之处，有待进一步深入研究。能值转换率、区域自然资本年度能值等参数缺乏相应的本土化数据，致使研究结果可能存在一定程度的偏差，应构建本土化参数能值据库，提高研究结果的科学性与准确性。此外，本章在考虑系统可持续性的量化时未将系统的社会影响、技术适应性等层面纳入分析框架，今后应构建多维度、多层次的秸秆资源化利用综合评价方法，以提高研究的全面性。

参考文献

[1] SINGH G, GUPTA M K, CHAURASIYA S, et al. Rice straw burning: A review on its global prevalence and the sustainable alternatives for its effective mitigation[J]. Environmental science and pollution research, 2021, 28(25): 32125-32155.

[2] HE G, LIU T, ZHOU M. Straw burning, $PM_{2.5}$, and death: Evidence from China[J]. Journal of development economics, 2020, 145: 102468.

[3] VOYTENKO Y. Denmark: Lessons from the global leader in straw-to-energy[J]. Current policies and economics in europe, 2015, 26(2): 109-149.

[4] LI H, MIAO Z, ZHANG B. Review and prospect of comprehensive straw utilization and government policy in China[J]. China journal of population, resources and environment, 2022, 20(4): 402-406.

[5] EDRISI S A, SAHIBA S A, CHEN B, et al. Emergy-based

sustainability analysis of bioenergy production from marginal and degraded lands of India[J]. Ecological modelling, 2022, 466: 109903.

[6] WANG J, HOU D, LIU Z, et al. Emergy analysis of agricultural waste biomass for energy-oriented utilization in China: Current situation and perspectives[J]. Science of the total environment, 2022, 849: 157798.

[7] WANG Q, MA Z, Ma Q, et al. Comprehensive evaluation and optimization of agricultural system: An emergy approach [J]. Ecological indicators, 2019, 107: 105650.

[8] CHANG Y, GENG G, WANG C, et al. Design of rural human settlement unit with the integration of production-living-ecology of China based on dynamic emergy analysis[J]. Buildings, 2023, 13(3): 618.

[9] GU X, WANG Y, SHI K, et al. Emergy-based sustainability evaluation of the mulberry-dyke and fish-pond system on the south bank of Taihu lake, China[J]. Sustainability, 2022, 14(17): 10463.

[10] AYUB Y, ZHOU J, REN J, et al. Plasma gasification based monetization of poultry litter: System optimization and comprehensive 5E (Energy, Exergy, Emergy, Economic, and Environmental) analysis [J]. Energy conversion and management, 2023, 282: 116878.

[11] LIU C, CAI W, JIA S, et al. Emergy-based evaluation and improvement for sustainable manufacturing systems considering resource efficiency and environment performance [J]. Energy conversion and management, 2018, 177: 176-189.

[12] SUN L, LI H, DONG L, et al. Eco-benefits assessment on urban industrial symbiosis based on material flows analysis and emergy evaluation approach: A case of Liuzhou city, China [J]. Resources conservation and recycling, 2017, 119: 78-88.

[13] WANG J, WANG J, YANG X, et al. A novel emergy-based optimization model of a building cooling, heating and power system [J]. Energy conversion and management, 2022, 268: 115987.

[14]XIAO X, WANG Q, GUAN Q, et al. Assessing the sustainability of ecosystems over fourteen years of cultivation in Longnan city of China based on emergy analysis method[J]. Journal of environmental management, 2022, 307: 114513.

[15]LYU Y, RAUGEI M, ZHANG X, et al. Environmental cost and impacts of chemicals used in agriculture: An integration of emergy and life cycle assessment [J]. Renewable and sustainable energy reviews, 2021, 151: 111604.

[16]MORYA R, RAJ T, LEE Y, et al. Recent updates in biohydrogen production strategies and life-cycle assessment for sustainable future [J]. Bioresource technology, 2022, 15:128159.

[17]LIU Z, WANG D, NING T, et al. Sustainability assessment of straw utilization circulation modes based on the emergetic ecological footprint[J]. Ecological indicators, 2017, 75: 1-7.

[18]WANG J, HOU D, LIU Z, et al. Emergy analysis of agricultural waste biomass for energy-oriented utilization in China: Current situation and perspectives[J]. Science of the total environment, 2022, 849: 157798.

[19]CHEN Y, HE L, GUAN Y, et al. Life cycle assessment of greenhouse gas emissions and water-energy optimization for shale gas supply chain planning based on multi-level approach: Case study in Barnett, Marcellus, Fayetteville, and Haynesville shales[J]. Energy conversion and management, 2017, 134: 382-398.

[20] NAJJAR E, AL-HINDI M, MASSOUD M, et al. Life cycle assessment and cost of a seawater reverse osmosis plant operated with different energy sources [J]. Energy conversion and management, 2022, 268: 115964.

[21]WANG Q, LIU W, YUAN X, et al. Environmental impact analysis and process optimization of batteries based on life cycle assessment[J]. Journal of clean production, 2018, 174: 1262-1273.

[22] WEBER S, PETERS J F, BAUMANN M, et al. Life cycle assessment of a vanadium redox flow battery[J]. Environmental science & technology, 2018, 52(18): 10864-10873.

[23]HAO J, CHENG B, LU W, et al. Carbon emission reduction in prefabrication construction during materialization stage: A BIM-based life-cycle assessment approach[J]. Science of the total environment, 2020, 723: 137870.

[24] PETROVIC B, MYHREN J A, ZHANG X, et al. Life cycle assessment of a wooden single-family house in Sweden[J]. Applied energy, 2019, 251: 113253.

[25]SREEKUMAR A, SHASTRI Y, WADEKAR P, et al. Life cycle assessment of ethanol production in a rice-straw-based biorefinery in India[J]. Clean technologies and environmental policy, 2020, 22: 409-422.

[26] LOY A C M, ALHAZMI H, LOCK S S M, et al. Life-cycle assessment of hydrogen production via catalytic gasification of wheat straw in the presence of straw derived biochar catalyst[J]. Bioresource technology, 2021, 341: 125796.

[27]DAI D, YAO D, GAO Y, et al. Sustainability assessment of urban waterscape belt ecological reconstruction based on LCA-Emergy-Carbon emission methodology[J]. Water, 2023, 15(13): 2345.

[28]LI H, YAO X, TACHEGA M A, et al. Technology selection for hydrogen production in China by integrating emergy into life cycle sustainability assessment[J]. Journal of clean production, 2021, 294: 126303.

[29]AGOSTINHO F, SILVA E S, SILVA C C D, et al. Environmental performance for hydrogen locally produced and used as an energy source in urban buses[J]. Journal of clean production, 2023, 396: 136435.

[30] WANG Y, DU Y. Evaluation of resources and environmental carrying capacity of marine ranching in China: An integrated life cycle assessment-emergy analysis[J]. Science of the total environment, 2023,

856：159102.

[31] REZA B，SADIQ R，HEWAGE K. Emergy-based life cycle assessment (Em-LCA) for sustainability appraisal of infrastructure systems：A case study on paved roads[J]. Clean technologies and environmental policy，2014，16：251-266.

[32] ALIZADEH S，AVAMI A. Development of a framework for the sustainability evaluation of renewable and fossil fuel power plants using integrated LCA-emergy analysis：A case study in Iran[J]. Renewable energy，2021，179：1548-1564.

[33] CUI W，HONG J，LIU G，et al. Co-benefits analysis of buildings based on different renewal strategies：The Emergy-Lca approach [J]. International journal of environmental research and public health，2021，18(2)：592.

[34] LI T，SONG Y，LI A，et al. Research on green power dispatching based on an emergy-based life cycle assessment [J]. Processes，2020，8(1)：114.

[35] MA F，HAN S，ENEJI A E，et al. A review of methods for evaluating sustainable development of the steel industry based on ecological economics[J]. Procedia computer science，2022，214：1436-1443.

[36] JIANG Q，LIU Z，LI T，et al. Emergy-based life-cycle assessment (Em-LCA) for sustainability assessment：A case study of laser additive manufacturing versus CNC machining[J]. International journal of advanced manufacturing technology，2019，102：4109-4120.

[37] WARD H，WENZ L，STECKEL J C，et al. Truncation error estimates in process life cycle assessment using input-output analysis [J]. Journal of industrial ecology，2018，22(5)：1080-1091.

[38] BROWN M T，CAMPBELL D E，VILBISS C D，et al. The geobiosphere emergy baseline：A synthesis[J]. Ecological modelling，2016，339：92-95.

[39] BROWN M T, ULGIATI S. Energy quality, emergy, and transformity: HT Odum's contributions to quantifying and understanding systems[J]. Ecological modelling, 2004, 178(1-2): 201-213.

[40]SU X, SHAO X, TIAN S, et al. Life cycle assessment comparison of three typical energy utilization ways for corn stover in China[J]. Biomass and bioenergy, 2021, 152: 106199.

[41] DELIVAND M K, BARZ M, GHEEWALA S H, et al. Environmental and socio-economic feasibility assessment of rice straw conversion to power and ethanol in Thailand[J]. Journal of clean production, 2012, 37: 29-41.

[42] YUAN W, GONG Z, WANG G, et al. Alkaline organosolv pretreatment of corn stover for enhancing the enzymatic digestibility [J]. Bioresource technology, 2018, 265: 464-470.

[43]YU X, DONG Z, ZHOU D, et al. Integration of tradable green certificates trading and carbon emissions trading: How will Chinese power industry do[J]? Journal of clean production, 2021, 279: 123485.

[44]BYUN J, HAN J. Environmental analysis of bioethanol production strategies from corn stover via enzymatic and nonenzymatic sugar production[J]. Bioresource technology, 2021, 328: 124808.

[45]ZHU Y, LIANG J, YANG Q, et al. Water use of a biomass direct-combustion power generation system in China: A combination of life cycle assessment and water footprint analysis[J]. Renewable and sustainable energy reviews, 2019, 115: 109396.

[46]CIACCI L, FISHMAN T, ELSHKAKI A, et al. Exploring future copper demand, recycling and associated greenhouse gas emissions in the EU-28[J]. Global environmental change, 2020, 63: 102093.